U0741708

分析化学实训教程

（第2版）

（供药学类、药品与医疗器械类、化工技术类、食品类等专业用）

主　编　谭　韬　钟文武

主　审　陈竹　李睿　唐华

副主编　甘淋玲　徐颖倩　何世新　吕廷婷

编　者　（以姓氏笔画为序）

王　梦（重庆医药高等专科学校）

王文婷（重庆市食品药品检验检测研究院）

王丽娟（重庆医药高等专科学校）

牛亚慧（重庆医药高等专科学校）

牛晓东（重庆医药高等专科学校）

甘淋玲（重庆医药高等专科学校）

石　磊（重庆医药高等专科学校）

冉启文（重庆医药高等专科学校）

冯媛娇（重庆医药高等专科学校）

吕廷婷［通标标准技术服务（重庆）有限公司］

刘应杰（重庆医药高等专科学校）

李丽仙（重庆市肿瘤医院）

李翠芳（重庆医药高等专科学校）

何世新（重庆市食品药品检验检测研究院）

张如超（重庆医药高等专科学校）

胡宇莉（重庆市兽药饲料检测所）

钟文武（重庆医药高等专科学校）

徐颖倩（重庆医药高等专科学校）

曹　丽（重庆医药高等专科学校）

管　潇（重庆医药高等专科学校）

谭　韬（重庆医药高等专科学校）

中国健康传媒集团

中国医药科技出版社　·北京

内 容 提 要

本教材是根据化学检验员、药物检验员等国家职业标准中初级检验员、中级检验员、高级检验员职业技能水平分级要求，融合了《中华人民共和国药典》（2025 年版）、"JJG 类国家计量检定规程相关文件""JJF 类国家计量技术规范相关文件""GB 类国家标准相关文件"等国家标准，同步高职高专《分析化学》课程特点及教学大纲，采用了理实一体化、探究式等教学理念，编写而成的项目化、工作手册式实训教程。内容涵盖了化学分析和仪器分析基本操作、设备校正检定及维护、技能大赛赛点知识等内容，共分为学徒工、初级检验员、中级检验员和高级检验员等 4 个模块及 43 个实训实操教学内容。本教材为书网融合教材，即纸质教材有机融合电子教材、教学配套资源（微课、视频等），使教学资源更加多样化、立体化。

本教材主要供职业教育药学类、药品与医疗器械类、化工技术类、食品类、中医药类、医学技术类等专业教学使用，也可供分析测试从业人员和自学者，以及其他相关专业和普通本科相关专业师生参考使用。

图书在版编目（CIP）数据

分析化学实训教程／谭韬，钟文武主编. -- 2 版.
北京：中国医药科技出版社，2025. 5. -- ISBN 978-7
-5214-5338-6

Ⅰ. O65

中国国家版本馆 CIP 数据核字第 2025T08D87 号

美术编辑　陈君杞
版式设计　友全图文

出版　**中国健康传媒集团**｜中国医药科技出版社
地址　北京市海淀区文慧园北路甲 22 号
邮编　100082
电话　发行：010 - 62227427　邮购：010 - 62236938
网址　www. cmstp. com
规格　787mm × 1092mm $\frac{1}{16}$
印张　12 $\frac{1}{4}$
字数　354 千字
初版　2017 年 8 月第 1 版
版次　2025 年 6 月第 2 版
印次　2025 年 6 月第 1 次印刷
印刷　北京侨友印刷有限公司
经销　全国各地新华书店
书号　ISBN 978-7-5214-5338-6
定价　**49.00 元**

获取新书信息、投稿、为图书纠错，请扫码联系我们。

《分析化学实训教程》是根据化学检验员、药物检验员等国家职业标准中初级检验员、中级检验员、高级检验员职业技能水平分级的要求，融合了《中华人民共和国药典》（2025 年版）（以下简称《中国药典》）、"GB 类国家标准相关文件""JJG 类国家计量检定规程相关文件""JJF 类国家计量技术规范相关文件"等国家标准，紧贴行业要求，紧跟职业教育教研教改新思路，设计了模块化、内容全面、难度适宜的实训教学项目，对接初、中、高级检验员职业技能等级鉴定培训。本教材主要供职业教育药学类、药品与医疗器械类、化工技术类、食品类、中医药类、医学技术类等专业教学使用。

本教材以《化学检验员国家职业标准》为主线，融合了药物检验员、生化检验员、农产品食品检验员、公卫检验技师等国家职业标准，打破传统学科逻辑体系，突出能力培养，对标职业标准和岗位能力实际需求重构"模块化"教学内容；以"升级冲关"的教材内容及结构提升学生学习兴趣，增强学生学习自主能动性，达到"以学生中心"的目的；以"宽覆盖""逐级强化"的实训内容，充分锻炼学生职业综合素质和行动能力，使学生能达到多个行业对于合格检验技能人才的岗位素养基本要求，有助提升学生的优质就业。

本教材坚持服务教与学，坚持"三基"（基础理论、基本知识和基本技能）、"五性"（思想性、科学性、先进性、启发性、实用性），坚持产教融合，在教材编写中充分考虑课岗证赛融通、就业岗位拓展和学生可持续发展，努力实现课程内容与职业标准有效对接。本教程在实训项目内容安排上按入门学徒工、初级检验员、中级检验员、高级检验员的工作内容，由简到难，循序渐进，巩固重点；采用工作手册式编排，在正文中穿插操作指南释疑，破解难点；在实训反思板块中，学生通过依据实验结果进行的自我总结，自查实训错误产生的根源，促进理论知识的掌握和技能技巧的提升。

本实训教程共分为"学徒工入门基础""初级检验员基础实训""中级检验员基础实训""高级检验员基础实训"4 个模块，共计 43 个实训实操教学内容，涵盖了"采样""实验室安全""样品接受""分析天平与称量练习""滴定分析法实训""非水滴定法实训""电化学分析法实训""光谱分析法实训""色谱分析法实训"等方面实训教学内容，合理布局了 4 种滴定方式、标准曲线法、对照品比较法、标准加入法、内标法、外标法等常见定量分析方法，充分融入分析化学实验室基础、化学分析和仪器分析的基本操作、设备校正检定及维护等关键信息，附录中还列出了国家级分析检验技能大赛比赛内容及评分标准。

本教材在编写过程中得到了参编单位的鼎力支持与帮助，同时得到重庆市食品药品检验检测研究院陈竹和唐华、重庆药友制药有限公司李睿的倾心指导，在此一并表示最衷心的感谢。

由于编写经验和水平有限，教材中的疏漏实难避免，恳请阅读本教材的老师和同学给予指正，以便再版时修正完善。

编　者
2025 年 3 月

CONTENTS

目录

模块四　高级检验员实训基础　　　　　　　　　　　　　　　125

模块一　学徒工入门基础

项目一　检验员职业概况

检验工作在原料质量把关、产品质量控制、生产工艺过程监督、环境检测方面发挥着重要作用，与我们的生产生活息息相关，是药品食品、石油化工、环境监测、卫生检验等行业判定质量优劣、合格与否的"眼睛"。学习好《分析化学》相关理论及操作技能，可以让检验员掌握药品、化工、食品、卫生、材料等行业分析检验过程中所需的基础知识、原理和技能，为后续相关检验岗位工作打下坚实基础。

检验员是质量安全监控管理的重要、特殊岗位人员，是以抽样检查等方式，使用化学分析器材和理化检测仪器等设备，对试剂溶剂、日用化工品、化学肥料、化学农药、原料药、药材、中间品、药品、涂料染料颜料、煤炭焦化、水泥、水体和气体等化工产品和生活用品的成品、半成品、原材料及中间过程进行检验、检测、化验、监测和分析的人员。

根据不同工作领域，检验员又可分为化学检验员、药物检验员、农产品食品检验员、生化检验员、公卫检验技师等工种。其中，化学检验员是涵盖范围最广的检验员，其涉及的知识、技能、职业素养等也是药物检验员等工种的岗位能力要求，具有较强的代表性。本书以化学检验员岗位需求为基础，糅合药物检验员等国家职业标准和岗位要求进行编排。

《化学检验员国家职业标准》属于国家工作标准，是根据化学检验员的工作活动内容，对从事检验工作人员能力水平的规范性要求。根据该标准将职业分为初级、中级、高级、技师、高级技师五个等级，相关鉴定要求会根据其职业功能、工作内容等方面的逐级扩展而难度递增，从而实现区分不同等级的技能水平。鉴定的主要内容包括职业道德、分析化学知识和操作技能等方面。初级、中级、高级的鉴定只要求通过相应考核，而技师、高级技师的鉴定除需要通过相应考核，还需参加综合评审。技能等级可延伸为八级，形成由学徒工、初级检验员、中级检验员、高级检验员、技师、高级技师、特级技师、首席技师等的"新八级"职业技能等级序列。

《化学检验员国家职业标准》中初级、中级、高级检验员鉴定要求恰能对应于职业教育中职、高职、职业本科各学历层次学习内容，其工作内容与要求如下。

在职业道德方面，三种等级都必须具备相应的职业道德基本知识，同时必须遵守检验员职业守则：①爱岗敬业，工作热情主动；②认真负责，实事求是，坚持原则，一丝不苟地依据标准进行检验和判定；③努力学习，不断提高基础理论水平和操作技能；④遵纪守法，不谋私利，不徇私情；⑤遵守劳动纪律；⑥遵守操作规程，注意安全。

在基础知识方面，作为化学检验员必须掌握：①标准化计量质量基础知识；②化学基础知识（包括安全与卫生知识）；③分析化学知识；④电工基础知识；⑤计算机操作知识；⑥相关法律；⑦法规知识等基础知识。

在工作要求方面，化学检验员标准对于初级、中级、高级的技能要求依次递进，高级别包括低级别的要求。其具体要求内容可见本书后续项目及《化学检验员国家职业标准》。

本模块重点介绍检验工作内容中最基础要求，让学徒工建立起"守规、安全、求实"的基本意识，掌握检验基本流程和规范，能辅助检验基础工作，完成入门学习。

（钟文武）

项目二　检验员职业功能简介

检验员目前分为初级、中级、高级、技师、高级技师五个等级，相关工作内容和技能要求会逐级扩展，高一级的工作内容和技能要求覆盖包含前一级。本项目介绍初级、中级、高级的工作内容和技能要求。

一、样品交接

级别	工作内容	技能要求
初级检验员	礼仪	能主动、热情、认真地进行样品交接
	填写检验登记表	能详尽填写样品登记表的有关信息（产品的基本状况、送检单位、检验的要求等），并由双方签字
	查验样品	能认真检查样品状况，验证密封方式，做好记录，加贴样品标识
	保存样品	能在规定的样品贮存条件下贮存样品
中级检验员	检验项目介绍	1. 能提出样品检验的合理化建议 2. 能解答样品交接中提出的一般问题
高级检验员	接待咨询	1. 能全面了解送检产品质量方面的有关问题 2. 能正确回答样品交接中出现的疑难问题

在样品交接的职业功能方面，应具备常用礼貌语言；实验室样品交接的有关规定；检验产品和项目的计量认证和审查认可（或验收）的一般知识；各检验专业一般知识；相应化工产品的性能和检测等相关知识。

送检的样品来源复杂，种类繁多，性质各异。样品一般分为两类：一类是送检人明确样品，另一类是送检人不明确样品。接收样品时必须对样品来源、用途、送检目的等信息有所了解，收样人员应具有化工产品性能和检测的基本知识，然后才能确定分析检验的项目和内容，有助于采样和检验准备，确保后续的分析检验工作高效、准确。若样品信息不够明确，处于"半盲"状态，将大大增加检测难度，试错次数增加，分析成本提高。

1. 明确样品的送检目的

（1）技术目的　①确定原材料、半成品及成品的质量；②控制生产工艺过程；③鉴定未知物；④确定物料污染的性质、程度和来源；⑤验证物料的特性或特性值；⑥测定物料随时间、环境的变化；⑦鉴定物料的来源等。

（2）商业目的　①确定销售价格；②验证是否符合合同的规定；③保证产品销售质量，满足用户的要求等。

（3）法律目的　①为了检查物料是否符合法令要求；②为了检查生产过程中泄漏的有害物质是否超过允许极限；③为了法庭调查，确定法律责任，进行仲裁等。

（4）安全目的　①确定物料是否安全或危险程度；②分析发生事故的原因；③按危险性进行物料的分类等。

2. 确认送检样品的一般参数、性质和状态质量　送检的产品在交接过程中，应按交接样品的规定由送样人员正确填写样品检验申请单，检验方的收样人与送样人员应当面对样品的名称、种类、批号、规格、数量、检验内容等进行确认、核实，并由收样人填写《样品送检交接单》（表1-1），经送样人、收样人签字确认，统一编号登记，并记录在案。接收送检样品应注意厂家、商标、批号、包装、贮存条件等样品相关信息，以确保样品来源的可靠性和代表性。无特殊原因，应派出质检人员现场采样。

表1-1 样品送检交接单

样品编号：   页码：第 页/共 页

样品名称		送检部门	
受检单位		生产单位	
样品类别	□采样 □送样 □考核样 □其他_____		
检验类别	□日常检测 □评价检测 □委托检测 □仲裁 □其他_____		
商标		批号/生产日期	
规格及数量		状态	
附件	□有（共___页）□无	批内编号	

检验标准：

检验项目：

备注：（如写明采样日期、样品编号的对应关系等。可细述样品的性质、状态等）

送检人：   收样人：
日　期：   日　期：

考察样品的一般性质可从以下几个方面进行。①询问样品的来源：根据样品的来源，可分析判断出样品可能的成分和杂质。②了解样品的用途：用途的了解，可给出一些诸如纯度级别、安全度级别等重要的信息。③样品的外观审察：仔细观察样品的状态、颜色、气味，可初步判断和了解样品是否为均一体系或为非均一体系。此外，样品的状态、颜色、嗅味、密度、硬度等物理性质亦与其组成有密切关系。

3. 不同性质的化工产品的交接和保管要求

（1）易燃类　易燃类液体极易挥发成气体，遇明火即燃烧，通常把闪点在25℃以下的液体均列入易燃类。这类物质要求单独存放于阴凉通风处，理想存放温度为 -4～4℃。一般存于最高室温不超过30℃的环境中，特别要注意远离火源。

（2）剧毒类　专指由消化道侵入极少量即能引起中毒致死的试剂。这类化工产品应锁在专门的毒品柜中，要置于阴凉干燥处，与酸类试剂隔离。皮肤有伤口时，禁止操作这类物质。

（3）强腐蚀类　指对人体皮肤、黏膜、眼、呼吸道和物品等有极强腐蚀性的液体和固体（包括蒸气）。存放处要求阴凉通风，并与其他药品隔离放置，不要放在高架上。料架不宜过高，应选用抗腐蚀性的材料，最好放在地面靠墙处，以保证存放安全。

（4）燃爆类　这类产品中，有的遇水反应能发生猛烈燃烧爆炸，有的本身就是炸药或极易爆炸，有的引火点低，受热、冲击、摩擦或与氧化剂接触能急剧燃烧甚至爆炸。这类产品要轻拿轻放。存放温度不超过30℃，与易燃物、氧化剂均须隔离存放。料架用砖和水泥砌成，有槽，槽内铺消防沙；试剂容器置于沙中，加盖，以防事态扩大。

（5）强氧化剂类　这类产品是过氧化物或含氧酸及其盐，在适当条件下会发生爆炸，并可与有机物、镁、铝、锌粉、硫等易燃固体形成爆炸混合物。要求阴凉通风处存放，最高温度不得超过30℃。要与酸类以及木屑、炭粉、硫化物、糖类易燃物、可燃物或易被氧化物等隔离，堆垛不宜过高过密，注意散热。

（6）放射性类　操作这类物质需要特殊防护设备知识，以保护人身安全，并防止放射性物质的污染与扩散。

3

（7）低温存放类　此类试剂需要低温存放才不至于聚合变质或发生其他事故。存放于温度10℃以下。

（8）贵重类　单价贵的特殊试剂、超纯试剂和稀有元素及其化合物均属此类。

4. 送检产品的质量标准　我国的产品质量国家标准和检测设备国家规程，是由国家市场监督管理总局、国家标准化管理委员会等，或有关主管业务部门审核批准并作为"法规"公布施行。前者为国家标准（代号 GB、JJG）；后者为部颁（行业）标准，如冶金行业标准，代号 YB；化工行业标准，代号 HG，后载用数字编号和年份号，如《食品安全国家标准　包装饮用水生产卫生规范》（GB 19304—2018）、《机械天平检定规程》（JJG 98—2019）。强制性国家标准在字母 GB 后不加"/T"。药品是特殊的商品，其质量标准有由国务院核定颁布的《中国药典》和国家药品监督管理局颁布的部颁标准。在国内，药学领域首先遵循《中国药典》相应标准，若《中国药典》中未说明则采用国家其他标准和部颁标准执行。

标准具有地域性，国外标准种类繁多，其中以国际标准 ISO 最为常用。国内标准只能在国内使用；国外产品进入国内，也必须按国内标准检测后方可放行。

质量标准随着科学技术的发展而更新迭代。新标准核准颁布后，旧的标准即应作废。颁发部门也会随时代发展、部门功能更迭而出现一些变化，如我国卫健委、市场监管局、药监局的职能变革。

二、检验准备

PPT

级别	工作内容	技能要求
初级检验员	了解检验方案	1. 能读懂简单的化学分析和物理性能检测方法标准与操作规范 2. 能读懂简单的检验装置示意图
	准备玻璃仪器等用品	1. 能正确识别、选用玻璃仪器及其他用品 2. 能正确选择洗涤液，按规定的操作程序进行常用玻璃仪器的洗涤和干燥 3. 能进行简单的玻璃棒、管的截断和弯曲等基本操作 4. 能进行橡皮塞的配备钻孔，按示意图安装简单的检验装置，并能检查装置的气密性 5. 能正确选用玻璃量器（包括基本玻璃量器，如滴定管、吸量管、容量瓶和特种玻璃量器，如水分测定器），并能检查其密合性（试漏），能正确给酸式滴定管涂油，赶除碱式滴定管中的气泡
	准备实验用水、溶液	1. 能正确使用一般化学分析实验用水 2. 能正确识别和选用检验所需常用的试剂 3. 能按标准或规范配制制剂、制品、试液（一般溶液）、缓冲溶液、指示剂及指示液；能准确稀释标准溶液
	准备仪器设备	1. 能正确使用天平（包括分析天平和托盘天平）、pH 计（附磁力搅拌器）、标准筛、秒表、温度计等计量器具 2. 能正确使用电炉、干燥箱、马弗炉（高温炉）、水浴、离心机、真空泵、电动振荡器等检验辅助设备 3. 能正确使用与本检验类别相关的一般专用检验仪器设备，如韦氏天平、超净工作台、均质器、培养箱、高压灭菌器、显微镜等
中级检验员	明确检验方案	1. 能读懂较复杂的化学分析和物理性能检测的方法、标准和操作规范 2. 能读懂较复杂的检（试）验装置示意图
	准备实验用水、溶液	1. 能正确选择化学分析、仪器分析及标准溶液配制所需实验用水的规格；能正确贮存实验用水 2. 能根据不同分析检验需要选用各种试剂和标准物质 3. 能按标准和规范配制各种化学分析用溶液；能正确配制和标定标准滴定溶液；能正确配制标准杂质溶液、标准比对溶液（包括标准比色溶液、标准比浊溶液）；能准确配置 pH 标准缓冲液
	检验实验用水	能按标准或规范要求检验实验用水的质量，包括电导率、pH 范围、吸光度、蒸发残渣等
	准备仪器设备	1. 能按有关规程对玻璃量器进行容量校正 2. 能根据检验需要正确选用紫外 - 可见分光光度计；能按有关规程检验分光光度计的性能，包括波长准确度、光电流稳定度、透射比正确度、杂散光、吸收池配套性等 3. 能正确选用常见专用仪器设备，如阿贝折光仪、旋光仪、卡尔·费休水分测定仪、沸程测定仪、冷原子吸收测汞仪、白度测定仪、颗粒强度测定仪、恒温恒湿标准养护箱等

续表

级别	工作内容	技能要求
高级检验员	准备实验用水、溶液	1. 能制备仪器分析用的标准溶液和其他制剂试液 2. 能制备符合液相色谱分析要求的一级实验用水和相应的试液
	准备仪器设备	1. 能按照标准要求制备气相色谱分析用的填充柱（包括柱管和载体的预处理、载体的涂渍、色谱柱的装填和老化等），并能选用适当的毛细管柱；或能选用符合原子吸收分光光度法分析要求的空心阴极灯，并能正确评价阴极灯的优劣，包括发光强度、发光稳定性、测定灵敏度与线性、灯的使用寿命等指标 2. 能按标准要求选用高压液相色谱分析柱
	操作计算机	能熟练操作与分析仪器配套使用的计算机
	设计检验记录表格	能根据不同类型检验项目的需要设计相应的原始记录表格

在检验准备的职业功能方面，应掌握化工产品的定义和特点；化学分析和物理性能检测的原理；分析操作程序；检验结果的计算方法和依据；化学试剂的分类、包装、贮存要求、特点及用途，溶剂的用途；常用玻璃仪器和其他用品的名称和用途；玻璃仪器的洗涤常识；玻璃工操作知识；常用玻璃定量分析量器的名称、规格、用途和校正方法；实验室用水使用知识、规格、贮存方法及检验方法；常用标准物质的特点及用途；常用溶液浓度表示方法；标准滴定溶液、标准杂质溶液、标准比对溶液的制备方法；天平、pH计等计量器具的结构、计量性能和使用规则；化验室辅助设备及专用检验仪器设备的名称、规格、性能、操作方法、使用注意事项；各检验类别常见专用仪器的工作原理、结构和用途；分光光度计的检验方法；计算机操作应用的一般知识；不同类型检验项目原始记录的设计要求等相关知识。

三、采样 📱 视频1

级别	工作内容	技能要求
初级检验员	明确采样方案	采样前，能明确采样方案中的各项规定，包括批量的大小、采样单元、样品数、样品量、采样部位、采样工具、采样操作方法和采样的安全措施等
	准备采样	能检查抽样工具和容器是否符合要求，准备好样品标签和采样记录表格
	实施采样	能在规定的部位按采样操作方法进行采样，填好样品标签和采样记录
	保存样品	能使用规定的容器在一定环境条件下保存样品至规定日期
	制备固体样品	能正确制备组成不均匀的固体样品，包括粉碎、混合、缩分
中级检验员	制定采样方案	能按照产品标准和采样要求制定合理的采样方案，对采样的方法进行可行性实验
	实施采样	能对一些采样难度较大的产品（不均匀物料、易挥发物质、危险品等）进行采样

在采样的职业功能方面，应具备采样的重要意义和基本原则；固体产品、液体产品、气体产品的采样方法；对化工产品样品保存的一般要求；固体样品的制样方法；化工产品采样知识等相关知识。高级检验员不专设采样职业功能。

采样应确保样品来源的可靠性和代表性。样品来源不准确、取样没有代表性、样品被污染或存放不合理而变质等都可能使分析检验复杂化，甚至徒劳无功。非均一体系要按分析化学的标准方法正确取样。同一厂家不同批号的产品组成亦可能不相同。

送检产品按物料的形态可分为固态、液态和气态三种。

1. 送检的固体物料应根据其类型、检验目的，首先按照规定的采样方案采集和制备送检样品，以保证其具有代表性。送检的固体样品必须保存在对样品呈惰性的包装材料中，贴上标签，写明物料的名称、来源、编号、数量、包装情况等。对易吸潮的固体化工产品，应放在洁净、干燥、密封、防潮的容器中。易氧化的试样应放在洁净、干燥、密闭的避光容器中。样品保存时间一般为六个月，根据实际需要和物料的特性，可以适当延长和缩短。

2. 采集液态物料应根据检验目的，制定采样方案，在采样点、采样口或容器中采集需要的液样。

挥发性液体物质样品的采集，不宜使用塑料和气密性差的容器。液体产品一般是在容器中贮存和运输，注意包装容器不得受损、腐蚀、渗漏，并核对标志；观察容器内物料的颜色、黏度是否正常；表面或底部是否有杂质、分层、沉淀、结块等现象；判断物料的类型和均匀性。对化学性质活泼的易挥发、氧化、腐蚀、易燃、易爆等物料，也必须采取规范有效的措施运输和贮存。

3. 气体物料组成均匀，但不同存在形式的气体取样的方法不同。气体试样压力接近大气压可在常压下取样；略高于大气压的气体用正压取样法采取；高压气体一般安装减压阀，将气体的压力降至略高于大气压后再采取；低于大气压的负压气体要用抽气泵在负压下取样。气体样品的容器必须是能封闭的，常见有气体采样管、吸附剂采样管（包括活性炭采样管和硅胶采样管，活性炭采样管常用来吸收浓缩有机气体和蒸汽）、金属钢瓶（有不锈钢钢瓶、碳钢钢瓶和铝合金钢瓶等。钢瓶必须定期做强度试验和气密性试验，钢瓶要专瓶专用）、塑料袋和复合膜气袋等。

对于化工产品采样，可采用《工业用化学产品采样安全通则》（GB/T 3723）、《工业用化学产品采样词汇》（GB/T 4650）、《化工产品采样总则》（GB/T 6678）、《固体化工产品采样通则》（GB/T 6679）、《液体化工产品采样通则》（GB/T 6680）、《气体化工产品采样通则》（GB/T 6681）等国家推荐标准。

四、检测与测定 🄴 视频 2、3

级别	工作内容	技能要求
初级检验员	化学分析	1. 能正确进行试样的汽化分析操作，包括称量、加热干燥至恒量 2. 能正确进行试样的沉淀分析操作，包括称量和溶解、沉淀、过滤、洗涤、烘干和灼烧等 3. 能正确进行滴定分析的基本操作。能使用酸式滴定管和碱式滴定管进行连滴（快滴）、一滴、半滴操作；能对不同类型的滴定管和装有不同颜色溶液的滴定管正确读数 4. 能识别标准滴定溶液和其有效期；能正确进行标准溶液体积的温度校正 5. 能正确使用酸碱指示剂和金属指示剂，准确判断滴定终点，进行酸碱滴定和络合（配位）滴定分析
	仪器分析	1. 能用正确的方法溶解固体样品，稀释液体样品或吸收气体样品，制备 pH 测定液 2. 能用 pH 计测定各种化工产品水溶液的 pH 值
	检测物理参数和性能	能检测相应类别化工产品的物理参数和性能，如密度、沸点、熔点、水不溶物、蒸发残渣、结晶点（或凝固点）、黏度等
	微生物学检验	能测定化妆品中微生物指标的菌落总数
	记录原始数据	能正确记录检验原始数据，填写试验记录表格
中级检验员	分离富集、分解试样	能按标准或规程要求，用液-液萃取、薄层（或柱）层析、减压浓缩等方法分离富集样品中的待测组分，或用规定的方法（如溶解、熔融、灰化、消化等）分解试样
	化学分析	能用沉淀滴定法、氧化还原滴定法、目视比色（或比浊）法、薄层色谱法测定化工产品的组分
	仪器分析	能用电位滴定法、分光光度法等仪器分析法测定化工产品的组分
	检测物理参数和性能	能检测化工产品的物理参数和性能，如折射率、比旋光度、闪点、沸程、馏程、黏度等
	微生物学检验	能测定粪大肠埃希菌、金黄色葡萄球菌、铜绿假单胞菌等微生物指标
	进行对照试验	1. 能将标准试样（或管理试样、人工合成试样）与被测试样进行对照试验 2. 能按其他标准分析方法（如仲裁法）与所用检验方法做对照试验
高级检验员	仪器分析	1. 能按操作规程操作气相色谱仪（包括其配套设备，如高压气体钢瓶、减压阀、气路管线、净化器、色谱数据工作站或数据处理机等），能根据不同的检验项目选择适当的色谱分析条件，合理地调整色谱参数；或能按操作规程操作原子吸收光谱仪 [包括其配套设备，如乙炔钢瓶（或乙炔稳压发生器）、压缩空气钢瓶（或空气压缩机），及其他燃气和助燃气、减压阀、气路管线、计算机及配套系统软件或数据处理机]，能根据不同的检验项目选择适当的仪器分析条件，合理地调整仪器参数 2. 能用色谱法或原子吸收分光光度法分析相应类别化工产品的有关项目
	监测"三废"排放	能按标准要求测定本单位产生的"三废"中的主要环境监测项目
	解决检验技术问题	能解决检验过程中遇到的一般技术问题，并能验证其方法的合理性

此部分是本教材的教学重点，相关核心内容会在后续项目中一一介绍。

其中，干燥至恒重系指连续两次干燥减失的质量小于 0.3mg 的操作，应注意高温和用电安全。先将需干燥的试剂置于洗净干燥的扁称量瓶（或表面皿）中，根据平铺的厚度决定用扁称量瓶的大小。干燥时注意温度控制，检查电源使用的安全性。第一次干燥至少 1 小时，之后取出试剂置于干燥器（注意密闭性和可开性）内冷至室温，用十万分之一天平称重；第二次干燥至少 0.5 小时以上，冷却后称重；连续两次干燥减失的质量小于 0.3mg，再干燥 0.5 小时以上置于干燥器内冷却备用。记录格式可参考"模块三项目十二标准溶液（滴定液）的配制和标定"。

五、测后工作

级别	工作内容	技能要求
初级检验员	清洗分析用器皿	能针对盛装不同种类残渣残液的器皿采用适宜的清洗方法；能正确存放玻璃仪器和其他器皿
	进行数据处理	1. 能根据检验结果有效数字位数的要求，正确进行数据的修约和运算 2. 能根据标准要求，采用全数值比较法或修约值比较法判定极限数值附近的检验结果是否符合标准要求
中级检验员	进行数据处理	1. 能由对照试验结果计算出校正系数，并据此校正测定结果，消除系统误差 2. 能正确处理检验结果中出现的可疑值。当查不出可疑值出现的原因时，能采用 Q 值检验法和格鲁布斯法判断可疑数值的取舍
	校核原始记录	能校核其他检验人员的检验原始记录，验证其检验方法是否正确，数据运算是否正确
	填写检验报告	能正确填写检验报告，做到内容完整、表述准确、字迹（或打印）清晰、判定无误
	分析检验误差的产生原因	能分析一般检验误差产生的原因
高级检验员	审定检验报告	能对其他检验人员制作的检验报告按管理规定进行审核，内容包括 1. 填写内容是否与原始记录相符 2. 检验依据是否适用 3. 环境条件是否满足要求 4. 结论的判定是否正确
	分析产生不合格品的原因	能协助企业生产技术管理部门分析产生不合格品（批）的一般原因

在测后工作的职业功能方面，应具备玻璃仪器的洗涤知识；有效数字及数字修约规则；极限数值表示方法及判定方法；实验结果的数据处理知识；对原始记录的要求；对检验报告的要求；检验误差产生的一般原因；试剂的工业分离提纯知识；常见产品简单工艺、常用原料一般知识等相关知识。

六、养护和修验设备

级别	工作内容	技能要求
初级检验员	保养维护仪器设备	能正确保养、维护所用仪器设备
	发现仪器设备故障	能及时发现所用仪器设备出现的一般故障
中级检验员	排除仪器设备故障	能够排除所用仪器设备的简单故障
高级检验员	安装调试验收仪器设备	能读懂新购置的一般仪器设备的说明书，能按规程进行安装、调试，并能验证其技术参数是否达到规定要求
	排除仪器设备故障	1. 能独立设计简单的检修仪器设备的程序框图 2. 能按程序框图检查出常用仪器设备的故障，并能排除常见故障 3. 能正确更换仪器设备的易耗件

在养护和修验设备的职业功能方面，初级检验员应具有一般仪器设备的维护、保养知识、简单仪器

设备的结构及常见故障现象等相关养护知识；中级检验员应具备常用仪器设备的工作原理、结构和常见故障及其排除方法等相关修验知识；高级检验员应具备一般仪器设备的工作原理及结构组成、分析仪器的故障检修方法等相关修验知识。

七、安全实验

级别	工作内容	技能要求
初级检验员	实验室安全	能执行实验室各项安全守则，正确使用消防器材，安全使用各种电器
	实验人员安全防护	能正确使用通风柜，不乱排放废液、废渣；能正确使用防护用品
中级检验员	安全事故的处理	能对突发的安全事故果断采取适当措施，进行人员急救和事故处理

在安全实验的职业功能方面，应具备化学实验室的安全知识、化学实验人员的安全防护知识和实验室安全、意外事故的处理方法和急救知识等相关知识。

八、其他

此外，高级检验员还有技术管理与创新、培训与指导等两项职业功能方面的要求，应具备一般检验仪器设备的使用方法及注意事项、相关产品和原材料的检验方法和标准、各种试验装置的结构及各部件的作用、传授技艺与技能的基本方法等相关知识。

功能	工作内容	技能要求
技术管理与创新	编写仪器操作规程	能制定一般检验仪器设备的操作规程
	编写检验操作规范	能编写相关产品和原材料的检验操作规范
	改进检验装置	能根据检验方法的需要改进试验装置，提高检验效率和检验结果的准确度
培训与指导	传授技艺	1. 能向初级、中级检验员传授与其工作内容相关的专业知识 2. 能较系统地示范化工产品的化学分析、仪器分析、物理参数和物理性能检测等实际操作的技术、技巧

（谭 韬）

项目三　安全知识

由于分析化学实验经常会用到各种易燃、易爆、有毒、腐蚀性试剂、高压气体及其他各种电气仪器设备，为保证实验人员和实验室财产的安全，必须遵守以下实验室安全守则。

一、实验室日常行为守则

1. 进入实验室，必须按规定穿戴必要的工作服装鞋帽及护具（防护口罩、防护手套、防护眼镜）。

2. 进行实验中，避免佩戴隐形眼镜。将长发及松散衣服妥善扎牢紧固。

3. 实验室内严禁饮食、吸烟，严禁将实验器皿用作餐具，食物禁止储藏在储有化学药品的冰箱或储藏柜，实验后必须洗手。

4. 实验室严禁嬉戏打闹，应保持实验室内秩序，避免无关人员在实验室逗留。

5. 做危险性实验，应经实验室管理人员批准，应有两人以上在场方可进行。避免独自一人或在节假日和夜间进行。

6. 操作高温实验，必须戴防高温手套。

7. 将玻璃棒、玻璃管、温度计插入或拔出胶塞或胶管时，应垫有垫布，切不可强行插入或拔出。切割玻璃管、玻璃棒，装配或拆卸玻璃仪器装置时，要防止造成刺伤。

8. 实验结束后的废渣、废液，应收集到专门的储存容器或废液瓶中，集中进行无害化处理，避免污染环境。

9. 每日实验工作完毕后，离开实验室时应妥善做好交接班，或在关闭实验室前检查门窗水电气是否管好。

二、实验药品试剂使用守则

1. 一切试剂、样品均应有标签，决不能用容器盛装与标签不相符的药品。

2. 领取药品时，应该确认容器上标示中文名称是否为需要的实验用药品，是否属于危害性药品。

3. 进行危害物质、挥发性有机溶剂、特定化学物质或其他毒性化学物质等化学药品操作实验或研究，必须穿戴防护服。

4. 浓酸、浓碱具有强烈的腐蚀性，使用时切勿溅在皮肤和衣服上。在配制溶液过程中有放热现象产生时，必须在烧杯或耐热容器中进行。稀释浓硫酸时，只能在不断搅拌时将浓硫酸缓缓加入水中，若温度过高时应冷却降温后再继续加入。配制氢氧化钠等浓溶液时，也必须在耐热容器中溶解。

5. 开启易挥发的试剂浓盐酸、浓硝酸、高氯酸、浓氨水时，应在具有通风条件的地方进行，开启时，瓶口不能对人。

6. 配制的药品有毒或反应后能产生有毒或有腐蚀性气体的药品如 HCN、NO、CO、SO_2、H_2S、Br_2、HF 等均应在通风橱内进行。使用汞盐、砷化物、氰化物等剧毒药品时，要特别小心，并采取必要的防护措施。氰化物不能接触酸，否则产生剧毒的 HCN 气体。实验残余的毒物应采用适当的方法加以处理，切勿随意丢弃或倒入槽内。

7. 试剂瓶的磨口塞粘连打不开时，可将瓶塞在实验台边缘轻轻磕碰，使其松动；或在黏固的缝隙间加几滴渗透力强的液体如乙酸乙酯、煤油、稀盐酸、水等；也可将瓶口放入热水中浸泡。严禁用重物敲击，以防瓶子破裂。

三、实验室防火防爆安全守则

1. 使用煤气灯时，应先检查煤气管道是否有泄漏，应该用肥皂水检查管道接头或其他可能的泄漏点。点火前，先将空气调小后，再点燃火柴，然后开启煤气阀点火并调节好火焰。

2. 使用易燃的有机试剂如乙醇、乙醚、苯、丙酮等时，要远离火源，使用完毕，应及时将试剂瓶塞紧，不能用明火加热易燃溶剂，而应采用水浴或沙浴加热。

3. 易燃物质应贮存于密闭容器内并放在专用仓库阴凉处，不宜大量存放在实验室中；在试验中使用或倾倒易燃物质时，注意要远离火源；易燃液体的废液应倒入专用贮存容器中，不得倒入下水道，以免引起燃爆事故。

4. 易自燃物质应保存在特定储存环境中。如：白磷与空气接触，易自燃，应在水中贮存；金属钠暴露于空气中能自燃，也能与水猛烈反应而起火，应在煤油中贮存。

5. 身上或手上沾有易燃物质时，应立即清洗干净，不得靠近火源。

6. 长期存放的乙醚在使用前应除去其中可能产生的过氧化物，在蒸馏乙醚时切勿蒸干，防止产生过氧化物而发生猛烈爆炸。

7. 使用氢气、乙炔等可燃性气体为气源的仪器时，室内通风要良好，应注意检查气瓶及仪器管道的接头处，以免漏气后与空气混合遇火花发生闪爆。

8. 高氯酸盐、叠氮铅、乙炔铜、三硝基甲苯等易爆物质，受振或受热可能发生热爆炸。

四、实验室用电安全守则

1. 实验室电路容量、插座等应满足仪器设备的功率需求；大功率的用电设备需单独拉线，配备单独的空气开关。严禁乱拉电线。

2. 实验前应检查电线、电器设备有无损坏，绝缘是否良好，认真阅读使用说明书，明确使用方法，切不可盲目地接入电源，使用过程中要随时观察电器的运行情况。

3. 使用分析天平、分光光度计、酸度计等精密仪器时，应严格遵守操作规程，一旦使用完毕要切断电源。并将旋钮恢复到原来位置，罩上外罩。

4. 使用电器设备时，要注意防止触电，不可用湿手或湿物接触电闸或电源开关。凡是漏电的仪器设备不要使用，以免触电，使用完毕后切断电源。

5. 实验时，应先连接好电路后才接通电源。实验结束时，先切断电源再拆线路。

五、实验室压力容器使用安全守则

1. 气瓶应专瓶专用，不能随意改装其他种类的气体。

2. 气瓶应存放在阴凉、干燥、远离热源的地方，易燃气体气瓶与明火距离不小于 5m；氢气瓶最好隔离。

3. 气瓶搬运要轻要稳，放置要牢靠。

4. 各种气压表一般不得混用。

5. 氧气瓶严禁油污，注意手、扳手或衣服上的油污。

6. 气瓶内气体不可用尽，以防倒灌。

7. 开启气门时应站在气压表的一侧，不准将头或身体对准气瓶总阀，以防阀门或气压表冲出伤人。

六、实验室常见紧急情况的处理

实验人员对常见实验室紧急情况需有清晰的认识、准确的判断和规范的应对。实验室常见紧急情况的处理如下。

1. 火情紧急处理 乙醇及其他可溶于水的液体着火时，可用水灭火；乙醚、汽油等有机溶剂着火时，应用沙土扑火，也可用干粉灭火器，不可用水灭火；导线或电器着火，应切断电源，或用四氯化碳灭火器，不能用水及二氧化碳灭火器。

2. 气体爆炸 应立即切断电源和气源、疏散人员、转移其他易爆物品，拨打火警电话。

3. 触电紧急处理 应首先切断电源，再将伤员送往医院抢救。

4. 烫伤紧急处理 如遇烫伤且皮肤完好时，可采用大量的自来水冲洗烫伤处，或用饱和碳酸氢钠溶液涂擦。

5. 酸碱灼伤紧急处理 应迅速除去被污染衣服，及时用大量清水冲洗。保持创伤面的洁净，如遇酸灼伤时，立即用大量的自来水冲洗，再用2%碳酸氢钠（或肥皂水）溶液冲洗；如遇碱灼伤时，先用清水冲洗，再用2%的硼酸溶液冲洗，最后均用清水冲洗。

6. 误食性化学中毒

（1）误食一般化学品 为降低化学品在胃内浓度，延缓人体吸收速度，保护胃黏膜，可立即吞服牛奶、鸡蛋、面粉、淀粉、搅成糊状的土豆泥、饮水等，或分次吞服活性炭（一般 10～15g 活性炭大约可以吸收 1g 毒物）的水进行引吐或导泻，同时迅速送医院治疗。

（2）误食强酸　立刻饮服 200ml 0.17% 氢氧化钙溶液、或 200ml 氧化镁悬浮液、或 60ml 1%~4% 的氢氧化铝凝胶、或者牛奶、植物油及水等，迅速稀释毒物；再服食 10 多个打溶的蛋液作缓和剂。同时迅速送医院治疗。因碳酸钠或碳酸氯钠溶液遇酸会产生大量二氧化碳，故不要服用。

（3）误食强碱　立即饮服 500ml 食用醋稀释液（1 份醋加 4 份水），或鲜橘子汁将其稀释，再服用橄榄油、蛋清、牛奶等。同时迅速送医院治疗。

7. 微生物检验室由于标本、试剂溢出或溅落造成操作台或地面的污染，甚至人身伤害时，应根据是否有强毒性微生物，立即做出疏散、隔离要求，防扩散、防二次污染。在操作过程中发生培养物、污染材料溅落身体表面等情况，首先使用喷淋装置，尽快将污染物冲洗掉，然后再进行局部处理；实验室内其他被指派人员迅速着装进入实验室，清除造成伤害的原因，清理实验材料，紧急简单处理受伤人员并撤离实验室，伤者应立即就医隔离观察。被污染器物或台面应立即喷洒消毒液并覆盖浸透消毒液的纸巾 30 分钟以上，清理后的物品高压灭菌。若出现大范围环境污染应按规范操作关闭实验室，张贴禁入警示。若有人身伤害：①在没有强毒微生物时，应立即用消毒液清洗伤者未破损的皮肤表面，伤口以碘伏消毒，眼睛用洗眼器反复冲洗；②有强毒微生物时，首先用肥皂和水清洗污染的皮肤，挤压伤口尽可能挤出损伤处的血液，用肥皂或清水冲洗，用消毒液浸泡或涂抹消毒，并包扎伤口；暴露的黏膜应尽快用生理盐水或清水冲洗干净。

（钟文武）

项目四　原始检验数据记录的规范

原始检验数据的记录是出具检验报告书的依据，是进行科学研究和技术总结非常重要的原始资料。原始检验记录的内容应包括与检验有关的一切法定技术资料、设施设备型号及编号、数据和现象等，须真实地、及时地、完整地记录检验全过程、全数据，要做到原始真实、完整准确、清晰明了、有法定凭据。原始检验记录要包含完整的检验信息，以便识别不确定度的影响因素，保证待检样品在该检测条件下所有测量数据的可溯源性，因此完整、及时、规范地完成原始记录，是检验工作者必备的实事求是、高度严谨的职业素养。

一、检验室（检测室或质控室）原始检验记录管理制度

每个法定单位的检验室，应明确原始检验记录编制、填写、更改、标识、收集、检索、存取、归档、贮存、维护和清理等各个环节的制度、职责和操作规程，对形成检验记录的全过程实施合理、规范的控制。必须避免出现检验室编制的原始检验记录管理程序内容不齐全、不合理、互不协调。质量检测检验室应当至少有下列经过批准执行的原始检验记录系列文件。

1. 取样操作制度、职责和操作规程。

2. 检验操作制度、职责和操作规程，包括检验记录或检验室工作记事簿。如每批药品的检验记录应当包括物料、中间产品、待包装产品和成品的质量检验记录。

3. 检验报告填写、留存制度、职责和操作规程。

4. 留样制度、职责和操作规程。

5. 检验过程有关的环境检验记录制度、职责和操作规程。

6. 设施设备的校准和使用、保养、维护的制度、职责和操作规程。

二、原始检验记录的保管规范

原始检验记录及报告书立卷归档、统一保管，必要时电子备份另地储存保管，以防止丢失，同时便于使用、管理和查询。无论是书面文本报告检验记录还是电子信息报告检验记录，均要按照规程进行控制，对电子版本的检验记录应采取适当的加密措施，防止数据丢失或未经批准擅自修改检验记录。原始检验记录应规定保存的时间期限，不同类别的检验记录保存期限不同。

检验记录保存期限确定一般应遵循以下原则。

1. 有永久保存价值的检验记录，应整理成档案，长期保管。

2. 合同要求时，检验记录的保存期应征得顾客的同意或由顾客确定。

3. 无合同要求时，产品检验记录的保存期一般不得低于产品的寿命期或责任期或有效期。

对于食品原始检验记录应至少保存5年。对于药品质量检测，每批号药品应当有的批检验记录（批生产检验记录、批包装检验记录、批检验记录和药品放行审核检验记录等）至少保存至药品有效期后一年，由质量管理部门负责管理。相应的质量标准、工艺规程、操作规程、稳定性考察、确认、验证、变更等其他重要文件应当长期保存。

此外，还应规定对过期或作废检验记录的处理方法。杜绝只保存检验报告，而不保存原始检验记录等原始凭证的现象。

三、原始检验记录内容要求

原始检验记录是记述检验过程中的各种检验现象及检测数据的原始资料，因此，要求客观、规范、准确及时、详细完整记录，以便于第二者理解和复核，甚至重复检验。完整信息记录能保证样品检验数据的科学性、严肃性、真实性、完整性、可溯源。但这并不意味着检验记录内容越多越好，原则是"做有痕、追有踪、查有据"，如《药品生产质量管理规范》（GMP）要求每项活动均应当有检验记录，保证产品生产、质量控制和质量保证等活动可以追溯即可。

原始检验记录是受控文件，应有专用检验记录格式，并统一编号。虽然检验记录的格式和内容很难给出一个全国统一模板，但各个行业结合实际情况，对检验记录的方式、格式、载体、用笔、装订、字体等都进行了标准化、表格化、规范化的规定。原始检验记录应按顺序编号打印或填写装订成册，逐页装订、首末页分别写共×页，第×页。其他页写第×页，不得缺页损角。主要记录内容如下。

1. 产品或物料的名称、剂型、规格、批号或供货批号，必要时注明供应商或生产商的名称或来源。

2. 检验用质量标准和检验操作规程。若操作方法与检验依据方法一致的，简明扼要叙述，若对检验依据方法有修改的，记录质量标准全部内容。

3. 检验所用的仪器或设备的型号和编号、仪器检测条件、检定或校准情况；

4. 检验所用的试液和培养基的配制批号、对照品或标准品的来源和批号。

5. 检验所用动物的相关信息。

6. 检验过程，包括对照品溶液的配制、各项具体的检验操作、必要的环境温湿度。

7. 检验结果，包括观察得到情况或测得的检验数据记录、图谱或曲线图、计算及数据处理结果；结果描述及判断；样品到达日期、检验日期和检验完成日期。

8. 检验、复核、审核人员的签名和日期。

四、原始检验记录填写规范

1. 检验过程中应尊重检验事实，及时在规定的检验记录本上做好完整而确切的原始检验记录。要按检验日期顺序和检验报告书页数逐一记录原始检验数据。绝不允许记于纸条上或其他地方，事后誊抄补记，也不允许暂记脑中过会儿追记。

原始检验记录包含两类原始数据和信息，第一类原始数据与信息是由检验员直接操作和仪器使用产生，可以是文字、数字，也可以是编号、环境信息，此类数据不可补记。第二类数据与信息是在第一类数据与信息的基础上推导获得的，比如从原始数据上得出的计算结果和结论。第二类数据与信息可以补记，但应注明所引用的原始数据的出处。

2. 原始检验记录必须用钢笔或中性笔填写，不允许用铅笔，字迹要工整、清晰、完整，检验记录应当保持清洁，不得撕页、任意涂改、贴盖。

3. 原始检验记录各项内容应逐项填写，若有缺项，应在格内画一斜线。若该页大部分为空白应该有"以下为空白"标注。原始检验记录的某些内容可以打印，但取样量、取/加溶剂量、测定温度等实际操作参数、测定值（现象）、结果和结论等应手写。书写时应使用正规用语，不得使用俗语和规定外的英文缩写。所采用的计量单位，符号和计算公式必须符合有关规定。

4. 测量数据检验记录的有效位数应与检测系统的准确度相适应，不能超过检测方法最低检出限的有效数字位数，允许保留一位可疑数字。

5. 原始检验记录应真实地记录检验现象、数据。仪器自动显示检验记录或打印的检验记录、图谱和曲线图等数据应准确复制或剪下贴在原始检验记录单上，并标明产品或样品的名称、批号和检验记录设备的信息，操作人员应当签注姓名和日期。用热敏纸打印的数据、图谱为防止日久褪色，应将所有检验数据记录在原始检验记录单上，并及时复印妥善保存。

6. 如使用电子数据处理系统、照相技术或其他可靠方式检验记录的数据资料。使用电子数据处理系统的，只有经授权的人员方可输入或更改数据，更改和删除情况应当有记录痕迹。

7. 一旦出现误记，可采用"杠改法"，在需要改正的地方用红色笔划一横杠，改正后的值应写在被更改值的右上方，不要涂擦，也不能用涂改液；被更改的原检验记录内容仍须清晰可见，不允许覆盖或不清楚。检验记录中任何更改都应当在修改处签注姓名和日期，更改人为直接检测责任人，还须有主管部门负责人签字确认，并加盖相应公章。检验记录如需重新誊写，则原有检验记录不得销毁，应当作为重新誊写检验记录的附件保存。检验结果，无论成败（包括必要的复试），均应详细检验记录、保存。对废弃的数据或失败的检验，应及时分析其可能的原因，并在原始检验记录上注明。

五、数据处理

为了得到准确的检测结果，检验人员不仅要认真操作，而且还要正确处理检验数据。整个数据处理过程一定要使用法定计量单位，在检验记录中得到统一体现。运算过程要规范，计算第一步列公式，第二步代入原始数据，第三步给出运算结果，确保原始检验记录的溯源性。同时，一定要严格按数字修约规则进行数字修约，先计算后修约。

六、复核工作

检验复核是由未参加该检验并具有资格的检验专员对检验内容的完整性，以及计算结果的真实性和准确性、结论等进行核对、修改并签名。具体内容如下。

1. 计算公式的应用是否正确，有无计算差错，导出数据是否合理。

2. 有效数值表达、进舍规则、异常值处理是否符合有关标准要求。

3. 环境条件记载是否出自测试现场、是否失真、是否失控。

4. 平行多份是否符合准确度和精密度要求。

七、审核工作

由质量控制负责人审核，并在原始检验报告书上签名，重点是原始检验记录的规范化和合理性。

1. 执行标准是否正确、有无差错，方法选择是否恰当；环境条件是否受控。

2. 原始检验记录与任务通知单的要求是否相符，是否完全按照任务通知单的要求完成了任务，有无漏项（目）、漏报。

3. 检查计算分析数据的误差，决定复测（验）与否，超差样品（项目）的处理；疑点值的判定、检查。

4. 有关人员如检验人、复核人的签字是否齐全，签署日期是否准确。

5. 原始检验记录是否完整，应有的标识是否齐全。

6. 是否符合质量手册和程序文件的有关规定。

需要提醒的是，检验者在检验前，应注意检品标签与所填送验单的内容是否相符，应注意查对品名、规格、批号和效期、代号（或编号）、来源（生产单位或产地）、取样日期、样品的数量和封装情况等。

（谭　韬）

书网融合……

视频1	视频2	视频3

模块二　初级检验员实训基础

项目五　初级检验员能力鉴定简介

化学检验员的鉴定方式分为理论知识考试和技能操作考核。理论知识考试采用闭卷笔试方式，技能操作考核采用现场实际操作方式。理论知识考试和技能操作考核均实行百分制，成绩皆达 60 分以上者为合格。技师、高级技师鉴定还须进行综合评审。

理论知识考试在标准教室进行笔试；技能操作考核在具备必要检测仪器设备的实验室进行。在理论知识和操作技能试卷的组卷中，一般为中等难度。低难度试题占 20%，中等难度试题占 70%，高难度试题占 10%。

化学检验员职业资格初级（国家五级）申报条件具备以下条件之一即可：①经本职业初级正规培训达到规定标准学时数，并取得毕（结）业证书；②在本职业连续见习工作 2 年以上。

职业道德和基础知识见模块一项目一所述；职业功能包括：①样品交接；②检验准备；③采样；④检测与测定；⑤测后工作；⑥设备养护；⑦安全实验等方面。

初级检验员鉴定考核的理论知识和技能知识各项目分值比重分配如下。

项目	基本要求（%）		相关知识（%）						
	职业道德	基础知识	样品交接	检验准备	采样	检测与测定	测后工作	安全实验	养护设备
理论	5	40	5	14	10	13	3	5	5
技能	—	—	8	20	15	30	7	10	10

项目六　分析化学实训基础

称量及容量精密分析设备的使用、数据校准、溶液的配制、滴定操作技术是分析检验人员首要的工作任务。以下主要介绍常用称量仪器分析天平以及定量分析玻璃容器（容量瓶、吸量管和滴定管）的使用、校准、保养、数据记录等。实操时均应在原始记录中记下所用定量玻璃器材的编号，以便相关人员对实验结果进行复试核对。但考虑到学校实际情况，本教材略去定量玻璃器材编号的原始记录内容，也略去实训中对定量玻璃器材的体积校正计算，仅在实训三有体现。

实训一　分析天平的称量练习

一、学习目标

知识目标	能力目标	思政及岗位素养目标
1. 掌握直接称量法和递减称量法的操作方法 2. 熟悉固定质量称量法的操作方法 3. 熟悉电子分析天平的基本结构 4. 了解天平的种类	1. 能规范使用分析天平 2. 能准确采用直接称量法和递减称量法进行称量 3. 能维护和保养分析天平	1. 深刻体会"差之毫厘，谬以千里"的中华优秀文化思想 2. 达到初级检验员岗位关于精密称定的要求

二、关键概念

1. 分度值 又称灵敏度、感量，是天平可读数的最后一位，在定量分析中常用的电子天平有分度值 1mg（千分之一天平）、0.1mg（万分之一天平）、0.01mg（十万分之一天平）等。

2. 称定 称取质量应准确至所取质量的百分之一。若称定质量为 0.1g，即称取到千分之一克，±0.001g。

3. 精密称定 称取质量应准确至所取质量的千分之一。若精密称定质量为 0.1g，即称取到万分之一克，±0.0001g。

4. 取用量 为"约"多少时，取用量不得超过规定量的 ±10% 范围。

三、基础知识

（一）分析天平基本原理

分析天平是用于精确称量的仪器，其灵敏度可达 0.1mg、0.01mg 或 0.001mg。需根据称量范围及精度要求，选择合适灵敏度的分析天平才能满足分析结果对准确度（RE ≤ ±0.1%）的要求。

分析天平按其构造原理，可分为机械分析天平和电子分析天平。机械分析天平依据杠杆原理利用刀口支撑横梁，通过砝码质量平衡物体质量进行称量，需要人工或机械加减砝码，通过阅读千分尺判断天平水平情况，称量操作麻烦。电子分析天平是利用电磁力平衡物体重力原理，称量准确可靠，操作简便快速，且具有数字显示、自动调零、自动校准、扣除皮重、输出打印等功能。以下主要介绍电子分析天平的仪器构造和称量方法等。

（二）电子分析天平主要部件和使用方法 🎬 视频1

电子分析天平的外部结构主要包括称量室、操作界面、显示器和水平调节系统，有的还配有数据接口，可接外部设备。以 AUX 220 型电子天平为例，如图 6 - 1 和图 6 - 2 所示。称量室可防止风的影响；防对流圈可减轻空气对流的影响；水平调节螺丝用于调整天平保持水平；水准仪用于检查天平是否保持水平；玻璃门在两侧和顶部各 1 个，推拉开合。

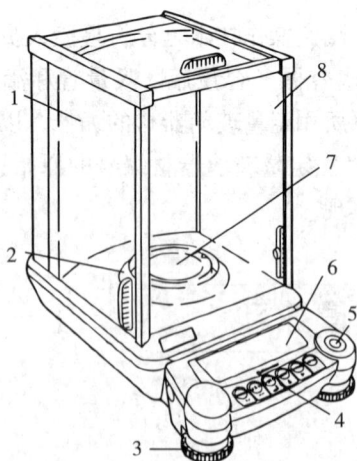

图 6 - 1 AUX 220 型电子天平

1. 称量室；2. 防对流圈；3. 水平调节螺丝；

4. 按键区；5. 水准仪；6. 显示屏；7. 称量盘；8. 玻璃门

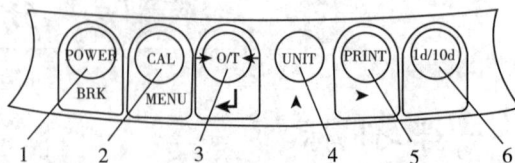

图 6 - 2 AUX 220 型电子天平按键面板

1. 开关键；2. 计算键；3. 清零键；4. 单位切换键；

5. 打印键；6. 精度切换键

1. 水平调节 调整水平调节螺丝，使水准仪中的水泡位于中心圆圈内。

2. 预热 接通电源，仪器自检后进入 OFF 关机状态，短按【POWER】键，进入工作状态，再短按【POWER】键，进入待机状态（STAND－BY）。于待机状态预热至少 1 个小时。

3. 进入工作状态 短按【POWER】键，显示屏显示质量显示模式 0.0000g。

4. 天平基本模式的选定 每按一次【UNIT】键，登记设定的单位或个数计算、比重测定方式依次切换。在出厂设定中登有 g、ct、%、PCS（个数），一般选择 g。千分天平和万分天平模式可通过按【1d/10d】进行切换。

5. 灵敏度调整 天平新安装、位置移动、环境变化或长期不用，须经过灵敏度调整后才能使用。AUX 220 内藏电机驱动校准砝码，若开启全自动灵敏度调整功能，按【POWER】键，从待机（预热）状态改变为工作状态时，自动地进行必要的灵敏度调整。此动作也可手动进行，在 g 显示时按【CAL】键。显示［i－CAL］后，按【0/T】键，仪器开始灵敏度调整。为使动作正常，请不要有振动和鼓风。此外，AUX 220 可使用外部砝码进行灵敏度校准，也可使用外部砝码对机内砝码进行校准。

6. 称量 在工作状态，按【0/T】键，清零，显示屏显示 0.0000g 后，将称量物置于天平盘上，待数字稳定，屏幕中左边"➤"亮灯后即可读出称量物的质量。

7. 去皮称量 在工作状态，按【0/T】键清零，将容器置于天平盘上，待数字稳定并"➤"亮灯后，再按【0/T】键清零，即去除皮重。再将称量物置于容器中（若称量物为粉末状或液体，则应逐步加入容器中直至达到所需质量），待"➤"亮灯后，即称量物的净质量。移出称量物后，显示屏显示负值，应及时再按【0/T】键清零，显示 0.0000g。称量总质量不能超过最大载荷，AUX 220 型为 220g。

8. 称量完毕 同一实验的多次称量的间隙，不需按【POWER】键至待机状态，待实验全部结束后按【POWER】键至待机状态，切断电源。若短时间内还使用天平，也不必切断电源，维持待机状态，这样可省去预热时间。

（三）称量方法

分析天平常用的称量方法有直接称量法、固定质量称量法和递减称量法。

1. 直接称量法 用于直接称取固体物品的质量，或一次称取一定质量的样品。例如称取小烧杯质量，容量器皿校准中称量容量瓶的质量。

2. 固定质量称量法 又称增量法。用于称量某一固定质量的试剂或试样。需要用直接法配制指定浓度的溶液时或仅需指定质量的样品时常用该方法。该方法要求称量的样品为在空气中性质稳定、不易吸湿的粉末状物质。

3. 递减称量法 也称为减量法、减重称量法或差减称量法。一般用具塞称量瓶盛装样品，先称定样品与具塞称量瓶总重，倾倒出期望质量的物质后再称定质量，利用每两次称量之差，即求得一份或多份被倾出物的质量。定量分析中称取多份样品或基准物质时常用该方法。本法适用于称量易挥发、易吸湿、易氧化、易与二氧化碳反应的固体样品。称取液体样品时，应使用滴瓶，须注意液体的挥发。

本实训将以电子分析天平为基础介绍这三种称量方法的操作步骤。为使称量操作 $RE \leqslant \pm 0.1\%$，万分天平（灵敏度为 0.1mg）采用直接称量法的最小称样量为 0.1g，采用递减称量法的最小称样量为 0.2g；十万分天平（灵敏度为 0.01mg）采用直接称量法的最小称样量为 0.01g，采用递减称量法的最小称样量为 0.02g。

四、实训练习

（一）实训条件

1. 仪器与器材 万分之一分析天平、百分之一天平、具塞称量瓶、表面皿、烧杯、锥形瓶和药匙。

2. 试剂和试药 Na_2CO_3。

（二）安全及注意事项

1. 电子天平应避免阳光直射、振动、剧烈的温度波动和空气对流，天平室内保持干燥清洁。适宜温度 $10 \sim 30℃$，湿度 $35\% \sim 80\%$；工作电压为220V，50Hz。

2. 天平是由高抗耐性材料制成，可用温和的清洁剂清洁，并且可用半干湿布来擦拭天平秤盘和外壳。

3. 严禁用天平称量腐蚀性物质。

4. 不能让液体流入天平和电源适配器。

5. 天平按键为轻触式，只需轻按一下即可，不可持续重按。

6. 开机后，如果显示不稳定，应检查秤盘是否放妥，有无碰撞、阻碍现象。

7. 同一个实验应使用同一台天平进行称量，以免因称量而产生误差。

（三）操作流程及规范

1. 直接称量法称空烧杯质量

步骤	操作流程	操作指南
准备	领取任务和 SOP 相关文档。清场	
	操作间准备：操作间控温、控湿度。所有器材应提前置于实验环境中	空调和除湿机出风口不可正对操作工位
	检查天平是否处于水平，各个部件是否正常，天平箱内的干燥剂是否失效。检查天平盘与天平内部是否清洁，清扫天平	水准仪的气泡应处于中间的圆环内，否则，用水平调节螺丝调至气泡进入圆环内 用软毛刷清扫；干燥剂硅胶应为蓝色
	接通电源，短按开机键，于待机状态预热	万分之一电子天平需预热30分钟以上，千分之一预热20分钟以上
	再短按开机键，切换进入工作状态	显示为 0.0000g
称量	调零点：在工作状态，将大小合适的干燥洁净称量纸片置于天平盘上，待数字稳定，按【0/T】键清零	纸片边缘不应接触除天平托盘以外的其他地方
	称量：将被称物品放在称量纸上，关闭侧门，待数字稳定，屏幕中左边 "➡" 亮灯后即可记录空烧杯质量	读数时应将天平侧门关闭。数据应读准至以 g 为单位的小数点后第四位。原始数据要及时、准确的记录到报告本上，不能随意涂改或选择性记录
结束	按【POWER】键至待机状态，切断电源	若短时间内还使用天平，维持待机状态
	取出被称物体，关机，切断电源，清扫，套上防尘罩。填写仪器使用登记本	
	清场	整理桌面，关水关电

2. 固定质量称量法

步骤	操作流程	操作指南
准备	见 1. 直接称量法称空烧杯流程 1 ~ 5	
称量	调零点：在工作状态，将大小合适的称量纸片置于天平盘上，再放干燥洁净小烧杯，关闭侧门，待数字稳定，屏幕中左边 "➡" 亮灯后，按【0/T】键清零	纸片边缘不应接触除天平托盘以外的其他地方
	右手持小药匙舀取药品适量，移至烧杯口上方；用左手指轻轻敲击右手手腕，使药品慢慢的倾洒入烧杯中，并观察屏幕示数，接近规定质量时，动作更轻更缓，使药匙中少量药品落入杯内，直至示数与规定质量一致为止，并记录读数	读数时应将天平侧门关闭。数据应读准至以 g 为单位的小数点后第四位。原始数据要及时、准确的记录到报告本上，不能随意涂改或选择性记录
结束	见 1. 直接称量法称空烧杯流程 8 ~ 10	

3. 递减称量法　称取基准无水 Na_2CO_3 试剂 3 份，每一份的质量范围在0.20~0.24g。

步骤	操作流程	操作指南
准备	见 1. 直接称量法称空烧杯流程 1~5	
粗称	将空称量瓶放在称量纸片上，加入 0.7~0.8g Na_2CO_3 样品	粗称质量应略大于多份平行测定所需样品的总质量。不用记录数据，采用百分天平
称量	在工作状态，将大小合适的干燥洁净称量纸片置于天平盘上	此步可不按【0/T】清零键调零点
	称量 m_1：用称量纸条卷取装有样品的称量瓶，放在称量纸片上，关闭侧门，待数值稳定，屏幕左边"➤"亮起，记录数值 m_1	m_1 为称量瓶与样品的总重。称量纸条长度、厚度要合适，不能太宽遮盖瓶口，不能太长妨碍拿取移动，不能太薄而断裂
	粗算：粗算倒出规定质量后的质量上下限，以帮助快速判断倒出的样品质量是否进入规定质量范围	根据 m_1 和规定样品质量范围 0.20~0.24g，可粗算倒出后瓶和样品总质量上限 $m_1 - 0.20$g 和下限 $m_1 - 0.24$g
	倾出样品：用称量纸条卷取称量瓶，移至盛接样品的洁净容器（如锥形瓶、小烧杯）上方；打开称量瓶盖，倾斜的称量瓶，用瓶盖轻轻敲击称量瓶口上方边缘，使样品缓缓落入容器内（图6-3） 敲出适量的样品后，用瓶盖轻轻敲击瓶口，同时缓缓直立称量瓶，使沾在瓶口的样品落回到瓶内，盖好瓶盖 勿使样品洒落在容器外面	 图6-3　倾倒样品（自视角度）
	称量 m_2：将称量瓶放回天平盘上，称量。若未达粗算上限，取出称量瓶继续倾倒，直至低于上限。关闭侧门，待数字全稳定，屏幕中左边"➤"亮起，记下 m_2；若已低于下限，应洗净锥形瓶重新称量	只需等待小数点后 2 位数字稳定后就可根据流程 4 粗算的倾倒后的质量上下限，快速心算做判断。此过程等待时间不长，可不用关闭天平侧拉门。此步倾倒调整 2~3 次就完成 1 份称量，是熟手必备技能
	继续上述操作流程 5~7，重复操作两次，便可称出 3 份样品。计算称取的 3 份 Na_2CO_3 样品质量（g）	用 m_2 作为第二份样品的第 1 次称量数值，后同。6 分钟内就能称得 3 份样品，此为熟手必备技能。注意有效数字规则
结束	见 1. 直接称量法称空烧杯流程 8~10	

（四）原始记录与数据处理

室温：　　　　　　湿度：　　　　　　年　月　日

天平型号及编号：

1. 直接称量法称空烧杯的质量记录　$m_{空烧杯} = $ ＿＿＿＿＿＿＿＿＿＿g

2. 固定质量称量法称量记录　$m_{样} = $ ＿＿＿＿＿＿＿＿＿＿g

3. 递减称量法称 Na_2CO_3 质量记录

n	第1份	第2份	第3份
倾出前质量	$m_1 = $	$m_2 = $	$m_3 = $
倾出后质量	$m_2 = $	$m_3 = $	$m_4 = $
样品质量	$\Delta m_1 = $	$\Delta m_2 = $	$\Delta m_3 = $

五、课后作业

1. 为什么不能用手直接拿取称量物？

2. 试述用递减称量法精称 m_2、m_3、m_4 等时，如何通过粗算出倾倒后的质量上下限来快速判断是否倾倒不足、足够或是过量？是否要等待天平万分位完全稳定，才能快速判断？

3. 简述干燥至恒重的操作方法。

4. 直接接触天平托盘的容器为什么必须是干燥的？

六、实训评价

测评项目	清洁，调水平	开机预热	正确卷取称量瓶	称量操作	读数位数正确	关机，清扫	记录规范完整	清场
分值	5 分	10 分	5 分	15 分	15 分	10 分	30 分	10 分
自评								

七、实训体会与反思

（甘淋玲）

实训二　滴定分析常用仪器的基本操作及滴定练习

一、学习目标

知识目标	能力目标	思政及岗位素养目标
1. 掌握常用定量分析玻璃量器的洗涤方法 2. 掌握滴定管、容量瓶、吸量管的使用方法 3. 熟悉常用的滴定分析操作	1. 能规范使用容量瓶、吸量管、滴定管和分析天平 2. 能观察与判断滴定终点	1. 深刻体会"差之毫厘，谬以千里"的中华优秀文化思想 2. 具备初级检验员进行滴定分析的基本素质

二、关键概念

1. 量出式（ex – quantity style）量器　用于测量从量器内部排出液体体积的量器，如滴定管、吸量管和量出式量筒。

2. 量入式（in – quanity style）量器　用于测量注入量器（内壁干燥）内液体体积的量器，如容量瓶、量入式量筒等。

3. 平行实验　是用同一分析人员对同一样品使用同一分析方法进行多次测定的实验。平行实验可以减小偶然误差的影响。具体操作是重复同一实验操作 3~5 次，对准确度要求较高时，可增加测定次数至 10 次左右。

三、基础知识

滴定分析中常用的定量分析用玻璃量器有容量瓶、吸量管、滴定管。《JJG 196 常用玻璃量器国家计量检定规程》对容量瓶、吸量管、滴定管等的规格、使用要求、计量性能及检定要求都作了明确规定。

（一）容量瓶

容量瓶主要用于准确地配制一定量浓度的溶液。它是一种细长颈、梨形的平底玻璃瓶，配有磨口塞（或者塑料塞），塞与瓶应配套使用，一般用绳连接。细长的瓶颈上刻有环状标线，当瓶内液体在指定温度下达到标线处时，其体积即为瓶上所标示的容积数。常用的容量瓶有 5ml、10ml、25ml、50ml、100ml、250ml、500ml 和 1000ml 等多种规格。容量瓶的容积固定，刻度不连续，所以一种规格的容量瓶只能配制某一体积的溶液。应根据实验要求，选用合适规格的容量瓶。容量瓶有白色玻璃、棕色玻璃两种，配制见光易氧化变质或分解的不稳定物质的溶液应选用棕色瓶。

（二）吸量管 视频2

吸量管又称移液管，是专为精密转移一定体积溶液用的。吸量管通常有两种形状，一种是直形的，一端拉尖，管上标有很多刻度，称为分度吸量管，又称刻度吸量管（图 6-4a），常用的规格有 1ml、2ml、5ml、10ml、25ml 和 50ml 等，这种吸量管可以量取其在刻度范围内有刻线标示的不同体积。

还有一种是中部吹成圆柱形，圆柱形以上及以下为较细的管颈，下部的管颈拉尖，上部的管颈有一环状刻度，称为单标线吸量管，也被称为腹式吸管或大肚移液管（图6-4b），常用的规格有 5ml、10ml、20ml、25ml 和 50ml 等，这种吸量管只能量取出其规格对应的固定体积。

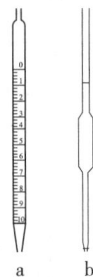

图 6-4 吸量管构造

（三）滴定管 视频3

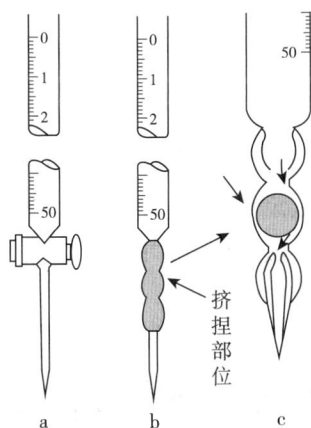

图 6-5 滴定管构造

滴定管是滴定分析中最基本的测量仪器，它是由具有准确刻度的细长玻璃管及开关组成，在滴定时用来测定自管内流出溶液的体积。

1. 滴定管的形状 滴定管按形状一般可分为两种：一种是下端带有玻璃活塞的酸式滴定管（图 6-5a），用于盛放除碱性溶液以外其他溶液；另一种是碱式滴定管（图 6-5b、c），用于盛放碱类溶液，其下端连接一段医用橡皮管，内放一玻璃珠（通过挤捏起玻璃珠处的橡皮管，造成不同大小的流路缝隙，以控制溶液的流速），橡皮管下端再连接一个尖嘴玻璃管。碱式滴定管的准确度不如酸式滴定管，因为橡皮管的弹性会造成液面的变动。采用聚四氟乙烯制作活塞的滴定管，外观与酸式滴定管一致，耐酸耐碱，称为酸碱通用滴定管或两用滴定管。

2. 滴定管的规格 常用分析用滴定管的规格一般为 10ml、15ml、25ml 和 50ml 等，其最小刻度为 0.1ml，读数可估读到 0.01ml 位。

因为每次读数均有 ±0.01ml 的读数误差，所以如果滴定所消耗溶液的体积过小，则滴定管读数误差增大。例如，所消耗体积为 10ml，最终读数误差为 ±0.02ml，则其相对误差达 ±0.02/10×100% = ±0.2%，如所消耗体积为 20ml，则其相对误差即减少至 ±0.1%。

用于半微量分析的滴定管刻度区分到 0.02ml，可以估计读数到 0.005ml。

用于微量分析的微量滴定管，其容量一般为 1~5ml，刻度区分小至 0.01ml，可估计到 0.002ml。

滴定分析时，应根据滴定液消耗体积，选择不同规格和刻度区分的滴定管，以减少滴定时体积测量的误差。

3. 滴定管的颜色 滴定管有白色、棕色玻璃两种。需避光的滴定液（如硝酸银滴定液、碘滴定液、高锰酸钾滴定液、亚硝酸钠滴定液、溴滴定液等），需用棕色滴定管。

（四）弯月面的确定和读数方法

量器内的透明液体与空气之间的界面，呈现为弯月面，为便于读数判断，可衬以白色背景遮去杂光。例如，可在玻璃量器定位液面以下不大于1mm处放置一条半白半黑色读数纸带或用一段切开的黑色厚胶管套在玻璃量器的管壁上（图6-6a），弯月面的反射层即全部成为黑色，读此黑色弯月下缘的最低点。当量器的刻线为环线时，视线应处于刻线前后部分重合的水平位置上，可以避免视差；当量器的刻线不为环线时，可以用黑色遮光带衬在量器的后面使刻线的轮廓清晰，这时的视差可以忽略不计。但应注意，眼睛与弯月面最低点应在同一水平面内方可读数（图6-6b）。

对于无法判定弯月面的深色溶液，应以溶液弯月面上缘所在位置为准进行读数（图6-6c），可以用白色纸带为背景。有市售蓝线衬底滴定管，在弯月面处背景蓝线会因光的折射而断开形成两个顶头相对的尖头，读顶头相对尖点所在处的数据即可（图6-6d）。

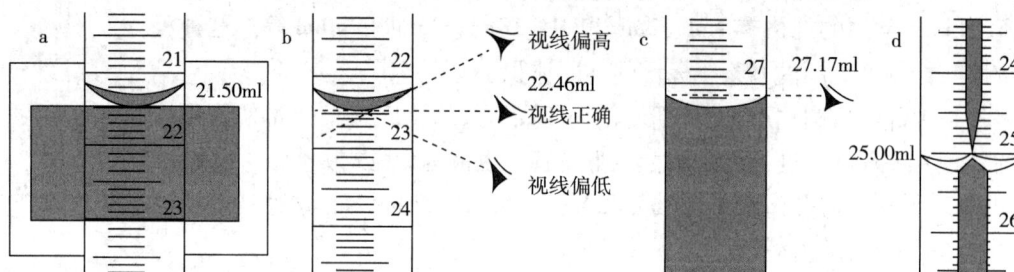

图6-6 弯月面的确定和读数方法

四、实训练习

（一）实训条件

1. 仪器与器材　酸式滴定管（50ml）、碱式滴定管（50ml）、腹式吸量管（25ml）、刻度吸量管（10ml）、容量瓶（250ml）、锥形瓶（250ml）、洗耳球、烧杯、洗瓶、胶头滴管、玻璃棒。

2. 试剂和试药　铬酸洗液、盐酸滴定液（0.1000mol/L）、氢氧化钠溶液（0.1000mol/L）、酚酞指示剂、甲基橙指示剂、纯化水。

（二）安全及注意事项

1. 滴定管、容量瓶和吸量管均不可用非专业毛刷或其他粗糙物品擦洗内壁，以免造成内壁划痕、容量不准。每次用毕应及时用自来水冲洗，倒挂，自然沥干。

2. 使用铬酸洗液时应注意安全，千万不要接触皮肤和衣物。

3. 容量瓶不能加热，其标定温度为20℃时，若将温度较高或较低的溶液注入容量瓶，会引起容量瓶热胀冷缩，所量体积就会不准确。

4. 配液时，多次溶解溶质的溶剂量与用于洗涤烧杯和玻棒溶剂量之总和不能超过容量瓶的标示规格。

5. 易溶解且不发热的物质可直接倒入容量瓶中溶解，但大多数溶质在溶解过程中放热，须待溶液冷却后再进行转入容量瓶。转移时应只转入溶液，而不能将未溶完的固体晶体转入。

6. 容量瓶只能用于配制溶液，不能储存溶液，因为溶液可能会对瓶体进行腐蚀，从而使容量瓶的精度受到影响。配制好的溶液应及时倒入试剂瓶中保存，该试剂瓶应先用待装的溶液荡洗2~3次或烘干后使用。

7. 未失效的铬酸洗液为棕红色，应回收再用。失效后的铬酸洗液应回收至专用废液瓶。不可混入碳酸钠等物质，以免产生二氧化碳，喷出浓酸伤人。

（三）操作流程及规范

1. 容量瓶的使用方法

步骤	操作流程	操作指南
准备	领取任务和 SOP 相关文档。清场	
	操作间准备：操作间控温、控湿度。所有器材应提前置于实验环境中	空调和除湿机出风口不可正对操作工位。温度 10～30℃，湿度 35%～80%
	试剂准备：纯化水应盛在干净的烧杯中，提前置于实验环境中	纯化水应在实验环境放置 1 小时以上
	定量分析玻璃器材准备：领取，登记，检视外观，提前置于实验环境中	外观应符合 JJG 196 要求
使用	检漏：在容量瓶内装入约半瓶水，塞紧瓶塞；用右手示指顶住瓶塞，其余手指拿住瓶口附近，另一只手用指尖托住瓶底边缘，将其瓶口朝下倒立，观察瓶口是否漏水，若无水漏出，则将瓶正立并旋转瓶塞180°后，再次倒立检查瓶塞周围有无水漏出	使用前检查瓶塞处是否漏水，尽量避免手的温度对容量瓶体积改变的影响，两次倒立后均无水漏出的容量瓶才能使用
	洗涤：①用自来水冲洗；②如洗不净，则改用去污粉洗涤；③若洗不净，再用铬酸洗液浸泡 10 分钟；④洗净后再用自来水冲洗，最后用纯化水淌洗	洗净后，内壁应能被流水均匀铺开湿润，而不是水珠滚动。在哪一步洗净，即进入第④步。若不能洗净，则弃用此玻璃器材。铬酸洗液使用见注意事项 7
	称量：准确称量好固体溶质至洁净烧杯中	见实训一的称量操作流程与规范
	粗溶：在烧杯中加入少量溶剂，玻璃棒搅拌使之溶解；略停，放置降温	溶剂用量相当于该容量瓶总容积的 1/10～1/5；搅拌时不能将溶液溅出
	定量转移：用玻璃棒引流（图 6-7），把溶液转移至容量瓶。玻璃棒的下端尽量靠于瓶颈内壁刻度线下方。容量瓶瓶口较细，玻璃棒不可靠在瓶口，以防液体流出瓶口。 溶液流完时，烧杯嘴靠玻璃棒提起，将嘴部溶液靠在玻璃棒上，玻璃棒即刻放回烧杯。 用溶剂洗涤烧杯及玻璃棒 3～4 次，洗液全部转移至容量瓶。须保证溶质尽可能全部转入容量瓶中	 图 6-7 转移引流姿势（他视角度）
	粗混：定量转移过程中，当溶剂体积达到容量瓶总容积 2/3 处时，平端旋摇	手握瓶颈上部提起，平端轻轻旋转摇匀，不可溅出溶液
	定容：加溶剂，当弯月面到接近标线 1～2cm 时，应改用干净胶头滴管滴加溶剂到刻度。定容时要注意溶液弯月面最低处要恰好与瓶颈上的标线相切	观察时，眼睛的位置应与弯月面和标线在同一水平面上，否则会引起测量体积不准确。若加水超过标线，不可用滴管吸出，须重新配制
	摇匀：盖紧瓶塞，用左示指顶住瓶塞，右手手指托住瓶底，将容量瓶上下倒转并摇动多次，混匀溶液（图 6-8） 摇匀后如果液面低于标线，是因为容量瓶内少量溶液在瓶颈处润湿所耗损，不可再往瓶内添溶剂至标线	 图 6-8 倒转并摇动姿势（他视角度）
	装瓶，贴标签：配好的溶液应及时倒入试剂瓶，并贴上标签备用	容量瓶不能长期存放试剂溶液，以免被腐蚀改变内部容积

步骤	操作流程	操作指南
结束	清洗。长时间不用,需在塞子与瓶口之间夹一张纸条。收拾台面	及时清洗容量瓶,防止溶液腐蚀
	定量玻璃量器登记归库。清场	关水关电,正确处理废液

2. 吸量管的使用方法

步骤	操作流程	操作指南
准备	见 1. 容量瓶的准备流程 1~4	
	洗涤:见 1. 容量瓶的使用流程 6 如用铬酸洗液,则在吸量管上口套一段橡皮管,用洗耳球将洗液吸入管中超过最高刻线部分,用夹子夹住橡皮管,直立浸泡10分钟;或用洗耳球将洗液吸入管中,平端转动吸量管,浸润全管;或把吸量管放入装有铬酸洗液的玻璃槽或缸内浸泡	见 1. 容量瓶的使用流程 6。铬酸洗液使用见注意事项 7
	分装:用洁净容器分装待移取液体使用	避免污染原液
使用	润洗:沥干吸量管,先用滤纸条擦干管尖外壁纯化水(此处滤纸条为必用,时机不可错) 右手示指翘起,拇指及中指、无名指(也可加上小指)捏住距管尾约3cm处,将吸量管插入待取溶液一半深度;左手拿60ml洗耳球,先将球内气体挤出,再接入吸量管管尾轻轻将溶液吸入(图6-9);吸量管应随容器内液面下降而下降,以免管尖露出液面而造成吸空 吸取 1/3 管容量的待取溶液,平端吸量管,拧动,润洗至标线以上部位。润洗 3~4 次。废液只能从管尖放出 吸取过程中,动作要连贯,不可让管内溶液回流,以免稀释待取溶液	 图6-9 吸液手势(自视角度)
	吸液:润洗完毕,吸液至液面上升到0刻度线以上约3cm时,移走洗耳球同时用右手示指堵紧管尾,取出,用滤纸条拭干吸量管下端外壁残留溶液	此处滤纸条为必用,时机不可错
	调零:将吸量管管尖靠在洁净废液杯的内壁,保持垂直,放液,使弯月面缓降至与0刻线上0.5cm处,略停10秒待管壁挂着的溶液流下,再缓慢放液至与0刻线相切(图6-10左图),即按示指停流,在容器内壁滑动移出管尖,以此将尖端外残留溶液靠掉 调零时,右手示指微松按(或右手食指松按,其他指头小幅拧动管身),控制弯月面缓降至与0刻线相切 观察时,视线应平视0刻线。弯月面的确定和读数方法参考本实训基础知识	 图6-10 调零姿势(左)和放液手势(右)(自视角度)
	放液:接受溶液的容器微倾约40°,吸量管垂直,管尖紧靠容器内壁,放松示指,控制流量,溶液顺壁流下(图6-10右图)。管尖不动,待溶液流完后,仍停靠在容器内壁15秒后拖动取出。若用刻度吸量管取分刻度体积,应抬高至视线可平视相应刻线,弯月面到达该刻线即刻指按紧停流,取出。取出时,在内壁小幅度拖动管尖,将已流出溶液靠在容器内壁	控制流量,避免过快导致挂液过多,移液体积不足。部分吸量管管身标有" +15 秒",目视流完后,应将管尖停靠内壁15秒充分引流;如标有"吹",应用洗耳球将管内剩余溶液吹入接收容器内,0.5ml 以下规格的吸量管均为吹出式。取出时以便将管尖已流出溶液全靠在容器内壁。取出时,在内壁拖动管尖,避免已流出溶液被管尖直接黏走过多

续表

步骤	操作流程	操作指南
结束	清洗，置吸量管架上沥干。收拾台面	及时清洗，填写实验记录
	定量玻璃量器登记归库。清场	关水关电，正确处理废液

3. 滴定管的使用方法

步骤	操作流程	操作指南
准备	见 1. 容量瓶的准备流程	
使用	检漏：将已洗净的滴定管装水适量（若是酸式滴定管则先关闭活塞），置滴定管架上直立两分钟，观察是否管尖漏水或活塞两端渗水。均不漏水，方能使用。酸式滴定管还应将活塞旋转180°，再静置两分钟检漏。若酸式滴定管漏水或活塞转动不灵活，应涂凡士林后再检漏	涂凡士林：拔出活塞，用滤纸将活塞及活塞套擦净；避开活塞小孔一圈，在孔两旁涂凡士林，忌多，防堵塞流液通道。再将活塞悬空插入活塞套，沿同方向转动，直到活塞全部透明为止；用橡皮圈套住活塞尾部，固定活塞。若流液通道堵塞，可捅开，或滴定管装满水，打开活塞，在烧杯中仅热烫活塞处（不可烫到刻度线），凡士林熔软后能被顺势冲出
	洗涤：见 1. 容量瓶的使用流程 6。关闭滴定管活塞，倒入约 10ml 铬酸洗液，两手平端拧动，使内壁布满洗液；打开活塞浸泡管尖。碱式滴定管应取下橡胶管再泡洗	见 1. 容量瓶的使用流程 6 若油污严重，可用温热洗液浸泡。铬酸洗液使用见注意事项 7
	润洗：加入待装溶液 5~10ml，两手平端拧动滴定管，使溶液流遍全管，打开活塞，润洗流液通道。如此润洗 2~3 次	装液时直接从试剂瓶倒入滴定管，不能用不洁的小烧杯或漏斗等转入
	排气泡：装液后，应排掉管尖气泡。若是酸式滴定管，则将滴定管倾斜 30°，打开活塞使溶液快速流出带走气泡，或打开活塞上下小幅有力抖动，撞走气泡。若是碱式滴定管，则把橡皮管向上弯曲托起，玻璃尖嘴斜向上方，用两指挤捏玻璃珠处橡皮管，出现流路缝隙，使溶液从管尖喷出（图 6-11），气泡随之逸出	 图 6-11　碱式滴定管排气泡姿势
	调零：加入溶液至"0"刻线以上，转动活塞或挤捏玻璃珠处偏上部橡皮管，把弯月面调节在"0"刻线上 1cm 暂停 15 秒，再缓慢放液至"0"刻线。用滤纸轻拭去管尖挂着液滴。若调过，则应调至整刻度处，如 0.10ml，不可超过 0.30ml	平行测定时每次必须在同一位置，这样可消除因上下刻度不均匀所引起的误差。调零后应静置 30 秒后再读一次，如无改变，才开始滴定。弯月面的确定和读数方法见本实训基础知识
	读数：调零完成或滴至终点时，应静候 30 秒等待附着在内壁的溶液流下，再把滴定管从架上取下，用右手大拇指和示指夹持在滴定管上方无溶液处，使滴定管保持垂直进行读数。读数时视线必须与弯月面保持在同一水平线上（图 6-12）。读数应读至小数点后第二位，即估读到 0.01ml 弯月面的确定详见本实训基础知识。对于无色或浅色溶液，读取溶液的弯月面最低处所在体积；对于深色溶液不透明如高浓度的高锰酸钾、碘溶液等，可读两侧最高点的刻度。蓝条衬底滴定管，读交点的刻度	 图 6-12　读数时视线位置

25

步骤	操作流程	操作指南
使用	酸式滴定管滴定手势： （1）左手握滴定管。无名指和小指捏向手心弯曲，其无名指中间指节节背紧贴着活塞与管尖接头处。其余三指控制活塞转动（图6-13右图），并应向手心轻压活塞，以免推松活塞造成漏液，但忌太过用力拉紧，造成活塞无法扭动 （2）右手的拇指、示指和中指捏稳锥形瓶颈，另两指微曲指背靠瓶身，略夹提离台面，滴定管管尖应恰伸入锥形瓶中1~2cm（图6-13左图） （3）左手拧动滴定管活塞控制滴速，右手沿同一圆周方向旋摇锥形瓶，不要摆动荡起水花。边滴边摇，两手协同配合	 图6-13　酸式滴定管滴定手势 （左图为他视角度，右图为自视角度）
	碱式滴定管滴定手势： 左手拇指和示指用于挤捏玻璃珠所在略靠上部位的胶皮，控制滴速（图6-14）。小指和无名指轻夹住玻璃滴头，防止滴头乱摆。中指可叠加在食指上助力，也可不用力靠在胶管上。其余操作同酸式滴定管流程（2）~（3） 碱式滴定管滴定时切不可挤捏玻璃珠处下部橡皮管，以防玻璃珠下方橡皮管内溶液被直接挤出，产生倒吸使管尖出现气泡；也不可在滴定过程中上下移动玻璃珠	 挤捏部位 图6-14　碱式滴定管滴定手势（自视角度）
	滴定速度：分为快滴、慢滴、一滴、半滴。快滴（连滴）速度一般控制在每秒3~4滴。当接近终点时，应慢滴，甚至每次只加入一滴或半滴，边滴边摇匀。管尖残留液滴应靠入锥形瓶内	快滴不能成线状流出。液滴在管口悬而不落视为半滴，需将液滴靠在锥形瓶内壁，再用纯化水冲洗此处（冲水量不宜过多），摇匀；或倾斜锥形瓶，用锥形瓶内溶液将靠在内壁上的滴定液荡洗下去
	观察及读数：如此重复操作直至溶液颜色变化至指定颜色且不褪色，即为滴定终点。读取终读数，记录 弯月面的确定和读数方法见本实训基础知识	（1）滴定时，应只观察颜色变化和滴定速度。当滴落点周围出现颜色短时变化又褪回，应持续快滴。当滴落点附近颜色变化但褪色变慢，应慢滴、一滴或半滴 （2）若需平行测量，续加滴定液即可
结束	清洗，滴定管用自来水及蒸馏水洗净。打开活塞，排去管尖溶液，倒立夹于滴定管架上，下放废液杯。收拾台面	滴定管内剩余的溶液不要倒回原滴定液试剂瓶。长期不用，酸式滴定管活塞应隔纸片；碱式滴定管应拔下胶管蘸滑石粉
	定量玻璃量器登记归库。清场	关水关电，正确处理废液

4. HCl 滴定液测量 NaOH 溶液浓度

步骤	操作流程	操作指南
准备	见1. 容量瓶的使用	吸量管、滴定管检漏→洗涤
测量	用吸量管精密移取 0.1mol/L 氢氧化钠溶液 25ml 置于 250ml 锥形瓶中	擦干吸量管管尖外壁→用待移溶液润洗→吸液→擦干管尖外壁→调零→放液
	加纯化水 25ml，加入 2 滴甲基橙指示剂	用量杯量取纯化水
	用 0.1mol/L 盐酸滴定液滴定至溶液颜色呈橙色，即为终点。记录盐酸滴定液消耗体积	滴定管用滴定液润洗→排气泡→调零→记下初读数→滴定（快滴、慢滴）→终点→记下终读数
	平行测定 3 份。记录数据	重复流程 2~4。注意操作的平行性
计算	三步计算：列公式→代数据→算浓度	注意有效数字和数字修约规则
结束	见吸量管、滴定管结束流程	

（四）原始记录与数据处理

室温：　　　　湿度：　　　　　　年　月　日

1. 用 HCl 滴定液测量 NaOH 溶液浓度的数据记录

n		第1份	第2份	第3份
NaOH 取样体积 V/ml				
HCl 滴定液消耗体积 V/ml	终点读数			
	初始读数			
	V			
浓度 c_{NaOH}/(mol/L)				
平均浓度 $\bar{c}_{NaOH}$/(mol/L)				
绝对偏差 d				
平均偏差 $\bar{d}$				
相对平均偏差 $R\bar{d}$				

2. 数据处理

$$c_1 = \frac{c_{HCl}V_{HCl}}{V_{NaOH}} =$$

$$c_2 =$$

$$c_3 =$$

$$\bar{c}_{NaOH} =$$

$$R\bar{d} =$$

（五）检验结果

$n =$　　　　　　　$\bar{c}_{NaOH} =$　　　　　　　$R\bar{d} =$

五、课后作业

1. 如果酸式滴定管出现凡士林堵塞管口，应如何处理？
2. 在滴定开始前和停止后，滴定管尖嘴外留有液体应如何处理？

六、实训评价

测评项目	准备	容量瓶的使用	吸量管的使用	滴定管的使用	滴速控制	原始记录及时	有效位数正确	报告完整	清场
分值	10分	10分	15分	15分	10分	10分	10分	10分	10分
自评									

七、实训体会与反思

实训三 定量分析中溶液的体积校正

一、学习目标

知识目标	能力目标	思政及岗位素养目标
1. 掌握定量分析中精密量取溶液的体积校正基本原理和基本方法 2. 熟悉校正数据的应用方法 3. 了解溶液进行校正的意义	1. 能进行定量分析中精密量取溶液的体积校正计算 2. 能规范操作容量瓶、吸量管和滴定管 3. 能规范进行数据记录和数字修约 4. 能应用校正数据	1. 深刻体会"差之毫厘，谬以千里"的中华优秀文化思想 2. 达到初级检验员岗位关于能对定量分析仪器的测量数据进行校正的要求

二、关键概念

体积校正 有利于提高测定准确性和对外数据比对，具体操作包括：①采用校准卡或校准曲线对量器进行的体积校准；②对不同温度下标准滴定溶液的体积补正。前者是因为量器生产工艺造成了真实容量与标称容量存在体积误差，需要校准；后者是因为滴定液体积随温度变化带来体积误差，需要补正。

三、基础知识

吸量管、滴定管、容量瓶是定量分析玻璃量器，是分析工作中常用的定量仪器，它的准确度是实验测定结果准确程度的前提。由于不同量器所产生的误差不同，有时还有不合格产品流入市场，都可能给实验结果带来误差。在进行分析工作之前，尤其是进行高精度要求的实验时，均需按《JJG 196》定期对定量分析玻璃量器进行检定，不合格品应予禁用。检定合格的量器还须经过校正方能使用，以保证实验结果达到相应准确度的要求。因此，定量分析玻璃量器的体积校正是一项不可忽略的工作。

在化学分析项目中，体积校正包括：量器本身准确体积的校准和对不同温度下标准滴定溶液的体积补正。若不进行校正，会造成后续测量的误差越来越大，深刻体现了"差之毫厘，谬以千里"的古训，所以企业质检机构使用量器体积校正和标准溶液温度补正，有利于提高测定准确性和对外数据比对。

（一）量器本身准确体积的校准

本实训仅介绍校准卡或校准曲线的应用，具体校准方法见实训十一。量器上标示出的标线和数字称为量器在标准温度时的标称容量。测量体积的基本单位是 ml 或 L，1ml 是指真空中 1g 纯水在 4℃ 时所占的容积。理论上，真空中 25g 纯水在 4℃ 时置 25ml 容量瓶中，应恰好至标线。而，因生产工艺等问题，造成了标称容量与真实容量有差异，即需要进行相应校准，校准后计算出的校准参数制作校准卡或校准曲线，并由此通过计算或查阅坐标图来获得使用该量器后量取的溶液体积修正值。

1. 计算法 以滴定管校准卡的数据举例说明。若滴定液消耗体积为 20.13ml，则其修正值为：
$\dfrac{0.052-0.030}{25.00-20.00} \times (20.13-20.00)+0.030=0.0306$ml。则最终滴定液消耗体积修正为 $20.13+0.0306 \approx 20.16$ml。

滴定管校准卡

滴定管规格： __白__色， __25__ml （管理员：XXX）

计量编号：225925	自编号：#
标称容量/ml	修正值/ml
0.00～5.00	0.013
0.00～10.00	0.016
0.00～15.00	0.017
0.00～20.00	0.030
0.00～25.00	0.052

2. 坐标图法 以滴定管校准卡数据举例说明。采用卡中数据绘制坐标图 6–15，再从坐标图中查出滴定液在消耗体积为 20.13ml 时的修正值为 0.0306ml。则最终滴定液消耗体积修正为 20.16ml。

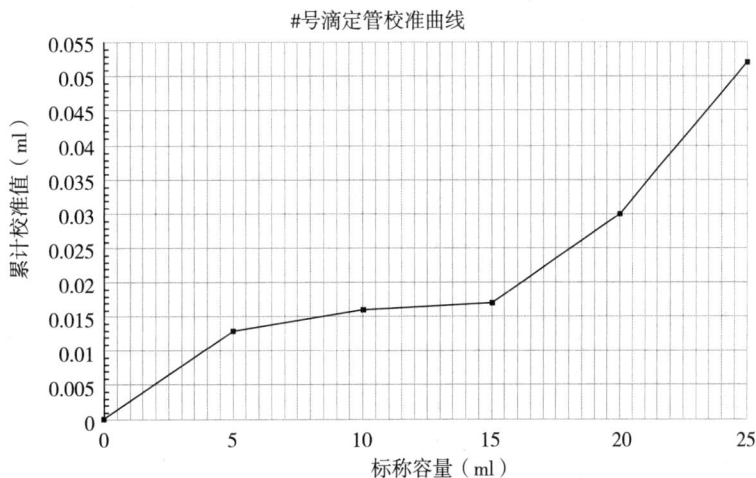

图 6–15 滴定管校准曲线

（二）不同温度下标准滴定溶液的体积补正

液体的体积会随温度变化而变化。实际工作中，滴定液在配制时与使用时存在温度差。因此，应指定一个标准温度（20℃），当配制时与使用时的环境温度不同时，应通过加入温度补正值将体积统一补正到 20℃，避免误差。《化学试剂 标准滴定溶液的制备》（GB/T 601—2016）给出了部分标准滴定溶液的温度补正值（表 6–1），通过计算可将在某一温度下滴定测得的体积换算至 20℃时的体积。其他标准滴定溶液，应设法使滴定液标定和滴定液使用时的环境温度一致。本表数值是以 20℃为标准温度以实测法测出。表中带有"＋""－"号的数值是以 20℃为分界。室温低于 20℃的补正值为"＋"，反之为"－"。本表的用法举例如下。1L 硫酸溶液 $[c(1/2H_2SO_4)=1mol/L]$ 由 25℃换算为 20℃时，其体积补正值为 –1.5ml。故当该滴定液消耗体积为 40.00ml 时，换算为 20℃时的体积为：

$$V_{20}=40.00+\frac{-1.5}{1000}\times40.00=39.94ml \qquad (6-1)$$

表6-1 不同温度下标准滴定溶液体积的补正值（单位为 ml/L）

温度 ℃	水及 0.05mol/L 以下的各种水溶液	0.1mol/L 及 0.2mol/L 各种水溶液	盐酸溶液 [$c(HCl)$ = 0.5mol/L]	盐酸溶液 [$c(HCl)$ = 1mol/L]	硫酸溶液 [$c(1/2H_2SO_4)$ = 0.5mol/L]、氢氧化钠溶液 [$c(NaOH)$ = 0.5mol/L]	硫酸溶液 [$c(1/2H_2SO_4)$ = 1mol/L]、氢氧化钠溶液 [$c(NaOH)$ = 1mol/L]	碳酸钠溶液 [$c(1/2Na_2CO_3)$ = 1mol/L]	氢氧化钾－乙醇溶液 [$c(KOH)$ = 0.1mol/L]
5	+1.38	+1.7	+1.9	+2.3	+2.4	+3.6	+3.3	
6	+1.38	+1.7	+1.9	+2.2	+2.3	+3.4	+3.2	
7	+1.36	+1.6	+1.8	+2.2	+2.2	+3.2	+3.0	
8	+1.33	+1.6	+1.8	+2.1	+2.2	+3.0	+2.8	
9	+1.29	+1.5	+1.7	+2.0	+2.1	+2.7	+2.6	
10	+1.23	+1.5	+1.6	+1.9	+2.0	+2.5	+2.4	+10.8
11	+1.17	+1.4	+1.5	+1.8	+1.8	+2.3	+2.2	+9.6
12	+1.10	+1.3	+1.4	+1.6	+1.7	+2.0	+2.0	+8.5
13	+0.99	+1.1	+1.2	+1.4	+1.5	+1.8	+1.8	+7.4
14	+0.88	+1.0	+1.1	+1.2	+1.3	+1.6	+1.5	+6.5
15	+0.77	+0.9	+0.9	+1.0	+1.1	+1.3	+1.3	+5.2
16	+0.64	+0.7	+0.8	+0.8	+0.9	+1.1	+1.1	+4.2
17	+0.50	+0.6	+0.6	+0.6	+0.7	+0.8	+0.8	+3.1
18	+0.34	+0.4	+0.4	+0.4	+0.5	+0.6	+0.6	+2.1
19	+0.18	+0.2	+0.2	+0.2	+0.2	+0.3	+0.3	+1.0
20	0.00	0.00	0.00	0.00	0.00	0.00	0.00	0.00
21	-0.18	-0.2	-0.2	-0.2	-0.2	-0.3	-0.3	-1.1
22	-0.38	-0.4	-0.4	-0.5	-0.2	-0.6	-0.6	-2.2
23	-0.58	-0.6	-0.7	-0.7	-0.8	-0.9	-0.9	-3.3
24	-0.80	-0.9	-0.9	-1.0	-1.0	-1.2	-1.2	-4.2
25	-1.03	-1.1	-1.1	-1.2	-1.3	-1.5	-1.5	-5.3
26	-1.26	-1.4	-1.4	-1.4	-1.5	-1.8	-1.8	-6.4
27	-1.51	-1.7	-1.7	-1.7	-1.8	-2.1	-2.1	-7.5
28	-1.76	-2.0	-2.0	-2.0	-2.1	-2.4	-2.4	-8.5
29	-2.01	-2.3	-2.3	-2.3	-2.4	-2.8	-2.8	-9.6
30	-2.30	-2.5	-2.5	-2.6	-2.8	-3.2	-3.1	-10.6
31	-2.58	-2.7	-2.7	-2.9	-3.1	-3.5		-11.6
32	-2.86	-3.0	-3.0	-3.2	-3.4	-3.9		-12.6
33	-3.04	-3.2	-3.3	-3.5	-3.7	-4.2		-13.7
34	-3.47	-3.7	-3.6	-3.8	-4.1	-4.6		-14.8
35	-3.78	-4.0	-4.0	-4.1	-4.4	-5.0		-16.0
36	-4.10	-4.3	-4.3	-4.4	-4.7	-5.3		-17.0

（三）滴定分析中溶液体积的校正处理

以某次滴定分析时，0.03mol/L EDTA 滴定液消耗体积为 20.13ml 进行滴定数据的体积校正举例计算。用温度计测量当时溶液温度，再根据滴定管校准卡、表2-1的校正参数进行的查找和校正值计算。实际应用中，计算可简化为：20.13 +（+0.0306）+（+0.016）≈20.18ml。

EDTA 消耗体积/ml	滴定管体积修正值/ml	溶液温度/℃	温度补正值 ml/L	溶液温度补正值/ml	EDTA 实际消耗体积/ml
20.13	+0.0306	15	+0.77	+0.016	20.18

四、实训练习

（一）实训条件

1. 仪器与器材 温度计（最小分度值0.1℃）、酸式滴定管（50ml）、锥形瓶、吸量管（10ml）、洗耳球、烧杯、洗瓶、滤纸片。

2. 试剂和试药 0.2000mol/L NaOH 溶液、0.1000mol/L HCl 标准溶液、溴麝香草酚蓝指示剂、纯化水。

（二）安全及注意事项

1. 吸量管和滴定管均须用铬酸洗液洗净至内壁不挂水珠。

2. 室温最好控制在 20 ±5℃，且室内温度变化不超过 1℃/h。温度计的分度值应为 0.1℃。

3. 被测 NaOH 溶液中含有大量的氢氧根离子，滴定前不宜于空气中久置，否则容易吸收 CO_2 使 NaOH 的量减少，而使 Na_2CO_3 的量增多。

（三）操作流程及规范

0.2mol/L NaOH 标准溶液的含量测定

步骤	操作流程	操作指南
准备	领取任务和 SOP 相关文档。清场	
	操作间控温、控湿度	所有器材应提前置于实验环境中。温度10～30℃，湿度 35%～80%
	干净的烧杯中装纯化水 500ml，插入温度计	被测溶液、标准溶液及纯化水应在实验环境放置 1 小时以上
	检视吸量管和滴定管外观，检漏，洗净，干燥	外观应符合 JJG 196 要求。需用铬酸洗液洗净
测量	滴定前，记录纯化水水温	读数时，温度计汞球应悬于溶液中部
	精密量取 10ml 0.2000mol/L NaOH 标准溶液至锥形瓶内	吸量管的规范使用，见实训二
	加入溴麝香酚蓝指示剂 2～3 滴	
	用 HCl 标准溶液滴定至溶液由蓝色变至黄绿色即为终点，记录数据	滴定管的规范使用，见实训二
	平行测定 3 份。记录数据	注意操作的平行性
计算	由校准卡计算移取液体和滴定液消耗体积的修正值	计算结果应保留"－"号或"＋"号
	根据测量的溶液温度，查找温度补正值，计算此类溶液的温度补正值	温度补正值代入式（2－1）时应注意保留其"－"号或"＋"号
	利用校正后的实际移液体积和滴定液实际消耗体积计算 NaOH 溶液的浓度 三步计算：列公式→代数据→算结果	注意有效数字和数字修约规则。用未校正的数据进行计算，用作横向对比
结束	清洗。做好使用登记	清洗器皿，收拾台面，填写实验记录
	定量玻璃量器登记归库。清场	关水关电，正确处理废液

（四）原始记录与数据处理

室温：　　　　湿度：　　　　　　　年　月　日

1. 10ml 吸量管的校正记录（注：自备体积校准卡）

$V_{标移}$（标称容量）/ml	滴定管体积修正值/ml	溶液温度/℃	温度补正值 ml/L	溶液温度补正值/ml	$V_{实移}$（实际移液体积）/ml

2. 滴定管的校正记录（注：自备体积校准卡）

n	第1份	第2份	第3份
$V_{实移}$（NaOH 实际移液体积）/ml			

n		第 1 份	第 2 份	第 3 份
V 标消（标称消耗滴定液体积）/ml	终读数			
	初读数			
	V 标消			
体积修正值/ml				
溶液温度/℃				
温度补正值/（ml/L）				
溶液温度补正值/ml				
V 实消（滴定液实际消耗体积）/ml				
c_{NaOH}/（mol/L）				
$\bar{c}_{NaOH}$/（mol/L）				
绝对偏差 d				
平均偏差 $\bar{d}$				
相对平均偏差 $R\bar{d}$				

3. 数据处理

（1）采用校正后的数据进行计算

$$c_1 = \frac{c_{HCl}V_{HCl实消}}{V_{NaOH实移}} =$$

$$c_2 =$$

$$c_3 =$$

$$\bar{c}_{NaOH} =$$

$$R\bar{d} =$$

（2）测量数据不校正，直接进行计算

$$c_1 = \frac{c_{HCl}V_{HCl标消}}{V_{NaOH标移}} =$$

$$c_2 =$$

$$c_3 =$$

$$\bar{c}_{NaOH} =$$

$$R\bar{d} =$$

（3）计算相对误差

NaOH 溶液真实浓度 =　　　　　　$RE_{校正后}$ =　　　　　　$RE_{不校正}$ =

（五）检验结论

□校正后　　□不校正（数据的准确度更高）

五、课后作业

1. 为什么要进行不同温度下标准滴定溶液的体积补正?
2. 如何利用定量分析玻璃量器的校准参数进行溶液体积修正?

六、实训评价

测评项目	准备	吸量管使用	滴定管使用	数据记录及时	有效位数正确	计算	原始记录规范	报告完整	清场
分值	10分	15分	20分	5分	10分	15分	10分	10分	10分
自评									

七、实训体会与反思

（谭　韬）

项目七　酸碱滴定法

酸碱滴定法是以酸碱中和反应为基础的滴定分析方法。能与酸碱直接或间接发生反应的物质，几乎都可以用酸碱滴定法进行测定。酸碱滴定过程中，溶液 pH 不断改变，需要选择合适的指示剂和滴定方式。下面以药用 NaOH、苯甲酸、氧化锌和枸橼酸钠等几种样品为例，介绍不同滴定方式的操作过程。

实训四　苯甲酸的含量测定（直接滴定法）

一、学习目标

知识目标	能力目标	思政及岗位素养目标
1. 掌握酸碱滴定法测定苯甲酸含量的原理 2. 掌握直接滴定法测定苯甲酸含量的操作方法和计算 3. 掌握空白试验方法 4. 熟悉滴定度概念 5. 熟悉指示剂的变色原理	1. 能规范使用容量瓶和碱式滴定管 2. 能准确判断滴定终点 3. 能规范记录数据 4. 能运用滴定度和空白值进行计算 5. 能规范进行数字修约	1. 减少因操作人员引起的误差，保证操作结果的准确性和精密度，体会"精益求精"的工匠精神 2. 达到初级检验员岗位关于能进行酸碱滴定分析的要求

二、关键概念

1. 滴定度　指每毫升滴定液 B 相当于被测物 A 的质量，用符号 T 表示。如每消耗 1ml HCl 滴定液（0.1mol/L）相当于试样中含有 5mg NaOH，可表示为 $T = 5mg$。

2. 空白试验　是指除了不加试样外，其他试验步骤与测试样的试验步骤完全一样的实验，其测量结果称为空白值。将试样的分析结果扣除空白值，可消除由于试剂不纯或试剂干扰等所造成的系统误差。

三、基础知识

（一）苯甲酸含量测定的原理

苯甲酸结构中含有羧基（—COOH），显酸性（$K_a = 6.3 \times 10^{-3}$），可与氢氧化钠反应，生成苯甲酸钠和水，因此，采用酸碱滴定法可测定其含量。滴定过程中加入酚酞指示剂用来指示滴定终点。上述过程的反应式如下：

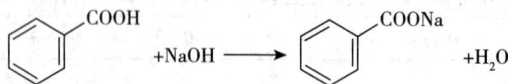

（二）滴定过程及计算公式

滴定前加入酚酞指示剂，此时溶液无色，用 NaOH 滴定液滴定达到化学计量点时溶液出现粉红色，记录此时消耗的 NaOH 滴定液体积。

根据消耗 NaOH 滴定液的体积，即可计算苯甲酸的含量。

$$\omega = \frac{TF(V - V_0)}{m_s} \times 100\%$$

式中，V 为供试品消耗滴定液的体积（ml）；V_0 为空白试验消耗滴定液的体积（ml）；T 为滴定度，每 1ml 氢氧化钠滴定液（0.1mol/L）相当于 12.21mg 的 $C_7H_6O_2$（需折算成 0.01221g）；F 为校正因子，即滴定液的实际浓度/规定浓度；m_s 为供试品称样量（g）。

四、实训练习

（一）实训条件

1. 仪器与器材 电子分析天平（0.0001g）、酸碱两用滴定管（50ml）、锥形瓶（100ml）、烧杯（50ml）、量筒或量杯、玻璃棒、洗瓶、滤纸片。

2. 试剂和试药 苯甲酸样品、酚酞指示剂、中性乙醇、NaOH 滴定液（0.1mol/L）、纯化水。

（二）注意事项

1. 由于苯甲酸是有机物，在水中溶解度有限，因此宜采用乙醇为溶剂。由于乙醇及其酸性杂质要消耗 NaOH 溶液，使测得结果偏高，因此溶解苯甲酸的溶剂需用中性乙醇。中性乙醇的配制方法：取 95% 乙醇，加酚酞 2 滴，少量多次投入 NaOH 固体或滴加 NaOH 浓液调至淡红色，即可。

2. 化学计量点前，为避免 NaOH 局部堆积造成终点提前，可适当加快摇动锥形瓶。终点时，指示剂的颜色变化为浅红色出现，且 30 秒不褪色，应该注意观察，及时停止滴定以免超过终点。

3. 切勿使劲摇动锥形瓶，以免溶入的大量 CO_2 与 NaOH 发生反应，造成分析结果偏高。

（三）操作流程及规范

步骤	操作流程	操作指南
准备	领取任务和 SOP 相关文档。清场	
	定量玻璃器材领取，检视外观，检漏；玻璃器材洗净，提前置于实验环境中	外观应符合 JJG 196 要求。需用铬酸洗液洗净
	天平开机，预热	
	滴定液的领取	按规定分装、领取滴定液
	试剂准备：酚酞指示剂、中性乙醇	按规定领取试剂试药，按标准要求配制

步骤	操作流程	操作指南
待测样品溶液配制	精密称取待测样品约 0.25g 置于 250ml 锥形瓶中	精密称定，用万分之一天平以减量法进行称量
	加中性乙醇（对酚酞指示液显中性）25ml 溶解样品	中性乙醇的量器为量杯或者量筒
滴定	加酚酞指示液 3 滴，用氢氧化钠滴定液（0.1mol/L）滴定至溶液呈淡红色，即为终点，记录数据	碱式滴定管的规范使用，见实训二　切勿使劲摇动锥形瓶，以免溶入的 CO_2 参与反应
	平行测定 3 份，记录数据	注意操作的平行性
	用空白试验校正，记录滴定液消耗体积 V_0	空白试验不加待测样品，流程见6~8
计算	三步计算：列公式、代数据、算结果	注意有效数字和数字修约规则
结束	清洗。定量玻璃器材归库，原始记录归档。设备关机，切断电源，盖好防尘罩，使用登记	清洗器皿，收拾台面，填写实验记录
	清场	关水关电，正确处理废液

（四）原始记录与数据处理

室温：　　　　　湿度：　　　　　　年　月　日

天平型号及编号：　　　　　滴定液浓度 c_{NaOH}/（mol/L）：

1. 苯甲酸含量测定记录

n		第1份	第2份	第3份
苯甲酸的质量 m_s/g		$m_1 =$	$m_2 =$	$m_3 =$
		$m_2 =$	$m_3 =$	$m_4 =$
		$\Delta m_1 =$	$\Delta m_2 =$	$\Delta m_3 =$
NaOH 滴定液消耗体积 V/ml	终点读数			
	初始读数			
	V			
含量 $\omega_{苯甲酸}$				
平均含量 $\overline{\omega}_{苯甲酸}$				
绝对偏差 d				
平均偏差 $\overline{d}$				
相对平均偏差 $R\overline{d}$				

2. 数据处理

$$\omega_1 = \frac{TF\,(V - V_0)}{m_s} \times 100\% =$$

$$\omega_2 =$$

$$\omega_3 =$$

$$\overline{\omega} =$$

$$R\overline{d} =$$

（五）检验结果

$n =$　　　　　　　　$\overline{\omega} =$　　　　　　　$R\overline{d} =$

五、课后作业

1. 采用酸碱滴定法测定苯甲酸含量时，为什么要选择中性乙醇为溶剂？

2. 什么是滴定度？滴定度怎样计算？

3. 为何要滴至酚酞变淡红色，持续 30 秒不褪色才为滴定终点？

六、实训评价

测评项目	准备	样品处理		滴定		记录	计算				清场
	器材与试剂	天平使用规范	量筒使用规范	手势滴速	终点判断	规范完整	三步计算	数字修约	精密度	准确度	清洁
分值	10 分	15 分	5 分	20 分	10 分	10 分	5 分	5 分	10 分	5 分	5 分
自评											

七、实训体会与反思

实训五 氧化锌的含量测定（返滴定法）

一、学习目标

知识目标	能力目标	思政及岗位素养目标
1. 掌握返滴定法测定氧化锌含量的原理 2. 掌握返滴定法测定氧化锌含量的操作方法和计算 3. 熟悉指示剂的变色原理	1. 能规范使用分析天平、吸量管和滴定管 2. 能运用返滴定法计算公式 3. 能规范记录数据，并计算结果和 $\overline{Rd}$	1. 减少因操作人员引起的误差，保证操作结果的准确性和精密度，体会"精益求精"的工匠精神 2. 达到初级检验员岗位关于能进行返滴定法的要求

二、关键概念

返滴定法 滴定分析法根据操作形式不同可分为直接滴定法、返滴定法、置换滴定法和间接滴定法。返滴定法也称回滴定法或剩余滴定法。当滴定液与待测组分反应速度较慢，或反应物难溶于水，或没有适当指示剂时，可先在待测溶液中准确加入定量且过量的第一种标准溶液，待反应完全后，再用第二种标准溶液滴定（返滴）剩余的第一种标准溶液。若第二种标准溶液滴定过量，会造成样品的分析结果偏低。

三、基础知识

（一）返滴定法测定 ZnO 含量的原理

ZnO 是一种两性化合物，在水中难溶，因此不能被盐酸直接准确滴定。可利用其碱性，加入准确、过量的盐酸滴定液，将 ZnO 全部转化为 $ZnCl_2$，剩余的盐酸再用氢氧化钠滴定液滴定至甲基橙指示剂变为黄色，即为终点，这个过程就是返滴定。其反应式为：

$$ZnO + 2HCl（定量、过量）\!=\!=\!=\!ZnCl_2 + H_2O$$
$$NaOH + HCl（剩余量）\!=\!=\!=\!NaCl + H_2O$$

（二）滴定过程及计算公式

滴定分两步进行，第一步中定量、过量的盐酸滴定液需要用定量玻璃仪器加入，以保证加入量的准确性。ZnO 全部反应完毕后加入甲基橙指示剂，此时由于溶液中存在的过量 HCl 而显酸性，溶液为红色，随着加入 NaOH 滴定液，HCl 逐渐被消耗，直至第二步反应完毕。达到滴定终点时，过量的 NaOH 使指示剂颜色变为黄色。

用加入的盐酸总量，减去返滴定时用氢氧化钠消耗量，算出的剩余盐酸量，即可求得氧化锌的含量（$M_{ZnO} = 81.39$）。计算公式为：

$$\omega_{ZnO} = \frac{\frac{1}{2}\left(c_{HCl}V_{HCl} - c_{NaOH}V_{NaOH}\right) \times 10^{-3} \times M_{ZnO}}{m_s} \times 100\%$$

式中，m_s 为 ZnO 的称取量（g）；c 为 HCl 和 NaOH 滴定液的浓度（mol/L）；V 为 HCl 和 NaOH 滴定液的消耗量（ml）；M_{ZnO} 为 ZnO 的摩尔质量（81.37g/mol）。

四、实训练习

（一）实训条件

1. 仪器与器材　万分之一分析天平、酸碱两用滴定管（50ml）、锥形瓶（250ml）、水浴锅、烧杯（50ml）、吸量管（25ml）、量筒或量杯、玻璃棒、洗瓶、洗耳球、滤纸片。

2. 试剂和试药　ZnO 样品、0.1% 甲基橙指示剂、HCl 滴定液（0.2mol/L）、NaOH 滴定液（0.1mol/L）、纯化水。

（二）注意事项

1. 加热溶解 ZnO 时，温度不能过高，否则导致盐酸挥发，使结果偏高。

2. 滴定终点要待橙色褪去后，出现黄色才为终点，否则结果偏高。

3. 用 NaOH 滴定液滴定剩余 HCl 至近终点时应慢滴，充分振摇，否则 NaOH 过量会生成 $Zn(OH)_2$ 沉淀，使结果偏低。

（三）操作流程及规范

步骤	操作流程	操作指南
准备	见实训四准备流程 1~4	
	指示剂准备：甲基橙指示剂	按规定领取试剂试药，按标准要求配制
待测样品溶液配制	精密称取待测 ZnO 样品约 0.11g 置于锥形瓶中	用万分之一天平用直接称量法进行称量
	用吸量管准确移取 25ml 的 HCl 滴定液（0.2mol/L）于锥形瓶中，水浴微微加热并旋摇使 ZnO 溶解	吸量管的规范使用，见实训二
滴定	冷却后加入甲基橙指示剂 2~3 滴，用 NaOH 滴定液（0.1mol/L）滴定至溶液从红色变为黄色，即为终点。记录数据	碱式滴定管的规范使用，见实训二切勿使劲摇动锥形瓶，以免溶入的 CO_2 参与反应
	平行测定 3 份。记录数据	注意操作的平行性
计算	三步计算：列公式、代数据、算结果	注意有效数字和数字修约规则
结束	见实训四结束流程 11~12	

（四）原始记录与数据处理

室温：　　　　湿度：　　　　　　年　月　日

天平型号及编号：

滴定液浓度 c_{NaOH}／（mol/L）：　　　　　滴定液浓度 c_{HCl}／（mol/L）：

1. ZnO 含量测定记录

n		第 1 份	第 2 份	第 3 份
ZnO 的质量 m_s/g		$m_1=$	$m_2=$	$m_3=$
		$m_2=$	$m_3=$	$m_4=$
		$\Delta m_1=$	$\Delta m_2=$	$\Delta m_3=$
NaOH 滴定液消耗体积 V/ml	终点读数			
	初始读数			
	V			
含量 ω_{ZnO}				
平均含量 $\overline{\omega}_{ZnO}$				
绝对偏差 d				
平均偏差 $\overline{d}$				
相对平均偏差 $R\overline{d}$				

2. 数据处理

$$\omega_1 = \frac{\frac{1}{2}\left(c_{HCl}V_{HCl} - c_{NaOH}V_{NaOH}\right) \times 10^{-3} \times M_{ZnO}}{m_S} \times 100\% =$$

$$\omega_2 =$$

$$\omega_3 =$$

$$\overline{\omega}_{ZnO} =$$

$$R\overline{d} =$$

（五）检验结果

$n =$　　　　　　　　$\overline{\omega}_{ZnO} =$　　　　　　　　$R\overline{d} =$

五、课后作业

1. 为什么终点时橙色未褪尽，会使测定结果偏高？

2. 用 NaOH 滴定液滴定剩余 HCl 溶液时，若滴定速度过快生成 $Zn(OH)_2$ 沉淀，会使结果偏低，为什么？

3. 用直接滴定法和返滴定法测定样品含量，其计算含量百分数公式有何不同？

六、实训评价

测评项目	准备		样品配制		滴定		记录	计算				清场
	器材与试剂	天平使用规范	吸量管使用规范	手势滴速	终点判断	规范完整	三步计算	数字修约	精密度	准确度	清洁
分值	10分	9分	9分	12分	10分	10分	5分	5分	10分	5分	5分
自评											

七、实训体会与反思

实训六 药用氢氧化钠的含量测定（双指示剂法）

一、学习目标

知识目标	能力目标	思政及岗位素养目标
1. 掌握双指示剂法测定药用 NaOH 中总碱量、NaOH 和 Na_2CO_3 含量的基本原理 2. 熟悉酚酞和甲基橙两种指示剂终点判断	1. 能规范使用分析天平、容量瓶、吸量管和滴定管 2. 能规范记录数据，计算结果和 $\overline{Rd}$ 3. 能规范进行数字修约	1. 反复练习滴定操作，体会"精益求精"的工匠精神 2. 达到初级检验员岗位关于能进行双指示剂法的要求

二、关键概念

酸碱指示剂 是一类有机弱酸或弱碱，其共轭碱或共轭酸具有不同的结构，在不同 pH 下因结构变化而呈现明显不同的颜色。指示剂变色即到达滴定终点。

三、基础知识

（一）双指示剂法

药用 NaOH 易吸收空气中的 CO_2 使一部分 NaOH 变成 Na_2CO_3，即形成 NaOH 和 Na_2CO_3 的混合物。NaOH 和 Na_2CO_3 呈碱性，可以用 HCl 滴定液来滴定，根据滴定过程中溶液 pH 变化测得各物质含量。溶液 pH 变化可依据指示剂终点变色情况进行判断。选择酚酞作为指示剂，当到达反应终点时，溶液中的 NaOH 全部转化为 NaCl，而 Na_2CO_3 变为 $NaHCO_3$，此时无法计算出 NaOH 的含量，应该再加入第二种指示剂，继续用 HCl 滴定液滴定至终点，使 $NaHCO_3$ 进一步反应。根据 HCl 滴定 $NaHCO_3$ 的化学计量点（3.8～3.9）可选择甲基橙作为第二种指示剂（变色范围 3.1～4.4），即当甲基橙变色时，滴定终点到达。这种选用两种不同指示剂分别指示两个化学计量点到达的方法叫作"双指示剂法"。上述过程的反应式如下。

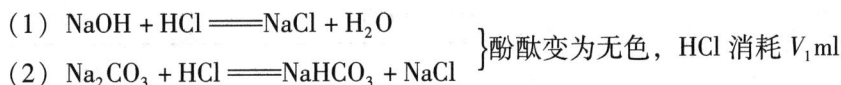

（1）$NaOH + HCl \stackrel{}{=\!=\!=} NaCl + H_2O$

（2）$Na_2CO_3 + HCl \stackrel{}{=\!=\!=} NaHCO_3 + NaCl$ 　　　酚酞变为无色，HCl 消耗 V_1 ml

(3) $NaHCO_3 + HCl \longrightarrow NaCl + H_2O + CO_2\uparrow$ 甲基橙变为橙色，HCl 消耗 V_2 ml

（二）滴定过程及计算公式

滴定前加入酚酞指示剂，此时溶液呈红色，用已知准确溶度的 HCl 滴定液滴定至红色消失即滴定终点达到，此时消耗 HCl 的体积是 V_1 ml。再加入甲基橙指示剂，继续用 HCl 滴定液滴定至黄色变为橙色，此时消耗 HCl 的体积是 V_2 ml。根据反应式可知，（2）消耗的 HCl 体积与（3）消耗的 HCl 体积相等，因此，NaOH 消耗的 HCl 滴定液体积为 $V_1 - V_2$ ml，Na_2CO_3 消耗 HCl 的体积为 $2V_2$ ml。

根据消耗 HCl 滴定液的体积，即可计算药用 NaOH 和 Na_2CO_3 的含量。

$$总碱量\% = \frac{c_{HCl}(V_1 + V_2)M_{NaOH} \times 10^{-3}}{m_s \times \dfrac{25}{100}} \times 100\%$$

$$Na_2CO_3\% = \frac{c_{HCl} \times 2V_2 M_{Na_2CO_3} \times 10^{-3}}{m_s \times \dfrac{25}{100}} \times 100\%$$

式中，V_1 为酚酞指示剂变色时记录的滴定液消耗体积（ml）；V_2 为甲基橙指示剂变色时记录的滴定液消耗体积（ml）；c 为滴定液的浓度（mol/L）；m_s 为供试品称样量（g）；$M_{Na_2CO_3}$ 为 Na_2CO_3 的摩尔质量（105.99g/mol）；M_{NaOH} 为 NaOH 的摩尔质量（40.00g/mol）。

四、实训练习

（一）实训条件

1. 仪器与器材　万分之一分析天平、酸式滴定管（50ml）、锥形瓶（250ml）、容量瓶（100ml）、烧杯（50ml）、吸量管（25ml）、量筒或量杯、玻璃棒、洗瓶、洗耳球、滤纸片。

2. 试剂和试药　药用 NaOH、酚酞指示剂、甲基橙指示剂、HCl 滴定液（0.1mol/L）、纯化水。

（二）注意事项

1. 药用 NaOH 滴定前不宜于空气中久置，否则容易吸收 CO_2 使 NaOH 的量减少，造成 NaOH 测定结果偏低。

2. NaOH 反应完全之前滴定不能太慢，锥形瓶摇动不能太剧烈，以免溶液吸收空气中的 CO_2 与 NaOH 发生反应。但在将到达第一计量点前，如果滴速过快，溶液中 HCl 局部浓度过大，会促使 $NaHCO_3$ 发生（3）的反应，带来较大误差，因此，此时滴定温度不宜过高，速度不宜太快，充分摇动锥形瓶，使 HCl 分散均匀。

3. 注意指示剂颜色的变化。第一计量点为红色刚好褪去变为无色，第二计量点为黄色变为橙色，终点延迟或提前均可引起误差。

（三）操作流程及规范

步骤	操作流程	操作指南
准备	见实训四准备流程 1～4	
	指示剂准备：酚酞指示剂和甲基橙指示剂	按规定领取试剂试药，按标准要求配制
待测样品溶液配制	迅速精密称取待测样品约 0.35g 置于 50ml 小烧杯中	精密称定，万分之一天平的规范使用，见实训一
	加少量纯化水溶解样品后，定量转移至 100ml 容量瓶中，加水稀释至刻度，摇匀	容量瓶的规范使用，见实训二。定容时注意弯月面与刻度线上缘相切

步骤	操作流程	操作指南
滴定	精密吸取25ml样品至250ml锥形瓶中，加纯化水25ml和2滴酚酞指示剂	吸量管的规范使用，见实训二
	用HCl（0.1mol/L）滴定液滴至溶液的红色刚好消失，记录所用HCl（0.1mol/L）滴定液的体积 V_1 ml	滴定管的规范使用，见实训二。第一次达到计量点，酚酞指示剂变色。不可提前加入甲基橙指示剂。提示注意事项2
	加入甲基橙指示剂两滴，继续用HCl（0.1mol/L）滴定液滴至溶液由黄色变为橙色，记录所用HCl滴定液的体积 V_2 ml	第二次达到计量点，甲基橙指示剂变色 黄色变为橙色不易观察，可调制一杯加了甲基橙指示剂的碱性溶液，做对照观察
	平行测定3份，记录数据	注意操作的平行性
计算	三步计算：列公式、代数据、算结果	注意有效数字和数字修约规则
结束	见实训四结束流程11～12	

（四）原始记录与数据处理

室温：　　　　　湿度：　　　　　　年　月　日

天平型号及编号：　　　　　　　　滴定液浓度 c_{HCl}/（mol/L）：

1. 药用NaOH的含量测定记录

n		第1份	第2份	第3份
药用NaOH的质量 m_s/g	$m_1=$			
	$m_2=$			
	$\Delta m=$			
HCl滴定液消耗体积 V_1/ml	终点读数			
	初始读数			
	V_1			
HCl滴定液消耗体积 V_2/ml	终点读数			
	初始读数			
	V_2			
含量 $\omega_{Na_2CO_3}$				
平均含量 $\overline{\omega}_{Na_2CO_3}$				
绝对偏差 d				
平均偏差 $\overline{d}$				
相对平均偏差 $R\overline{d}$				
总碱度 ω_{NaOH}				
总碱度平均值 $\overline{\omega}_{NaOH}$				
绝对偏差 d				
平均偏差 $\overline{d}$				
相对平均偏差 $R\overline{d}$				

2. 数据处理

Na_2CO_3 含量的计算

$$\omega_1 = \frac{c_{HCl} \times 2V_2 M_{Na_2CO_3} \times 10^{-3}}{m_s} \times 4 \times 100\% =$$

$$\omega_2 =$$

$\omega_3 =$

$\overline{\omega}_{Na_2CO_3} =$

$R\overline{d} =$

总碱度的计算

$\omega_1 = \dfrac{c_{HCl}\ (V_1 + V_2)\ M_{NaOH} \times 10^{-3}}{m_S} \times 4 \times 100\% =$

$\omega_2 =$

$\omega_3 =$

$\overline{\omega}_{NaOH} =$

$R\overline{d} =$

（五）检验结果

$n =$ \qquad $\overline{\omega}_{Na_2CO_3} =$ \qquad $R\overline{d} =$ \qquad $\overline{\omega}_{总碱度} =$ \qquad $R\overline{d} =$

五、课后作业

1. 量取样品溶液及配制样品溶液时，吸量管和容量瓶是否要烘干？为什么？
2. 滴定混合碱时，若消耗盐酸滴定液的体积为 V_1 小于 V_2，则试样的组成又是什么？

六、实训评价

测评项目	准备		样品配制		滴定		记录	计算				清场
	器材与试剂	天平使用规范	容量瓶使用规范	手势滴速	终点判断	规范完整	三步计算	数字修约	精密度	准确度	清洁
分值	10分	10分	10分	20分	10分	10分	5分	5分	10分	5分	5分
自评											

七、实训体会与反思

实训七 枸橼酸钠样品的含量测定（非水滴定法）

一、学习目标

知识目标	能力目标	思政及岗位素养目标
1. 掌握非水酸碱滴定法测定枸橼酸钠含量的原理和方法 2. 掌握空白试验的方法 3. 熟悉非水酸碱滴定法常用的指示剂、滴定液和溶剂 4. 了解非水溶液滴定法的滴定条件	1. 能规范使用分析天平和滴定管 2. 能准确操作空白试验 3. 能规范记录检验数据，计算结果和 $\overline{Rd}$	1. 减少因操作人员引起的误差，保证操作结果的准确性和精密度，体会"精益求精"的工匠精神 2. 不同性质的样品应选择恰当的分析方法，具备善于思考和分析问题的素质 3. 达到初级检验员岗位关于能进行非水酸碱滴定法分析样品含量的要求

二、关键概念

非水溶液滴定法 在水以外为溶剂的溶液中进行滴定的方法，包括酸碱滴定法、沉淀滴定法、配位滴定法和氧化还原滴定法等四种方法。在药物分析中应用较多的是测定弱酸弱碱的非水溶液酸碱滴定法和测定水分的费休氏法。常用于测定有机碱及其氢卤酸盐、有机酸盐、有机酸碱金属盐类药物的含量。

三、基础知识

（一）非水酸碱滴定法测定枸橼酸钠含量的原理

在水溶液中枸橼酸的酸性较强（$pK_a = 3.14$），其共轭碱枸橼酸钠为枸橼酸的碱金属盐，其水溶液的碱性很弱（$K_b < 10^{-7}$），不符合直接滴定法进行酸碱滴定的条件。但将枸橼酸钠溶解在冰醋酸（HAc）溶剂中时，由于 HAc 的酸性比水的酸性强，使枸橼酸钠的碱性增强，从而可以用结晶紫指示终点，用高氯酸滴定液（$HClO_4 - HAc$）直接测定其含量。其反应式为：

$$C_6H_5O_7Na_3 + 3HClO_4 \longrightarrow C_6H_5O_7H_3 + 3NaClO_4$$

（二）滴定过程及计算公式

结晶紫指示剂是用结晶紫溶于冰醋酸制得，浓度为 0.5%。其在不同 pH 下的变色比较复杂，由碱区到酸区的颜色变化一般是紫色→蓝色→蓝绿色→绿色→黄绿色→黄色。用高氯酸滴定枸橼酸钠时，以溶液显蓝绿色为滴定终点。同时用空白试验校正。

枸橼酸钠样品含量按下式计算。

$$\omega = \frac{TF(V_1 - V_0) \times 10^{-3}}{m_s} \times 100\%$$

式中，m_s 为枸橼酸钠的称取量（mg）；V_1 为样品消耗滴定液的量（ml）；V_0 为空白值，是空白实验消耗滴定液的量（ml）；F 为校正因子；T 为滴定度，每 1ml 高氯酸滴定液（0.1mol/L）相当于 8.602mg 枸橼酸钠，需折算成 0.008602g。

四、实训练习

（一）实训条件

1. 仪器与器材 十万分之一分析天平、半微量滴定管（10ml）、锥形瓶、烧杯、量筒或量杯、洗瓶。

2. 试剂和试药 枸橼酸钠样品、0.5%结晶紫指示剂、高氯酸滴定液（0.1mol/L）、冰醋酸、醋酐、纯化水。

（二）注意事项

1. 实训中所使用的仪器需预先洗净干燥，保证无水条件。

2. 若测定时的室温与标定时的室温相差较大时（一般在 ±2℃以上）需加以校正。

3. 本实训中，结晶紫指示剂在终点时的颜色变化由紫→蓝→蓝绿，要认真观察其变色过程，近终点时要逐滴加入滴定液。

4. 半微量滴定管的读数应准确至小数点后三位，最后一位为可疑数字。

（三）操作流程及规范

步骤	操作流程	操作指南
准备	见实训四准备流程 1~4	实验全程严密注意水的混入
	配制结晶紫指示剂	按规定领取试剂试药，按标准要求配制
待测样品溶液配制	精密称取待测枸橼酸样品约80mg置于锥形瓶中	精密称定，十万分之一天平的规范使用，见实训一
	加冰醋酸 5ml，加热使之溶解，放冷，加醋酐 10ml，加结晶紫指示剂 1 滴	注意量取使用的玻璃量器为干燥的量筒或量杯
滴定	用高氯酸滴定液（0.1mol/L）滴定至溶液显蓝绿色，即为终点，记录数据	滴定管的规范使用，见实训二，读数至小数点后三位。注意观察终点颜色变化
	平行测定 3 份。记录数据	注意操作的平行性
	用空白试验校正，记录滴定液的体积 V_0	空白试验不加待测样品，流程见 3~5
计算	三步计算：列公式、代数据、算样品含量	注意有效数字和数字修约规则
结束	见实训四结束流程 11~12	

（四）原始记录与数据处理

室温：　　　　湿度：　　　　　　年　月　日

天平型号及编号：　　　　　　滴定液浓度 c_{HClO_4}（mol/L）：

1. 枸橼酸钠样品含量测定记录

n		第1份	第2份	第3份
样品枸橼酸钠的质量 m_s/g	$m_1=$			
	$m_2=$			
	$\Delta m_1=$			
		$m_2=$	$m_3=$	$m_4=$
		$m_3=$	$m_4=$	
		$\Delta m_2=$	$\Delta m_3=$	
HClO₄滴定液的体积 V_1/ml	终点读数			
	初始读数			
	V_1			
空白试验校正 V_0/ml	终点读数			
	初始读数			
	V_0			
含量 $\omega_{枸橼酸钠}$				
平均含量 $\bar{\omega}_{枸橼酸钠}$				
绝对偏差 d				
平均偏差 $\bar{d}$				
相对平均偏差 $R\bar{d}$				

2. 数据处理

$$\omega_1 = \frac{TF(V_1 - V_0) \times 10^{-3}}{m_s} \times 100\% =$$

$$\omega_2 =$$

$$\omega_3 =$$

$$\overline{\omega} =$$

$$\overline{Rd} =$$

（五）检验结果

$n =$ 　　　　　　　$\overline{\omega} =$ 　　　　　　　$\overline{Rd} =$

五、课后作业

1. 为什么枸橼酸钠的含量测定要在非水溶液中进行？
2. 计算枸橼酸钠的含量百分比公式中的"F"表示什么？在什么情况下用此公式？
3. 在非水溶液酸碱滴定中，以高氯酸作滴定液可用来测定哪类物质？

六、实训评价

测评项目	准备	样品配制	滴定		记录	计算				清场
	器材与试剂	天平的规范使用	手势滴速	终点判断	规范完整	三步计算	数字修约	精密度	准确度	清洁
分值	10分	20分	20分	10分	10分	5分	5分	10分	5分	5分
自评										

七、实训体会与反思

（王丽娟）

项目八　配位滴定法 视频4

配位滴定法是通过金属离子与配位剂作用生成配位化合物为基础的滴定分析方法。目前应用最多的氨羧配位剂是乙二胺四乙酸，简称为EDTA。在一定条件下，金属离子与EDTA的配位反应能够满足滴定条件，即可用直接滴定法。但当被测金属离子与EDTA反应速度较慢，且无适当的指示剂或被测金属离子对指示剂有封闭作用，或被测金属离子发生水解等副反应干扰测定，不宜用直接滴定法时，可采用返滴定法。如，在水质分析中测定水的硬度；在食品分析中测定钙的含量；在药物分析中测定含金属离子各类药物的含量，如含钙离子的药物（氯化钙、葡萄糖酸钙、碳酸钙等），含锌离子的药物（葡萄糖酸锌、硫酸锌等）。

实训八　硫酸锌的含量测定

一、学习目标

知识目标	能力目标	思政及岗位素养目标
1. 掌握 EDTA 的性质和与金属离子配位反应的原理及特点 2. 熟悉二甲酚橙金属指示剂的变色原理 3. 了解配位滴定法的滴定条件	1. 能用二甲酚橙金属指示剂判断终点 2. 能控制硫酸锌含量测定的条件 3. 能规范记录数据，计算结果和 $\overline{Rd}$	1. 勤于思考、学思并重、举一反三，理论联系实际，不断把学习成果转化为实际工作的动力，转化为推动发展的能力 2. 达到初级检验员岗位关于掌握运用配位滴定法分析样品含量的要求

二、关键概念

1. 乙二胺四乙酸二钠盐（EDTA – 2Na）　是白色粉末状结晶，因在水中的溶解度比 EDTA 大（室温下每 100ml 水中只能溶解 11.2g），而替代 EDTA 使用，也被简称为 EDTA。由于 EDTA – 2Na 盐水溶液中主要是 H_2Y^{2-}，所以溶液 pH 接近于 4.42，为弱酸性溶液，在配制其溶液时应注意先用温热水溶解。

2. 二甲酚橙（xylenol orange）　简称 XO，为红棕色结晶性粉末，易吸湿，易溶于水，不溶于无水乙醇，二甲酚橙作为指示剂常配成 0.2% 的水溶液使用，其水溶液当 pH > 6.3 时呈现红色，pH < 6.3 时呈现黄色，$pH = pK_a = 6.3$ 时呈现中间颜色。而二甲酚橙与金属离子形成的配合物都是紫红色，因此，适用于在 pH < 6 的酸性溶液中使用。

三、基础知识

硫酸锌在临床上作为补锌剂和收敛剂，采用配位滴定法测定其含量，是因为 Zn^{2+} 可以和 EDTA 发生配位反应，从而测定硫酸锌的含量。以 EDTA 为滴定液，在 HAc – NH_4Ac 缓冲溶液（pH ≈ 6）中，以二甲酚橙为指示剂，对硫酸锌进行含量测定，滴定时溶液由紫红色变为黄色即为终点。有关反应如下：

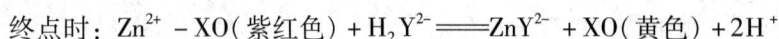

滴定前：$Zn^{2+} + XO \Longrightarrow Zn^{2+} – XO$（紫红色）

滴定时：$Zn^{2+} + H_2Y^{2-} \Longrightarrow ZnY^{2-} + 2H^+$

终点时：$Zn^{2+} – XO$（紫红色）$+ H_2Y^{2-} \Longrightarrow ZnY^{2-} + XO$（黄色）$+ 2H^+$

滴定完成后，记录所消耗 EDTA 滴定液的体积，计算硫酸锌的含量，计算公式如下。

$$\omega = \frac{c_{EDTA} V_{EDTA} \times 10^{-3} \times M_{ZnSO_4}}{m_s} \times 100\%$$

式中，m_s 为硫酸锌样品的称取量（g）；c_{EDTA} 是滴定液的浓度（mol/L），V_{EDTA} 为样品消耗滴定液的量（ml）；M_{ZnSO_4} 是七水硫酸锌的摩尔质量（287.58g/mol）。

四、实训练习

（一）实训条件

1. 仪器　万分之一分析天平、百分之一天平、称量瓶、烧杯、酸式滴定管、玻璃棒、量筒（10ml、100ml）、锥形瓶（250ml）、标签。

2. 试剂　EDTA 滴定液（0.05mol/L）、二甲酚橙指示液、HAc – NH_4Ac 缓冲溶液（pH ≈ 6）、药用硫酸锌 $ZnSO_4 \cdot 7H_2O$。

（二）安全及注意事项

1. 样品如果溶解较慢，可加热溶解，冷却至室温再滴定。
2. 注意样品是否风化，如果风化，对样品进行处理后再测定。

（三）操作流程及规范

步骤	操作流程	操作指南
准备	见实训四准备流程之 1~4	
	配制 HAc－NH₄Ac 缓冲溶液（pH≈6）、二甲酚橙指示剂	按规定领取试剂试药，按标准要求配制
配液	减量法精密称取硫酸锌样品约 0.3g，置于 250ml 锥形瓶中	按照分析天平使用操作规范完成
	加入纯化水 30ml 溶解，HAc－NH₄Ac 缓冲溶液（pH≈6）10ml 与二甲酚橙指示剂 2 滴	纯化水用量筒量取。缓冲溶液有刺激性气味，应及时盖上试剂瓶瓶塞，应置通风橱
滴定	用 EDTA 滴定液（0.05mol/L）滴定至溶液由红色转变为黄色，即为终点。记录数据	滴定管的规范使用，见实训二。终点颜色观察红色的消退，而不是黄色的出现
	平行测定 3 份。记录数据	注意操作的平行性
计算	三步计算：列公式、代数据、算结果	注意有效数字和数字修约规则
结束	见实训四结束流程之 11~12	

（四）原始记录与数据

室温： 湿度： 年 月 日

天平型号及编号： 滴定液浓度 c_{EDTA}／（mol/L）：

1. 硫酸锌的含量测定记录

n		第 1 份	第 2 份	第 3 份
样品硫酸锌的质量 m/g		$m_1 =$	$m_2 =$	$m_3 =$
		$m_2 =$	$m_3 =$	$m_4 =$
		$\Delta m_1 =$	$\Delta m_2 =$	$\Delta m_3 =$
EDTA 滴定液消耗体积 V/ml	终点读数			
	初始读数			
	V			
含量 $\omega_{硫酸锌}$				
平均含量 $\overline{\omega}_{硫酸锌}$				
绝对偏差 d				
平均偏差 $\overline{d}$				
相对平均偏差 $R\overline{d}$				

2. 数据处理

$$\omega_1 = \frac{c_{EDTA} V_{EDTA} \times 10^{-3} \times M_{ZnSO_4}}{m_s} \times 100\% =$$

$$\omega_2 =$$

$$\omega_3 =$$

$$\overline{\omega} =$$

$$\overline{Rd} =$$

（五）检验结果

$$n = \qquad\qquad \overline{\omega} = \qquad\qquad \overline{Rd} =$$

五、课后作业

1. 如果样品产生风化，会对结果产生什么样影响？
2. 用 EDTA 测定 Zn^{2+} 含量时，能用铬黑 T 为指示剂吗？为什么？

六、实训评价

测评项目	准备	样品配制	滴定		记录	计算				清场
	器材与试剂	天平的规范使用	手势滴速	终点判断	规范完整	三步计算	数字修约	精密度	准确度	清洁
分值	10分	20分	20分	10分	10分	5分	5分	10分	5分	5分
自评										

七、实训体会与反思

实训九 水的硬度测定

一、学习目标

知识目标	能力目标	思政及岗位素养目标
1. 掌握 EDTA 的性质和与金属离子配位反应的原理及特点 2. 熟悉铬黑 T 指示剂的变色原理 3. 了解配位滴定法在卫生检验中的应用	1. 能用配位滴定法测定水的硬度 2. 能规范记录数据，计算结果和 $\overline{Rd}$ 3. 能控制滴定条件 4. 能用铬黑 T 指示剂判断滴定终点	1. 学而不用则废，用而不学则滞；学用必须结合，二者缺一不可 2. 达到初级检验员岗位关于运用配位滴法分析样品含量的要求

二、关键概念

1. 水的硬度 水中钙、镁离子的总量称为水的硬度。《生活饮用水卫生标准》（GB 5749—2022）中规定，生活饮用水的总硬度以 $CaCO_3$ 计，应不超过 450mg/L。

2. 铬黑 T O,O' － 二羟基偶氮类染料，简称 EBT，为黑褐色固体粉末，带有金属光泽，固体相当稳定，水溶液容易产生聚合，聚合后不能与金属离子显色。铬黑 T 与金属离子形成配合物，当 pH < 6.3 时，生成 H_2In 显紫红色，pH > 11.6 时，生成 HIn^{2-} 显橙色，均与指示剂金属配合（MIn）的红色相近，因此使用铬黑 T 时，需控制 pH 在 6.3 ~ 11.6，最佳 pH 范围为 8.0 ~ 10.0。

三、基础知识

天然水中溶有钙、镁离子，容易同一些阴离子如碳酸根离子、碳酸氢根离子、硫酸根离子等结合，形成难溶于水的沉淀，若附着在受热面上形成水垢，水垢会影响热传导，甚至导致局部受热不均引起锅炉爆炸。人们若长期饮用钙、镁离子超标的水，容易引起结石。通常把水中钙、镁离子的总量称为水的总硬度，铁、锰等金属离子也会形成硬度，但由于它们在天然水中含量很少，可以略去不计。测定水的硬度，实际上就是测定水中钙、镁离子的总量再把测得的钙、镁离子量折算成碳酸钙（$CaCO_3$）或氧化钙（CaO）的质量以表示水的总硬度。配位滴定法是硬度测定的常用方法。

水的总硬度测定时，取一定量水样调节 $pH = 10$，以铬黑 T 为指示剂，用 EDTA - 2Na 标准溶液直接滴定水中 Ca^{2+}、Mg^{2+} 两种离子的总量，换算成相当于 $CaCO_3$ 的量即可求算出水的硬度。反应式如下：

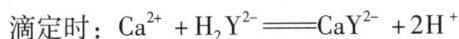

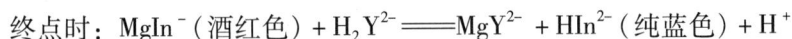

滴定前：$Mg^{2+} + HIn^{2-} \Longrightarrow MgIn^-$（酒红色）$+ H^+$

滴定时：$Ca^{2+} + H_2Y^{2-} \Longrightarrow CaY^{2-} + 2H^+$

$Mg^{2+} + H_2Y^{2-} \Longrightarrow MgY^{2-} + 2H^+$

终点时：$MgIn^-$（酒红色）$+ H_2Y^{2-} \Longrightarrow MgY^{2-} + HIn^{2-}$（纯蓝色）$+ H^+$

测定时，用 $NH_3 - NH_4Cl$ 缓冲溶液（$pH \approx 10$）将水样的 pH 调节至约为 10，用铬黑 T 为指示剂，以 EDTA 为滴定液，以酒红色变为蓝色为终点。

水的硬度表示方法是将测得 Ca^{2+}、Mg^{2+} 的量折算成 $CaCO_3$ 的质量（mg），然后以每升水中含有的 $CaCO_3$ 质量（mg）表示硬度，单位 mg/L。计算公式如下：

$$水的硬度（CaCO_3 质量）mg/L = \frac{c_{EDTA} V_{EDTA} \times 10^{-3} \times M_{CaCO_3} \times 10^3}{V_{水} \times 10^{-3}}$$

式中，$V_{水}$ 为水样的取样体积（ml）；c_{EDTA} 是滴定液的浓度（mol/L）；V_{EDTA} 为样品消耗滴定液的量（ml）；M_{CaCO_3} 是碳酸钙的摩尔质量（100.09g/mol）。

四、实训练习

（一）实训条件

1. 仪器　万分之一分析天平，酸式滴定管、吸量管、烧杯、玻璃棒、量筒（10ml）、锥形瓶（250ml）。

2. 试剂　EDTA 滴定液（0.05mol/L）、铬黑 T 指示剂、$NH_3 - NH_4Cl$ 缓冲溶液（$pH \approx 10$）、水样。

（二）安全及注意事项

1. 取样量适用于以 $CaCO_3$ 计算硬度不大于450mg/L 的水样，若硬大于450mg/L（$CaCO_3$ 计），应适当减少取样量。

2. 硬度较大的水样，在加缓冲溶液后常析出 $Ca(OH)_2$、$Mg(OH)_2$ 沉淀，使终点不稳定，常出现"颜色不断返回"的僵化现象，难以确定终点，遇此情况，可在加缓冲溶液前，在溶液中加入一小块刚果红试纸，滴加稀酸至试纸变蓝色，振摇 2 分钟，然后依法操作。

（三）操作流程及规范

步骤	操作流程	操作指南
准备	见实训四准备流程 1~4	
	配制 $NH_3 - NH_4Cl$ 缓冲溶液（$pH \approx 10$），铬黑 T 指示剂	按规定领取试剂试药，按标准要求配制
配液	用吸量管精密量取水样 50ml，置于 250ml 锥形瓶中	吸量管的规范使用，见实训二。若水的硬度过低，可取用 100ml 水样
	加入 $NH_3 - NH_4Cl$ 缓冲溶液（$pH \approx 10$）10ml，加铬黑 T 指示剂少许，混匀	正确使用量筒。缓冲溶液有刺激性气味，应及时盖上试剂瓶瓶塞，应置通风橱

步骤	操作流程	操作指南
滴定	用 EDTA 滴定液（0.05mol/L）滴至溶液由酒红色变为纯蓝色，即为终点。记录数据	滴定管的规范使用，见实训二。终点颜色观察红色的消退，而不是蓝紫色的出现
	平行测定 3 份。记录数据	注意操作的平行性
计算	三步计算：列公式、代数据、算结果	注意有效数字和数字修约规则
结束	见实训四结束流程 11~12	清洗器皿，收拾台面，填写实验记录

（四）原始记录与数据处理

室温：　　　　　湿度：　　　　　　年　月　日

滴定液浓度 c_{EDTA}（mol/L）：

1. 水的硬度测定记录

n		第 1 份	第 2 份	第 3 份
水样体积 V/ml				
EDTA 滴定液的体积 V/ml	终点读数			
	初始读数			
	V			
水的硬度/（mg/L）				
水的平均硬度/（mg/L）				
绝对偏差 d				
平均偏差 $\bar{d}$				
相对平均偏差 $R\bar{d}$				

2. 数据处理

$$硬度_1 = \frac{c_{EDTA} V_{EDTA} M_{CaCO_3} \times 10^3}{V_水} =$$

$$硬度_2 =$$

$$硬度_3 =$$

平均硬度 =

$$R\bar{d} =$$

（五）检验结果

$n =$ 　　　　　　平均硬度 = 　　　　　　$R\bar{d} =$

五、课后作业

1. 自来水经加热煮沸后，硬度会发生什么变化？为什么？

2. 若测定水中 Ca^{2+} 应选择何种指示剂？在什么条件下测定？

3. 能否用量筒量取水样？为什么？

4. 为什么在硬度较大的水样中加醋酸化后，振摇 2 分钟，能防止 Ca^{2+}、Mg^{2+} 生成沉淀？

六、实训评价

测评项目	准备	样品配制	滴定		记录	计算				清场
	器材与试剂	吸量管的规范使用	手势滴速	终点判断	规范完整	三步计算	数字修约	精密度	准确度	清洁
分值	10分	20分	20分	10分	10分	10分	5分	10分	5分	5分
自评										

七、实训体会与反思

（王　梦）

项目九　样品的 pH 测定

用直接电位法测定溶液 pH，常以玻璃电极（GE）为指示电极，将它作为负极；饱和甘汞电极（SCE）为参比电极，作为正极，插入溶液中，构成原电池。其原电池表示符号为：

$$（-）GE｜待测溶液｜SCE（+）$$

采用"两次测量法"测定 pH，校正时，应选用与被测溶液的 pH 接近的标准缓冲溶液，以减少测定过程中由于残余液接电位而引起的误差。校正过的酸度计，可直接测量待测溶液的 pH。

实训十　测定生理盐水的 pH

一、学习目标

知识目标	能力目标	思政及岗位素养目标
1. 掌握酸度计的基本原理 2. 掌握酸度计的使用方法 3. 熟悉恒重的概念和操作	1. 能用酸度计测定生理盐水的 pH 2. 能校准酸度计 3. 能规范安全进行恒重操作	1. 深刻体会"精益求精"的工匠精神 2. 达到中级检验员岗位关于能利用酸度计测定样品 pH 值的要求

二、关键概念

1. 指示电极　电极电位值随被测离子的活（浓）度变化而改变的一类电极。

2. 参比电极　在一定条件下，电位值已知且基本恒定的电极。

3. 干燥至恒重　连续两次干燥减失的质量小于 0.3mg。

4. 标准 pH 缓冲溶液的配制　pH 缓冲溶液的配制方法如表 9 - 1 所示。

表 9-1 pH 缓冲溶液的配制方法

试剂名称化学式	浓度	试剂的干燥与预处理	配制方法
草酸三氢钾 $KH_3(C_2O_4)_2 \cdot 2H_2O$ (pH=1.68)	0.05 (mol/L)	57℃±2℃下干燥至恒重	取该试剂12.7096g，溶于纯化水后，定量稀释至1L
酒石酸氢钾 $KC_4H_5O_6$ (pH=3.56)	饱和	不必预先干燥	将该试剂溶于25℃±3℃纯化水中直至饱和
邻苯二甲酸氢钾 $KHC_8H_4O_4$ (pH=4.00)	0.05 (mol/L)	110℃±5℃干燥至恒重	取该试剂10.2112g，溶于纯化水后，定量稀释至1L
磷酸混合盐 KH_2PO_4 和 Na_2HPO_4 (pH=6.66)	0.025 (mol/L)	KH_2PO_4：110℃±5℃ Na_2HPO_4：120℃±5℃干燥至恒重	3.4021g KH_2PO_4 和 3.5490g Na_2HPO_4，溶于纯化水后，定量稀释至1L
四硼酸钠 $Na_2B_4O_7 \cdot 10H_2O$ (pH=9.18)	0.01 (mol/L)	放在含有 NaCl 和蔗糖饱和液的干燥器中保存	3.8137g 四硼酸钠溶于适量无 CO_2 的纯化水中，定量稀释至1L

三、基础知识 视频5

直接电位法是选择合适的指示电极与参比电极，浸入待测溶液中组成原电池，测量原电池的电动势，直接求出待测组分活（浓）度的方法，通常用于溶液的 pH 测定和其他离子浓度的测定。直接电位法测定溶液 pH 常用饱和甘汞电极作参比电极，氢电极、氢醌电极和 pH 玻璃电极作指示电极，其中玻璃电极最常用。玻璃电极主要由玻璃膜球、内参比电极、Ag-AgCl 电极、玻璃管等部分组成。玻璃膜一般呈球泡状，球泡内充入内参比溶液，插入内参比电极（一般用 Ag-AgCl 电极），用电极帽封接引出电线，装上插口，就构成了 pH 玻璃电极（图 9-1）。

目前最常用的仪器是酸度计（pH 计），该仪器利用 pH 电极对不同酸度的待测溶液产生不同的直流电位，通过放大器输入转换器，再由电流表或数码管显示 pH。在实际工作中，常采用"两次测量法"测定 pH，以消除溶液组成、电极种类、使用时间等多因素的影响。但在"两次测量法"中，饱和甘汞电极在标准缓冲溶液和待测溶液中可能产生不相等的液接电位，两者的差值称为残余液接电位，其值很小，约相当于±0.01pH 单位，但很难被准确测定。因此，应选择与待测溶液的离子强度、pH 接近的标准缓冲溶液，以消除残余液接电位对测定结果引起的误差。可参考《实验室 pH（酸度）计》（JJG 119—2018）。

pH 计因测量的精度不同而有多种类型，目前常用的主要有 pHS-2 型和 pHS-3 型等，它们的测定原理基本相同，结构略有差别，本部分主要介绍 pHS-3C 型 pH 计。pHS-3C 型精密 pH 计是一台数字显示的精密 pH 计，测量范围：0~14pH，最小显示单位：0.01pH，仪器重复性误差不大于 0.01pH（图 9-2）。各部件调节旋钮和开关的作用简要介绍如下。

1. mV-pH 换挡旋钮 功能选择按钮，在"pH"位置时，仪器用于 pH 的测定，在"mV"位置时，仪器用于测量电池的电动势。

2. "温度"调节器 由于电动势与 pH 的转换关系与测量电池中溶液的温度有关，可利用温度补偿器抵消由于温度的变化对溶液 pH 测定的影响。使用时将调节器调至所测溶液的温度数值即可。

3. "斜率"调节器 调节电极系数，使仪器能更精确地测量溶液的 pH。

4. "定位"调节器 电位法测定溶液 pH 是采用两次测定法，即先用一定 pH 的标准缓冲溶液校准仪器后，才能测定样品溶液的 pH。pH 计上定位调节器的作用，是使仪器上显示的 pH 正好与标准缓冲溶液的 pH 相同。

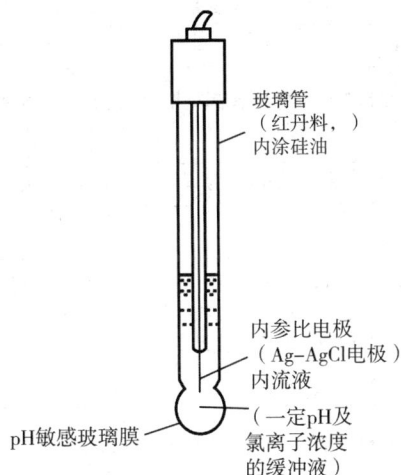

图 9 - 1　pH 玻璃电极

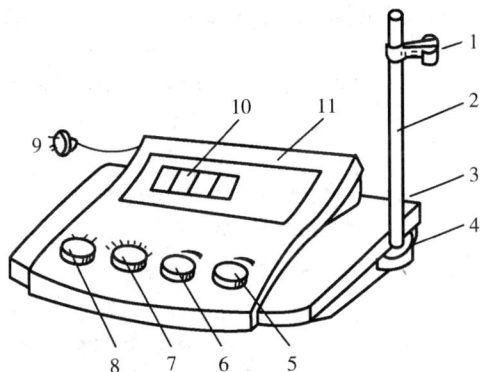

图 9 - 2　pHS - 3C 型 pH 计

1. 电极夹；2. 电极杆；3. 电极插口；4. 电极杆插座；5. 定位调节钮；6. 斜率补偿钮；7. 温度补偿钮；8. 选择开关钮；9. 电源插头；10. 显示屏；11. 面板

四、实训练习

（一）实训条件

1. 仪器与器材　pHS - 3C 型酸度计，塑料烧杯或玻璃烧杯。

2. 试剂和试药　邻苯二甲酸氢钾标准缓冲溶液，磷酸盐标准缓冲液，四硼酸钠标准缓冲液，生理盐水。

（二）安全及注意事项

1. 玻璃电极下端的玻璃球很薄，切忌与硬物接触。

2. 电极切忌长时间浸泡在蒸馏水中，pH 计所使用的电极如为新电极或长期未使用过的电极，则在使用前必须用蒸馏水浸泡 24 小时，这样 pH 计电极的不对称电位可以被降低到稳定水平，从而降低电极的内阻。

3. 维护电极保湿帽时，将电极保湿帽内的保存残液倒掉，用水清洗电极保湿帽，再用新鲜的 3mol/L 的氯化钾溶液充满。

4. pH = 6.86 或 4.00 等标准缓冲液可短时间保存。

5. 安装时，pH 玻璃电极球端应略高于饱和甘汞电极底端。

（三）操作流程及规范

步骤	操作流程	操作指南
准备	领取任务和 SOP 相关文档。清场	
	温度计及玻璃器材准备，检视外观，洗净。在实验环境里，提前至少 4 小时将温度计浸入装有水的 500ml 烧杯中	外观应符合 JJG 196 要求
	配制邻苯二甲酸氢钾标准缓冲溶液，四硼酸钠标准缓冲液和磷酸盐标准缓冲液	按规定领取试剂试药，对试剂进行恒重处理。按标准要求配制
开机	将浸泡好的复合电极夹在电极夹上，接上导线，打开 pH 计电源，预热 20 分钟左右。用纯化水清洗电极头部，用滤纸吸干电极球泡和外壁的水	如为新电极或长期未使用过的电极，则必须用蒸馏水或偏酸溶液先浸泡 24 小时，使不对称电位降低并稳定

步骤	操作流程	操作指南
校准 （标定）	将仪器功能选择旋钮调至 pH 档	
	调节温度补偿旋钮，使所指示的温度与当时溶液温度相同，斜率补偿钮按顺时针旋转到 100%	从准备流程 2 中温度计上读取当天溶液温度，不是气温
	用广泛 pH 试纸确认样品大致 pH。确定校正用缓冲溶液对仪器进行校正	样品 pH 偏酸性，选用 pH 为 6.86 与 4.00 标准缓冲溶液；偏碱性，选用 pH 为 6.86 与 9.18 标准缓冲溶液
	定位：将电极插入 pH =6.86 的磷酸盐缓冲溶液中，调节"定位"旋钮，使仪器上显示的数字为 6.86。若示数不稳，可轻摇装有溶液的烧杯，使电极快速达到平衡	进行 pH 测量时，要保证电极的球泡完全浸入被测量介质内，这样才能获得更加准确的测量结果 电极插入溶液中，不可将电极作为搅拌棒使用
	取出电极，冲洗球膜端，用滤纸吸干	更换溶液时必须冲洗，避免交叉污染
	斜率：插入另一标准缓冲溶液中（pH 为 4.00 或 9.18），调节"斜率"旋钮，使仪器上显示的数字与标准缓冲溶液 pH 一致。重复定位和斜率校正，直至读数与两标准缓冲液的标示 pH 相差不大于 ±0.02pH 单位	重复定位和斜率校正时，温度补偿旋钮不再调节；斜率旋钮在上一次调整后的基础上做进一步调节，不可拧回 100%
测量	取出电极，冲洗球部，用滤纸吸干，再用第 1 份样品清洗一次。插入第 1 份生理盐水中，待数值稳定后，读取生理盐水的 pH。记录。洗净后，插入第 1 份生理盐水，再次读数	两次读数相差不得超过 ±0.1
	取第 2 份生理盐水，方法同前	
关机	测量完毕，关机，取出电极，清洗干净，滤纸擦干后泡在纯化水中，如果较长时间不用，应将复合电极的玻璃探头部分套在盛有 3mol/L 氯化钾溶液的塑料套内	1. 一般情况下，pH 计仪器在连续使用时，每天要标定一次，一般在 24 小时内仪器不需再标定 2. 电极切忌长时间浸泡在蒸馏水中
	仪器不用时，将短路插头插入插座，防止灰尘及水气浸入	仪器的输入端必须保持干燥清洁
结束	清洗。关机，切断电源，清扫，套上防尘罩。做好仪器使用记录	清洗器皿，收拾台面，填写实验记录
	清场	正确处理废液废弃物，关水关电

（四）原始记录与数据处理

室温：　　　　湿度：　　　　　　年　　月　　日

1. 仪器校正用标准缓冲液

仪器型号及编号			
磷酸盐标准缓冲液 pH =		校准结果	
硼砂标准缓冲液 pH =		校准结果	

2. 生理盐水的 pH

测定份数	第 1 份		第 2 份	
	第 1 次	第 2 次	第 1 次	第 2 次
生理盐水的 pH				
平均值（pH）				
$\overline{pH}$				
相对平均偏差（$\overline{Rd}$）				

（五）检验结果

$n =$ 　　　　　　　　　　$\overline{pH} =$ 　　　　　　　　　　$\overline{Rd} =$

五、课后作业

1. 为什么校准酸度计要用与待测液 pH 相近的标准缓冲液？
2. 为什么新电极或长期不用的电极要浸泡 24 小时？

六、实训评价

测评项目	准备	缓冲液的制备	酸度计的校准	样品 pH 的测定	原始记录规范	报告规范完整	清场
分值	10 分	10 分	30 分	10 分	20 分	10 分	10 分
自评							

七、实训体会与反思

（王文婷）

书网融合……

| 视频 1 | 视频 2 | 视频 3 | 视频 4 | 视频 5 |

模块三　中级检验员实训基础

项目十　中级检验员能力鉴定简介

化学检验员职业资格中级申报条件具备以下条件之一即可：①取得本职业初级职业资格证书后，连续从事本职业工作 3 年以上，经本职业中级正规培训达到规定标准学时数，并取得毕（结）业证书；②取得本职业初级职业资格证书后，连续从事本职业工作 4 年以上；③连续从事本职业工作 5 年以上；④取得经劳动保障行政部门审核认定的、以中级技能为培养目标的中等以上职业学校本职业（专业）毕业证书。

职业道德和基础知识方面要求与初级一致，职业功能包括：①样品交接；②检验准备；③采样；④检测与测定；⑤测后工作；⑥修验仪器设备；⑦安全实验等方面。

中级检验员鉴定考核的理论知识和技能知识各项目分值比重分配如下。

项目	基本要求（%）		相关知识（%）						
	职业道德	基础知识	样品交接	检验准备	采样	检测与测定	测后工作	安全实验	修验仪器设备
理论	5	35	2	17	7	22	5	5	2
技能	—	—	5	18	10	42	9	10	6

项目十一　定量分析玻璃量器的校准

分析化学中常用的定量分析玻璃量器有吸量管、滴定管、容量瓶等，其准确度是保证实验测定结果获得较高准确度的先决条件。实训三中介绍的了体积补正和体积校准的应用，以下重点介绍对定量分析玻璃量器的校准技术及其应用。校准是一项技术性极强的工作，如果操作不规范或操作条件不符合，得出的修正参数就没有意义，所以以对人员、实验室及所用仪器必须有较高的要求。

实训十一　定量分析玻璃量器的校准

一、学习目标

知识目标	能力目标	思政及岗位素养目标
1. 掌握容量瓶、吸量管和滴定管进行校准的基本原理和方法	1. 能准确进行绝对校正与相对校正	1. 深刻体会"工欲善其事，必先利其器"的中华优秀文化思想
2. 熟悉校准数据的计算方法	2. 能规范使用容量瓶、吸量管、滴定管和分析天平	2. 达到中级检验员岗位关于能进行定量分析玻璃量器校准的要求
3. 了解定量分析玻璃量器的校正意义	3. 能规范进行校准实验的数据记录和计算，能制作校准卡和校准图	
	4. 能解决校准结果在实际测量中的应用问题	

二、关键概念

1. 体积校正　包括由体积校准参数对量器的体积校准，以及温度补正值对体积的补正（见实训三）。

2. 体积校准　定量分析玻璃量器因生产工艺等原因造成了真实容量与标称容量存在体积差，需要在使用该量器前进行准确体积的测量，称为体积校准。由此计算出的校准参数用于含量测定时量器的体积校正。这点"毫厘之差"的体积差会对检测结果的准确度造成较大的影响，因此，必须对定量分析玻璃量器进行校正，以获得"利"器。

三、基础知识

（一）定量分析玻璃量器体积校准的原理与基本概念

1. 定量分析玻璃量器体积校准的原理　测量体积的基本单位是 ml 或 L，1ml 是指真空中 1g 纯水在 4℃时所占的容积。理论上看来，真空中 25g 纯水在 4℃时置 25ml 容量瓶中，应恰好至标线。我们可以据此对定量分析玻璃量器进行校准。

一般工作条件以 20℃为标准，水的体积在 4℃以上随温度上升而膨胀，玻璃量器的体积也会随温度的变化而变化，且日常分析工作中也不可能在真空中进行，而是在空气中进行，空气的浮力会导致所称物品质量发生改变。因此，这些因素都必须加以校准。影响定量分析玻璃量器校准的主要因素归纳为三点：温度改变，水的密度随之改变；温度改变，玻璃膨胀系数改变；空气浮力对所称量物品质量的影响。

为了便于计算，将此三项校准值合并得总校准值（表 11−1），表中的数字表示在不同温度下，用水充满 20℃时容积为 1ml 的玻璃量器，在空气中用黄铜砝码称取的水的质量。

表 11−1　玻璃量器中 1ml 水在空气中用黄铜砝码称得重量

温度（℃）	重量（g）	温度（℃）	重量（g）	温度（℃）	重量（g）	温度（℃）	重量（g）
10	0.99839	16	0.99780	22	0.99680	28	0.99544
11	0.99832	17	0.99766	23	0.99660	29	0.99518
12	0.99823	18	0.99751	24	0.99638	30	0.99491
13	0.99814	19	0.99735	25	0.99617	31	0.99468
14	0.99804	20	0.99718	26	0.99593	32	0.99434
15	0.99793	21	0.99700	27	0.99569	33	0.99405

定量分析玻璃量器的校准公式：一定条件下，在分析天平上称量被校量器中量出或量入纯水的质量，再根据该温度下纯水的密度计算出被校量器的实际容量。

$$V_s = \frac{W_t}{d_t} \tag{11−1}$$

式中，V_s 是指空气中在 20℃时水在该容器的真实容积（ml）；W_t 是在空气中 t℃时水的质量（g）；d_t 是在 t℃时空气中用黄铜砝码称量 1ml 水的质量（g/ml）。

2. 定量分析玻璃量器校准的基本概念

（1）标准温度　因玻璃具有热胀冷缩的特性，所以在不同温度下，量器的体积并不相同。为了消除温度的影响，国际上规定玻璃量器的标准温度为 20℃。

（2）标称容量　量器上标示出的标线和数字称为量器在标准温度时的标称容量。

（3）玻璃量器的分级　玻璃量器按其标称容量准确度的高低分为 A 级和 B 级两种，A 级准确度高。

量器上均有相应的等级标志，如无 A 或者 B 级字样符号，则表示此类量器不分级别，如量筒等。

（4）量器的容量允差 由于制造工艺的限制，量器的实际容量与标称容量之间必然存在误差。为保证量器的准确度，允许存在的最大误差叫作容量允差。

容量允差主要是根据量器的结构、用途和生产的工艺水平确定的。对于有分度的量器，容量允差包括从零分度至任意分度的最大误差和任意两分度之间的最大误差均不得超过允差。但由于目前工艺上的限制，对任意两分度之间的允差尚未特别强调。

容量允差是量器的重要技术指标。了解这一指标对正确选用和校准量器十分重要。常用的三种量器 20℃时的容量允差见表 11-2、11-3、11-4。

表 11-2　A 级单标线吸量管的容量允差

标称容量/ml	1	2	3	5	10	15	20	25	50	100
容量允差/ml	±0.007	±0.010	±0.015	±0.020	±0.025	±0.030		±0.05		±0.08

表 11-3　常用 A 级容量瓶的容量允差

标称容量/ml	1	2	5	10	25	50	100	250
容量允差/ml	±0.010	±0.015	±0.020	±0.03	±0.05	±0.10	±0.15	

表 11-4　常用 A 级滴定管的容量允差

标称容量/ml	1	2	5	10	25	50	100
容量允差/ml	±0.010	±0.010	±0.025	±0.04	±0.05	±0.10	

（二）定量分析玻璃量器体积校准的方法

1. 相对校正 用一个玻璃量器间接地校正另一个玻璃量器，称为相对校正。实际工作中，常利用两件量器配套使用，如用容量瓶配制溶液后，用吸量管移取其中一部分进行测定。此时，重要的不是要知道这二者的准确容量，而是二者的容量是否为准确的整倍数关系，例如用 25ml 吸量管从 100ml 容量瓶中取出一份溶液是否确实是该容量的 1/4，就可以进行这两件容器的相对校正。此法操作简单，在实际工作中使用也较多，但只有在这两件量器配套使用时才有意义。

2. 绝对校正 采用称量法。从上述定量分析玻璃量器的校正原理可知，一定条件下，水的质量、密度和体积三者之间存在确定的关系。比如容量瓶的校正：可先精密称定被校容量瓶的质量（恒重情况下），加入一定体积的纯水后，再称被校容量瓶加纯水后的质量，计算出被校容量瓶的量入纯水质量，最后根据不同温度下纯水在空气中的密度计算出被校容量瓶的实际体积。

例 11-1 一支标称容量为 25ml 的单标线吸量管，在 15℃时按正确的校正方法操作，称得水的质量为 25.0154，试问该吸量管是否合格。

解：查表 11-1 可知，1ml 水在空气中重为 0.99793g。根据式（11-1）

$$V_s = \frac{W_t}{d_t} = \frac{25.0154}{0.99793} = 25.067\text{ml}$$

答：该数据说明该标示为 25ml 的单标线吸量管，实际容积为 25.067ml，根据 JJG 196 规定 25ml 的单标线吸量管的容量允差为 ±0.03ml，故本品不合格。

四、实训练习

（一）实训条件

1. 仪器与器材 万分之一电子分析天平、温度计（最小分度值 0.1℃）、具塞锥形瓶（50ml，

100ml）、酸式滴定管（50ml）、腹式吸管（25ml）、容量瓶（100ml）、洗耳球、烧杯、洗瓶、滴管、玻璃棒、滤纸片。

2. 试剂和试药 95%乙醇（供干燥仪器用）、纯化水。

（二）安全及注意事项

1. 称量水重所用天平的精度应保证所称水重有五位有效数字。如校正500ml的容量瓶，天平的分度值为10mg及以下，校正50ml的容量瓶，天平分度值应为1mg及以下。

2. 室温最好控制在（20±5）℃，且室内温度变化不超过1℃/h。水温与室温之差不得大于2℃。温度计的分度值应为0.1℃。

3. 检定介质为纯水（蒸馏水或去离子水），应符合GB 6682—2008要求。

4. 被校准的吸量管、容量瓶和滴定管均须用铬酸洗液洗净至内壁不挂水珠，并且吸量管和容量瓶应常温干燥。

5. 实验所用仪器应备好后提前放至天平室，使其温度与室温尽量接近。

6. 校准过程中应随时检查所用仪器物品是否干燥，并保持手、锥形瓶外壁、天平盘干燥。

（三）操作流程及规范

1. 吸量管（25ml 腹式吸管）的校准

步骤	操作流程	操作指南
准备	领取任务和SOP相关文档。清场	
	操作间准备：操作间控温、控湿度。所有器材应提前置于实验环境中	空调和除湿机出风口不可正对操作工位。校准用操作间内应配置电子分析天平
	试剂准备：纯化水应盛在干净的烧杯中，提前置于实验环境中	纯化水应在实验环境放置1小时以上
	定量分析玻璃器材准备：检视外观，洗净，干燥，提前置于实验环境中	外观应符合JJG 196要求。注意铬酸洗液废液处理。必要时可用乙醇润洗，挥干
	天平开机，预热	
校准	记录纯化水水温	读数时，温度计汞球应置于溶液中部
	取一个洗净干燥的50ml具塞锥形瓶，精密称定，记录数据	持具塞锥形瓶的手应戴称量用布手套
	用待校准吸量管，精密量取25ml纯化水至具塞锥形瓶内。放液完毕立刻盖上瓶塞，精密称定，记录数据	吸量管流液口接触磨口以下的内壁，水沿壁流下，流完后再停靠15秒。流液速度适中，以内壁挂少量残留液为宜
	平行操作2次	注意操作的平行性
计算	由表11-1中查出该温度下纯水的密度，并根据公式计算吸量管的实际容量	两次校准后的体积之差应小于该仪器容量允差的1/4。否则校准数据不被采信
	计算体积修正数据	保留至小数点后4位，实际体积低于标称容量修正值前加"－"号，反之加"＋"号
制卡	制作吸量管校准卡	可贴或悬挂在吸量管上
结束	校准后的定量分析玻璃器材登记入库。原始记录登记入档	
	关机，切断电源，清扫，套上防尘罩。清洁，清场	清洗器皿，收拾台面，填写实验记录。关水关电，正确处理废液

2. 容量瓶（100ml）的校准

步骤	操作流程	操作指南
准备	见1. 吸量管校准的流程1~5	

续表

步骤	操作流程	操作指南
校准	取干净干燥容量瓶，精密称定，记录数据	
	往容量瓶注水至标线上 5mm，等待 2 分钟。用胶头滴管吸出多余的水，使弯月面最低点与标线相切，再精密称定。记录数据	校准时，调定液面的做法与使用时不同
	将温度计插入水中 5~10 分钟，测量水温	读数时，温度计汞球应悬于溶液中部
	平行操作 2 次	注意操作的平行性
计算	由表 11-1 中查出该温度下纯水的密度，并根据公式计算容量瓶的实际容量	两次校准后的体积之差应小于该仪器容量允差的 1/4。否则校准数据不被采信
	计算体积修正数据	
制卡或刻线	制卡：制作容量瓶校准卡	可贴或悬挂在容量瓶上
	刻线：用纸条在弯月面成切线处贴一圈；倒去水，在纸圈上下涂石蜡，再沿纸圈刻一圆环，涂上氢氟酸；2 分钟后，洗去氢氟酸，除去石蜡，即可见容量瓶上的新刻线。或用细红线在弯月面成切线处缠一圈并捆牢；倒去水，在线圈上涂石蜡或贴一圈透明胶带，覆盖固定即可	需准确判断弯月面位置，见实训二
结束	见 1. 吸量管校准的结束流程 13~14	

3. 酸式滴定管（25ml）的校准

步骤	操作流程	操作指南
准备	见 1. 吸量管校准的流程 1~5	
校准	记录纯化水水温	读数时，温度计汞球应悬于溶液中部
	取一个洗净干燥的 100ml 具塞锥形瓶，精密称定，记录数据	持具塞锥形瓶的手应戴称量用布手套
	酸式滴定管外壁用洁布擦干，倒挂于滴定管架 5 分钟以上，然后在滴定管中注入纯水至液面距最高标线以上约 5mm 处，垂直挂在滴定台上，等待 30 秒后调节液面至 0.00ml	酸式滴定管用铬酸洗液洗净
	打开活塞向具塞锥形瓶中放液至 5.00ml，随即用锥形瓶内壁磨口下方挂去管尖下的液滴，立即盖上瓶塞，精密称量，记录数据	滴定液流速为 3~4 滴/秒。当弯月面降至 5.00ml 刻度线以上约 0.5ml 时，等待 15 秒，然后在 10 秒内将液面调至 5.00 刻度线。可将管尖液滴靠在瓶塞上，切勿粘在磨口上
	按流程 4~5，精密称出 0.00~10.00m、0.00~15.00ml、0.00~20.00ml、0.00~25.00ml 段的纯化水质量	一般 50ml 滴定管每隔 10ml 测一个校准值；25ml 滴定管每隔 5ml 测一个校准值；3ml 微量滴定管每隔 0.5ml 测一个校准值
	平行操作 2 次	注意操作的平行性
计算	由表 11-1 中查出该温度下纯水的密度，并根据公式计算滴定管各段的实际容量	各段两次校准后的体积之差应小于该仪器容量允差的 1/4。否则视为偏差过大，结果不被采信
	计算体积修正数据	格式见表 11-5
制卡或制图	制作滴定管校准卡	悬挂在滴定管上
	制作滴定管校准曲线	采用坐标纸制作。制图应规范，见例 11-2 和图 11-1
结束	见 1. 吸量管校准的结束流程 13~14	

表 11 – 5 校正时温度为 18℃，A 级 25ml 滴定管校准记录格式示例

滴定管校正分段	次数	瓶＋水（g）	瓶重（g）	水重（g）	实际体积（ml）	修正体积（ml）	两次校准之差	平均修正值（ml）
0.00～5.00	①	36.6616	31.6656	4.9960	5.008	0.008	0.010	0.013
	②	36.6720	31.6662	5.0058	5.018	0.018		
0.00～10.00	①	41.7141	31.7246	9.9895	10.014	0.014	0.005	0.016
	②	41.7190	31.7253	9.9937	10.019	0.019		
0.00～15.00	①	46.7617	31.7856	14.9761	15.014	0.014	0.006	0.017
	②	46.7691	31.7861	14.9830	15.020	0.020		
0.00～20.00	①	51.7856	31.8047	19.9809	20.031	0.031	0.001	0.030
	②	51.7862	31.8057	19.9805	20.030	0.030		
0.00～25.00	①	56.7912	31.7977	24.9935	25.056	0.056	0.007	0.052
	②	56.7852	31.7986	24.9866	25.049	0.049		

例 11 – 2 采用下表数据做坐标图，单位为 ml。

标称容量	0	5	10	15	20	25
修正值	0	0.013	0.016	0.017	0.030	0.052

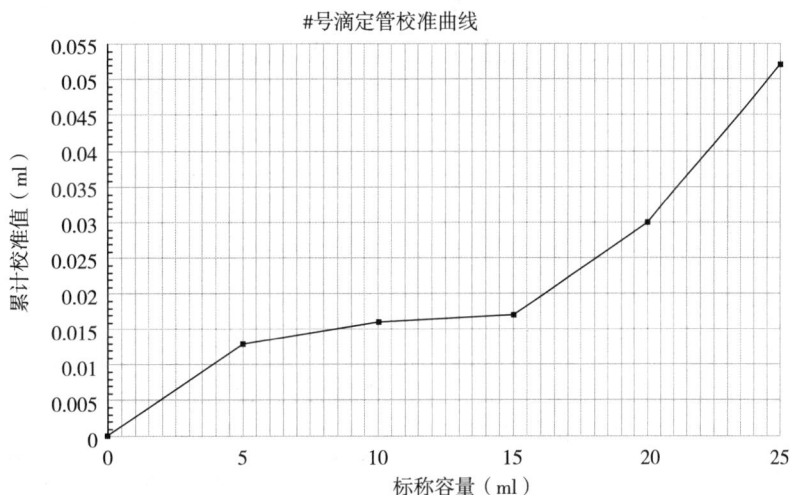

图 11 – 1 滴定管校准曲线

4. 吸量管（25ml 腹式吸管）与容量瓶（100ml）的相对校正

步骤	操作流程	操作指南
准备	见 1. 吸量管校准的准备流程 1～5	
校正	用 25ml 吸量管准确吸取纯水 4 次至 100ml 容量瓶中，记下弯月面最低点的位置	1. 注意吸量管的正确操作 2. 若弯月面最低点与标线不相切，可用纸条或透明胶带另作一标记
	平行操作 2 次。如两次实验结果相符，则应在弯月面所在瓶颈处重新做一标记	注意操作的平行性
刻线及编号	在标记处，按"2. 容量瓶（100ml）的校准"中操作流程 8 制作刻线。为此配套的吸量管和容量瓶共同编号	该容量瓶与吸量管需配套使用，并定期重新进行相对校正
结束	见 1. 吸量管校准的结束流程 13～14	

（四）原始记录与数据处理

天平型号及编号： 年 月 日

1. 25ml 吸量管的校准记录

校正时溶液温度： ℃ 湿度： 相对密度：

编号	瓶+水重 （g）	瓶重 （g）	水重 （g）	实际体积 （ml）	修正体积 （ml）	两次校 准之差	平均修正值 （ml）
①							
②							

2. 100ml 容量瓶的校准记录

校正时溶液温度： ℃ 湿度： 相对密度：

编号	瓶+水重 （g）	瓶重 （g）	水重 （g）	实际体积 （ml）	修正体积 （ml）	两次校 准之差	平均修正值 （ml）
①							
②							

3. 酸式滴定管的校准记录

校正时溶液温度： ℃ 湿度： 相对密度：

滴定管 校正分段	次数	瓶+水重 （g）	瓶重 （g）	水重 （g）	实际体积 （ml）	修正体积 （ml）	两次校 准之差	平均修正值 （ml）
0.00~5.00	①							
	②							
0.00~10.00	①							
	②							
0.00~15.00	①							
	②							
0.00~20.00	①							
	②							
0.00~25.00	①							
	②							

（五）检验结果

1. 吸量管校准卡

吸量管规格： 色，单标线， ml	
（管理员： ）	
计量编号：	自编号：
修正值/ml	

2. 容量瓶校准卡

吸量管规格： 色，单标线， ml	
（管理员： ）	
计量编号：	自编号：
修正值/ml	

3. 滴定管校准卡

滴定管规格： 色，25ml（管理员： ）	
计量编号：	自编号：
标称容量/ml	修正值/ml
0.00～5.00	
0.00～10.00	
0.00～15.00	
0.00～20.00	
0.00～25.00	

4. 滴定管校准曲线 请另附页。

五、课后作业

1. 定量分析玻璃容器什么情况下可用相对校正？

2. 校正滴定管时，如何处理具塞锥形瓶内、外壁附着的水？

3. 分段校正滴定管时，为何每次都要从 0.00ml 开始？

六、实训评价

测评项目	准备	电子天平使用	定量分析量器使用	1/4允差达成情况	记录规范完整	制卡或制图或刻线	报告完整性	清场
分值	10分	10分	20分	15分	15分	10分	10分	10分
自评								

七、实训体会与反思

（吕廷婷）

项目十二　标准溶液（滴定液）的配制与标定

标准溶液（滴定液）系指已知标准浓度的溶液，用来滴定被测物质。滴定液配制实验室应设在避光房间，室内阴凉、干燥、通风良好、温湿度保持恒定，一般控制在室温（10～30℃）。滴定液的配制方法有间接配制法和直接配制法两种。所用溶剂"水"系指蒸馏水或去离子水，在未注明其他要求时，应符合《化学试剂　标准滴定溶液的制备》（GB/T 601—2016）、《中国药典》纯化水项下的规定。所用基准试剂均需用恒温干燥箱（或马弗炉）加温干燥至恒重，应该先将扁称量瓶洗净干燥后再装基准物质，装量至少是标定一份用量的 4～8 倍，根据平铺的厚度决定用扁称量瓶的大小，如果满足不了，可改用表面玻璃皿，干燥时注意温度控制，检查电源使用的安全性；操作详见"模块一项目二四、检测与测定"，记录格式见下表 12-1。

表 12 – 1　基准试剂干燥至恒重记录格式（例：基准草酸钠）

基准草酸钠标签记录					
批号		规格		生产日期	
纯度		生产厂家		质量标准	
设备类型及编号				温度	
第一次干燥后称量记录			第二次干燥后称量记录		
第三次干燥后称量记录			第四次干燥后称量记录		
恒重质量					
备注					
操作人				年　　月　　日	

　　采用间接配制法时，溶质与溶剂的取用量均应根据规定量用万分之一天平称取或用经标定的量器进行量取，并使制成后滴定液的浓度值为其规定值的 0.95～1.05，其记录格式见表 12 – 2；如在标定中发现其浓度值超出其规定值的 0.95～1.05 范围时，应加入适量的溶质或溶剂予以调整，并重新标定。当配制量大于 1000ml 时，其溶质与溶剂的取用量均应按比例增加。

表 12 – 2　间接配制法中滴定液配制记录格式（例：0.02mol/L 高锰酸钾滴定液配制）

高锰酸钾标签记录					
批号		规格		生产日期	
纯度		生产厂家		质量标准	
电子分析天平编号					
高锰酸钾称量记录					
配制总体积记录					
操作人				年　　月　　日	

　　采用直接配制法时，其溶质应采用"基准试剂"并按规定条件干燥至恒重后称取，取用量应为精密称定，并置 1000ml 量瓶中，加溶剂溶解并稀释至刻度，摇匀。配制过程中应有核对人，并在记录中签名以示负责。

　　配制浓度等于或低于 0.02mol/L 的滴定液时，除另有规定外，应于临用前精密量取浓度等于或大于 0.1mol/L 的滴定液适量，加新煮沸过的冷水或规定溶剂定量稀释制成。其浓度可按原滴定液（浓度等于或大于 0.1mol/L）的标定浓度与取用量（加校正值），以及最终稀释成的容量（加校正值）计算而得。配制成的滴定液必须澄清，必要时可滤过，并按标准规定的条件贮存，经标定其浓度后方可使用。

　　除特殊情况另有规定外，滴定液有效期为 3 个月，标定一次在 3 个月内使用无需复标，超出 3 个月需在滴定液瓶子上贴注"临用复标"标签，临用前须进行标定后再使用。当标定与使用时的室温相差超过 10℃，应加温度补正值，或按要求进行重新标定，出现异常情况须重新标定。

　　滴定液在配制后应采用质量较好的具玻璃塞的玻璃瓶（须避光的用棕色瓶）保存；碱性滴定液须用具盖塑料瓶或塑料桶保存；应在滴定液贮藏瓶外的醒目处贴上标签，标签上须填写滴定液名称及其标示浓度、配制日期、配制者、标定日期、标定者、复标日期、复标者，使用期限。

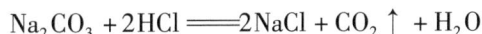 实训十二　盐酸滴定液的配制与标定

一、学习目标

知识目标	能力目标	思政及岗位素养目标
1. 掌握盐酸滴定液配制与标定原理和方法 2. 熟悉盐酸滴定液标定和 $R\bar{d}$ 的计算方法 3. 熟悉干燥至恒重的概念和操作	1. 能规范配制盐酸滴定液 2. 能规范使用玻璃量器和分析天平 3. 能规范记录实验数据，计算结果和 $R\bar{d}$ 4. 能解决盐酸滴定液的配制与标定在实际应用中的问题	1. 深刻体会"精益求精"的工匠精神 2. 达到中级检验员岗位关于盐酸滴定液的配制与标定的要求

二、关键概念

基准物质标定法　准确称取一定量的基准物质，溶解后，用待标定的溶液滴定，根据所称取的基准物质的质量和待标定溶液所消耗的体积，按照确定的化学计量系数关系即可计算出待标定溶液的准确浓度。

三、基础知识

因为市售浓 HCl 有较强挥发性且纯度不高，不是基准物质，因此只能采用间接法配制其滴定液。标定 HCl 滴定液常用的基准物质是较为稳定的无水 Na_2CO_3，以溴甲酚绿 – 甲基红混合指示剂来指示滴定终点，其反应方程式为：

$$Na_2CO_3 + 2HCl =\!=\!= 2NaCl + CO_2\uparrow + H_2O$$

该反应的产物有 CO_2，在化学计量点（pH = 7.0）附近，其先溶解于水成为 H_2CO_3 饱和溶液，过饱和后才以 CO_2 溢出。由于 H_2CO_3 饱和溶液的 pH 约为 4.0，造成滴定突跃不明显、混乱，致使指示剂在滴定终点时颜色变化不够敏锐。因此在接近终点时，应将溶液煮沸，振摇锥形瓶释放大部分 CO_2，冷却后再继续滴定至终点。

根据消耗 HCl 滴定液的体积和 Na_2CO_3 质量，即可计算 HCl 滴定液的浓度。

$$c_{HCl} = 2\frac{m_{Na_2CO_3}}{M_{Na_2CO_3}V_{HCl} \times 10^{-3}}$$

式中，V_{HCl} 为滴定液的消耗体积（ml）；$m_{Na_2CO_3}$ 为基准 Na_2CO_3 的质量；$M_{Na_2CO_3}$ 为 Na_2CO_3 的分子量（105.99 g/mol）。

四、实训练习

（一）实训条件

1. 仪器与器材　万分天平、百分天平、称量瓶、酸式滴定管（50ml）、量筒（10ml、50ml、500ml）、玻璃棒、锥形瓶（250ml）、试剂瓶（500ml）、电炉、标签。

2. 试剂和试药　市售浓 HCl、基准 Na_2CO_3、溴甲酚绿 – 甲基红混合指示剂。

（二）安全及注意事项

1. 无水 Na_2CO_3 使用前必须置 270～300℃高温炉中干燥至恒重，大约 1.5 小时；再置干燥器中冷却备用。注意高温，注意用电安全。

2. 干燥至恒重后的无水 Na_2CO_3 极易吸潮，故称量时动作要快，盖严称量瓶盖。

3. 若煮沸约 2 分钟后溶液仍显紫红色，说明之前滴入的盐酸滴定液已过量，应重做。

4. 为了防止 CO_2 对滴定终点的干扰，在接近终点时应剧烈摇动锥形瓶，以尽量排除 CO_2。

5. 浓 HCl 易挥发，对人体有害，应在通风橱里量取并稀释。

6. 标签内容应包含滴定液名称、浓度（预留，标定后填写）、配制时间、配制人。

（三）操作流程及规范

0.1mol/L HCl 滴定液的配制与标定

步骤	操作流程	操作指南
准备	领取任务和 SOP 相关文档。清场	
	玻璃器材准备，检视外观，检漏，洗净，干燥，提前置于实验环境中	外观应符合 JJG 196 要求。注意铬酸洗液废液处理
	天平开机，预热	
	在 270～300℃ 干燥基准无水 Na_2CO_3 至恒重	按规定领取试剂试药，进行恒重处理
	配制溴甲酚绿 – 甲基红混合指示剂	按规定领取试剂试药，按标准要求配制
滴定液的配制	在通风橱，量取浓 HCl 4.5ml，加纯化水稀释至 500ml，搅匀，置于 500ml 试剂瓶中，贴标签，备用	用洁净量筒取浓 HCl。学生实验，可将浓盐酸稀释 1 倍后使用，取量 9ml
标定	精密称取干燥至恒重的基准无水 Na_2CO_3 约 0.2g，置于 250ml 锥形瓶中	减量法的规范操作
	加 50ml 纯化水溶解后，加溴甲酚绿 – 甲基红混合指示剂 10 滴	用量筒取纯化水
	用待标定的 HCl 溶液滴定至由绿色变为紫红色，停止滴定，将锥形瓶放在电炉上加热煮沸 2 分钟，溶液应从紫红色变回绿色	滴定管的规范使用，见实训二。注意用电安全，预防烫伤
	冷却至室温，继续用 HCl 溶液滴定至溶液呈现暗紫色，即为终点。记录数据	可冷水浴快速降温
	平行测定 3 份。记录数据	注意操作的平行性
计算	三步计算：列公式、代数据、算结果	注意有效数字和数字修约规则
结束	标定完毕，完善试剂瓶标签，登记入库	
	清洗玻璃仪器。设备关机，切断电源，清扫，套上防尘罩。做好使用登记	清洗器皿，收拾台面，填写实验记录
	定量玻璃器材归库，原始记录入档。清场	关水关电，正确处理废液

（四）原始记录与数据处理

室温：   湿度：   年   月   日

天平型号及编号：

1. 盐酸滴定液的标定记录

n		第 1 份	第 2 份	第 3 份
基准 Na_2CO_3 的质量 $m_{Na_2CO_3}/g$	$m_1 =$	$m_2 =$	$m_3 =$	
	$m_2 =$	$m_3 =$	$m_4 =$	
	$\Delta m_1 =$	$\Delta m_2 =$	$\Delta m_3 =$	
HCl 滴定液消耗体积 V/ml	终点读数			
	初始读数			
	V			
$c_{HCl}/$（mol/L）				
平均浓度 $\bar{c}/$（mol/L）				
相对平均偏差 $\overline{Rd}$				

2. 数据处理:

$$c_1 = 2\frac{m_{Na_2CO_3}}{M_{Na_2CO_3} V_{HCl} \times 10^{-3}} =$$

$$c_2 =$$

$$c_3 =$$

$$\bar{c}_{HCl} =$$

$$\bar{Rd} =$$

(五) 检验结果

$n =$　　　　　　$\bar{c}_{HCl} =$　　　　　　$\bar{Rd} =$

五、课后作业

1. 本实验中为什么选用量筒量取浓盐酸和水,而不是吸量管?能用烧杯作为量器吗?
2. 无水 Na_2CO_3 为什么应先在 270~300℃ 干燥至恒重?
3. 为什么每份实验要求称出基准无水 Na_2CO_3 约 0.2g?
4. 为什么在指示剂第一次改变颜色时要加热煮沸?若加热后溶液仍显紫红色则说明什么?

六、实训评价

测评项目	仪器选择与处理	称量范围与时间	滴定操作	终点判断	记录规范完整	结果精密度	结果准确度	工作台整洁
分值	10 分	10 分	10 分	9 分	15 分	16 分	20 分	10 分
自评								

七、实训体会与反思

（曹　丽）

实训十三　氢氧化钠滴定液的配制与标定

一、学习目标

知识目标	能力目标	思政及岗位素养目标
1. 掌握 NaOH 滴定液标定的原理 2. 掌握 NaOH 滴定液配制与标定的方法 3. 熟悉 NaOH 滴定液标定的计算	1. 能规范配制 NaOH 滴定液 2. 能规范使用玻璃量器和分析天平 3. 能规范记录实验数据,并计算结果和 $\bar{Rd}$ 4. 能解决 NaOH 滴定液的配制与标定在实际应用中的问题	1. 深刻体会"精益求精"的工匠精神 2. 达到中级检验员岗位关于 NaOH 滴定液的配制与标定的要求

二、关键概念

间接配制法 是指先配制成近似需要的浓度，再用基准物质或用标准溶液来进行标定的方法。间接配制法是标准溶液的配制方法之一，它主要用于那些纯度不高或不稳定的试剂。这种方法通常涉及标定过程，即使用基准物质（或另一种物质的标准溶液）来确定待标定溶液的实际浓度。标定可以通过直接标定或间接标定来进行，前者是直接使用基准物质进行滴定，后者则是使用已知浓度的标准溶液进行比较。

三、基础知识

由于固体氢氧化钠易吸收空气中的二氧化碳生成碳酸钠，因此氢氧化钠溶液只能用间接法配制，为了排除氢氧化钠中的碳酸钠，通常将氢氧化钠配成饱和溶液，因为碳酸钠在氢氧化钠饱和溶液中溶解度很小，可沉淀于瓶底部。将氢氧化钠饱和溶液静置数日，待上面溶液澄清后，取一定量的上清液，用新沸过的冷纯化水稀释至一定体积，摇匀即可。

饱和氢氧化钠溶液的相对密度为 1.56g/ml，含量约为 52%（W/W），故其物质的量浓度为：

$$\frac{1000 \times 1.56 \times 0.52}{40} \approx 20 \ （mol/L）$$

标定氢氧化钠滴定液常用的基准物质是邻苯二甲酸氢钾（$KHC_8H_4O_4$）。其滴定反应如下：

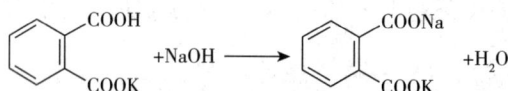

计量点时，由于弱酸盐邻苯二甲酸钠钾的水解，溶液呈微碱性，应采用酚酞为指示剂，按下式计算。

$$c = \frac{m}{MV \times 10^{-3}}$$

式中，m 为基准邻苯二甲酸氢钾的称取量（g）；V 为滴定液的消耗量（ml）；M 为邻苯二甲酸氢钾的摩尔质量（204.22g/mol）。

四、实训练习

（一）实训条件

1. 仪器与器材 万分天平、百分天平、称量瓶、碱式滴定管（50ml）、玻璃棒、量筒（5ml、50ml）、锥形瓶（250ml）、聚乙烯试剂瓶（500ml）、烧杯（100ml）、电热恒温干燥箱、标签。

2. 试剂和试药 固体氢氧化钠、基准邻苯二甲酸氢钾（$KHC_8H_4O_4$）、酚酞指示剂。

（二）安全及注意事项

1. 由于氢氧化钠有较强的吸湿性，因此，固体氢氧化钠置于表面皿或干燥小烧杯中称量。

2. 溶解用的纯化水也应预先煮沸以除去二氧化碳。

3. 由于氢氧化钠对玻璃有腐蚀性，所以氢氧化钠溶液应置于塑料瓶中储存。

4. 邻苯二甲酸氢钾干燥温度不宜过高，否则会引起脱水，形成邻苯二甲酸酐。

5. 标定氢氧化钠滴定液时，酚酞作指示剂，滴定至微红色，30 秒不褪色为终点。时间过 30 秒红色褪去，是因为溶液吸收了空气中的二氧化碳，使溶液 pH 下降所致。为避免二氧化碳大量溶解，不可剧烈摇动锥形瓶。

（三）操作流程及规范

0.1mol/L NaOH 滴定液的配制与标定

步骤	操作流程	操作指南
准备	见实训十二准备流程 1~3	
	在 105~110℃干燥基准邻苯二甲酸氢钾至恒重	按规定领取试剂试药，进行恒重处理
	配制酚酞指示液	按规定领取试剂试药，按标准要求配制
NaOH 滴定液的配制	称固体氢氧化钠 110g，加 100ml 无二氧化碳的水振摇使溶解成饱和溶液，冷却，置聚乙烯塑料瓶中，静置数日，澄清后备用	使用百分天平和量筒
	用刻度吸管吸取饱和氢氧化钠贮备液的中层溶液 2.8ml，置烧杯中，加新沸并放冷的蒸馏水至 500ml，搅拌均匀，转移至聚乙烯瓶中，盖紧瓶塞，待标定	须避开液面漂浮碳酸盐薄膜
标定	精密称取干燥至恒重的邻苯二甲酸氢钾约 0.5g，置于 250ml 锥形瓶中	减量法的规范操作
	加新煮沸过的冷蒸馏水 50ml，小心摇动使其溶解，加酚酞指示液 1~2 滴	使用量筒量取
	用待标定的氢氧化钠溶液滴定至微红色，30 秒不褪色，即为终点。记录数据	滴定管的规范使用，见实训二。为避免二氧化碳大量溶解，不可剧烈摇动锥形瓶
	平行测定 3 份。记录数据	注意操作的平行性
计算	三步计算：列公式、代数据、算结果	注意有效数字和数字修约规则
结束	见实训十二结束流程 13~15	

（四）原始记录与数据处理

室温：　　　　湿度：　　　　　　年　月　日

天平型号及编号：

1. 0.1mol/L NaOH 滴定液的标定记录

n		第 1 份	第 2 份	第 3 份
基准 $KHC_8H_4O_4$ 的质量 $m_{KHC_8H_4O_4}$/g		$m_1 =$	$m_2 =$	$m_3 =$
		$m_2 =$	$m_3 =$	$m_4 =$
		$\Delta m_1 =$	$\Delta m_2 =$	$\Delta m_3 =$
NaOH 滴定液消耗体积 V/ml	终点读数			
	初始读数			
	V			
c_{NaOH}/（mol/L）				
平均浓度 $\bar{c}_{NaOH}$/（mol/L）				
相对平均偏差 $\bar{Rd}$				

2. 数据处理

$$c_1 = \frac{m}{MV \times 10^{-3}} =$$

$$c_2 =$$

$$c_3 =$$

$$\bar{c}_{NaOH} =$$

$$R\bar{d} =$$

（五）检验结果

$n =$ $\bar{c}_{NaOH} =$ $R\bar{d} =$

五、课后作业

1. 为什么要先配制 NaOH 饱和液？

2. 为什么要用新沸冷水稀释 NaOH 饱和液？

3. 当滴定至终点时，若粉红色 30 秒前或后褪色，分别说明什么？

4. NaOH 饱和液为什么置于塑料瓶中贮存？

六、实训评价

测评项目	仪器选择与处理	称量范围与时间	滴定操作	终点判断	记录规范完整	结果精密度	结果准确度	工作台整洁
分值	10 分	10 分	10 分	9 分	15 分	16 分	20 分	10 分
自评								

七、实训体会与反思

实训十四　高氯酸滴定液的配制与标定

一、学习目标

知识目标	能力目标	思政及岗位素养目标
1. 掌握高氯酸滴定液的配制与标定的基本原理 2. 掌握高氯酸滴定液的配制与标定的基本方法 3. 熟悉高氯酸滴定液的配制与标定的计算方法	1. 能配制高氯酸滴定液 2. 能规范使用玻璃量器和分析天平 3. 能规范记录实验数据，并计算结果和 $R\bar{d}$ 4. 能解决高氯酸滴定液的配制与标定在实际应用中的问题	1. 深刻体会"精益求精"的工匠精神 2. 达到中级检验员岗位关于能进行高氯酸滴定液的配制与标定的要求

二、关键概念

非水溶液滴定法　是在除水以外其他溶剂的溶液中进行滴定的分析方法，在药物、食品分析中应用较多的是测定弱酸弱碱的非水溶液酸碱滴定法。

三、基础知识

在冰醋酸溶剂中以高氯酸的酸性最强，并且高氯酸盐易溶于有机溶剂，故在非水溶液酸碱滴定中常以冰醋酸为溶剂，高氯酸为滴定液测定碱性物质的含量。因为市售的高氯酸溶液中含有 28%～30% 的水，故配制 $HClO_4$ 滴定液只能用间接法。配制时应加入一定量的醋酐除去 $HClO_4$ 溶液及冰醋酸溶剂中的水。标定 $HClO_4$ 滴定液时，常用基准物质邻苯二甲酸氢钾，以结晶紫指示终点。由于溶剂和指示剂要消耗一定量的滴定液，故滴定结果需要做空白试验校正。本实训没有做空白试验，高氯酸滴定液的浓度按下式计算。

$$c = \frac{m}{MV \times 10^{-3}}$$

式中，m 为基准邻苯二甲酸氢钾的称取量（g）；V 为滴定液的消耗量（ml）；M 为邻苯二甲酸氢钾的摩尔质量（204.22g/mol）。

四、实训练习

（一）实训条件

1. 仪器与器材 百分天平、万分天平、称量瓶、半微量滴定管（10ml）、锥形瓶（50ml）、量筒（或量杯 1000ml）、试剂瓶（1000ml）。

2. 试剂和试药 市售高氯酸（AR，70%～72%，密度 1.75）、市售醋酐（AR，97%，密度 1.08）、市售醋酸（AR）、基准物质邻苯二甲酸氢钾、结晶紫指示剂（0.5% 的冰醋酸溶液）。

（二）安全及注意事项

1. 高氯酸有腐蚀性，配制时要注意防护，并应将高氯酸先用冰醋酸稀释，在搅拌下缓缓加入醋酐。如高氯酸滴定液颜色变黄，即说明高氯酸部分分解，不能应用。

2. 配制高氯酸滴定液和溶剂所用的冰醋酸，或非水滴定用的其他溶剂，含有少量水分时，对滴定突跃和指示剂变色敏锐程度均有影响；因此，常加入计算量的醋酐，使其与水反应后生成醋酸，以除去水分。1mol 水（18.02g）与 1mol 醋酐（102.09g）反应，每 1g 水需加醋酐（相对密度 1.082）的体积为 5.24ml；高氯酸含量为 70%，相对密度为 1.75。配 1000ml 高氯酸液（0.1mol/L）取高氯酸 8.5ml，除去其中水分，应加醋酐的体积为 23ml。

3. 为避免高氯酸（0.1mol/L）中有过剩的醋酐，应测定含水量后加醋酐，并使配成的高氯酸滴定液含水量为 0.01%～0.2%。

4. 高氯酸的冰醋酸溶液在低于 16℃ 时会结冰，使滴定难以进行。可用冰醋酸–醋酐（$V:V = 9:1$）的混合溶剂配制高氯酸滴定液。

5. 结晶紫指示剂从碱区到酸区的颜色变化为紫、蓝、蓝绿、黄绿、黄。要注意观察终点时颜色变化。

6. 半微量滴定管的读数应读至小数点后第三位，最后一位为可疑数字。

7. 高氯酸、冰醋酸能腐蚀皮肤，刺激黏膜，应注意防护。实验结束后应回收溶剂。

8. 高氯酸滴定液应贮存于具塞棕色玻瓶中，或用黑布包裹，避光密闭保存；如溶液显黄色，即表示部分高氯酸分解，不可再使用。

9. 实践中所使用的仪器应预先洗净烘干。

10. 量取过 $HClO_4$ 的量筒不直接用来量取醋酐。

11. 高氯酸具有挥发性，应将配制的 $HClO_4$ 滴定液置于棕色试剂瓶中，密闭保存。

（三）操作流程及规范

0.1mol/L HClO₄ 滴定液的配制与标定

步骤	操作流程	操作指南
准备	见实训十二准备流程 1~3	实验全程严密防止水的混入
	在 105~110℃ 干燥基准邻苯二甲酸氢钾至恒重	按规定领取试剂药，进行恒重处理
	配制结晶紫指示液	按规定领取试剂试药，按标准要求配制
滴定液的配制	取无水冰醋酸（按含水量计算，每 1g 水加醋酐 5.22ml）750ml，加入高氯酸 8.5ml，摇匀，在室温下缓慢滴加醋酐 23ml，边加边振摇，加完后振摇均匀并放冷	若所测供试品易乙酰化，需用水分测定法测定本液的含水量，再用水和醋酐调节至本液的含水量至 0.01%~0.2%
	再加无水冰醋酸至 1000ml，搅拌均匀，置于棕色试剂瓶中放置 24 小时后标定	
标定	精密称取干燥至恒重的邻苯二甲酸氢钾约 0.5g，置于 250ml 锥形瓶中	减量法的规范操作
	加入无水冰醋酸 20ml 使其溶解，结晶紫指示剂 1 滴	使用量筒量取
	HClO₄ 滴定液慢慢滴定溶液由紫色为蓝色（微带紫色），即为终点。记录数据	滴定管的规范使用，见实训二
	平行测定 3 份。记录数据	注意操作的平行性
计算	三步计算：列公式、代数据、算结果	注意有效数字和数字修约规则
结束	见实训十二结束流程 13~15	废液回收

（四）原始记录与数据处理

室温：　　　　　湿度：　　　　　　　　年　月　日

天平型号及编号：

1. 高氯酸滴定液的标定记录

n		第 1 份	第 2 份	第 3 份
基准 $KHC_8H_4O_4$ 的质量 m（g）		$m_1 =$	$m_2 =$	$m_3 =$
		$m_2 =$	$m_3 =$	$m_4 =$
		$\Delta m_1 =$	$\Delta m_2 =$	$\Delta m_3 =$
$HClO_4$ 滴定液消耗体积 V/ml	终点读数			
	初始读数			
	V			
c_{HClO_4}/（mol/L）				
平均浓度 $\bar{c}$/（mol/L）				
相对平均偏差 $R\bar{d}$				

2. 数据处理

$$c_1 = \frac{m}{MV \times 10^{-3}} =$$

$$c_2 =$$

$$c_3 =$$

$$\overline{c}_{\text{HClO}_4} =$$

$$R\overline{d} =$$

（五）检验结果

$n =$ 　　　　　　　　 $\overline{c}_{\text{HClO}_4} =$ 　　　　　　　　 $R\overline{d} =$

五、课后作业

1. 实践中所用的仪器内壁中有少量的水时对实验结果有何影响？
2. 配制高氯酸滴定液时为何不能将醋酐直接加到高氯酸中？
3. 邻苯二甲酸氢钾为什么应先在 105℃ 干燥至恒重？
4. 为什么每份实验要求称出基准邻苯二甲酸氢钾约 0.5g？

六、实训评价

测评项目	仪器选择与处理	称量范围与时间	滴定操作	终点判断	记录规范完整	结果精密度	结果准确度	工作台整洁
分值	10分	10分	10分	9分	15分	16分	20分	10分
自评								

七、实训体会与反思

实训十五　乙二胺四乙酸二钠滴定液的配制与标定

一、学习目标

知识目标	能力目标	思政及岗位素养目标
1. 掌握 EDTA 滴定液标定的基本原理 2. 掌握 EDTA 滴定液的配制与标定的基本方法 3. 熟悉 EDTA 滴定液的计算方法	1. 能配制 EDTA 滴定液 2. 能规范使用玻璃量器和分析天平 3. 能规范记录实验数据，并计算结果和 $R\overline{d}$ 4. 能解决 EDTA 滴定液的配制与标定在实际应用中的问题	1. 深刻体会"精益求精"的工匠精神 2. 达到中级检验员岗位关于能操作 EDTA 滴定液的配制与标定的要求

二、关键概念

配位滴定法　以配位反应为基础的滴定分析法，目前广泛使用氨羧配位剂（常用 EDTA－2Na）作为滴定液，可测定多种金属离子。

三、基础知识

EDTA 是乙二胺四乙酸，难溶于水，EDTA 滴定液通常使用其二钠盐 Na_2H_2Y（$2H_2O$）配制。乙二胺四乙酸二钠亦简称 EDTA，为白色结晶粉末，室温下其溶解度为 11.1g/L（约 0.3mol/L）。药典规定用分析纯 $Na_2H_2Y \cdot 2H_2O$ 试剂间接配制法配制，即先配制近似所需浓度的溶液，再用 ZnO 为基准物质标定其浓度。标定以金属指示剂铬黑 T 为指示剂，EDTA 为滴定液，在 $pH \approx 10$ 的溶液中进行。溶液由紫红变为蓝色即为终点。计算公式如下：

$$c = \frac{m}{MV \times 10^{-3}}$$

式中，m 为 ZnO 的称取量（g）；V 为滴定液的消耗量（ml）；M 为 ZnO 的摩尔质量（81.41g/mol）。

四、实训练习

（一）实训条件

1. 仪器与器材 万分天平、百分天平、称量瓶、烧杯、酸式滴定管、玻璃棒、量筒（10ml、100ml）、锥形瓶（250ml）、试剂瓶（500ml）、电炉、标签。

2. 试剂和试药 乙二胺四乙酸二钠（$Na_2H_2Y \cdot 2H_2O$，AR）、ZnO（基准物质）、铬黑 T 指示剂、稀 HCl 溶液、0.025% 甲基红乙醇溶液、氨试液、$NH_3 - NH_4Cl$ 缓冲溶液（$pH \approx 10$）。

（二）安全及注意事项

1. EDTA 在冷水中溶解较慢，因此加热溶解，放冷后稀释至刻度。
2. 长期储存 EDTA 滴定液应选用聚乙烯塑料瓶，以免 EDTA 与玻璃中的金属离子发生配位反应。
3. 铬黑 T 指示剂配制好后应置于干燥器内保存，注意防潮。
4. ZnO 加稀 HCl 后，必须使其全部溶解后才能加水稀释，否则会使溶液变浑浊。

（三）操作流程及规范

0.05mol/L EDTA 滴定液的配制与标定

步骤	操作流程	操作指南
准备	见实训十二准备流程 1~3	
	在 800℃ 干燥灼烧基准无水 ZnO 至恒重	按规定领取试剂试药，进行恒重处理
	配制稀 HCl、$NH_3 - NH_4Cl$ 缓冲液、铬黑 T 指示剂	按规定领取试剂试药，按标准要求配制
滴定液的配制	称取 EDTA 10g，置 500ml 烧杯中，加纯化水 300ml，加热搅拌使溶解；然后冷却至室温，稀释至 500ml，摇匀，转入硬质玻璃瓶或聚乙烯塑料瓶中，贴好标签待标定	用百分天平称取 EDTA，用量筒取纯化水
标定	精密称取灼烧至恒重的基准 ZnO 约 0.12g，置于 250ml 锥形瓶中	直接称量法的规范操作
	加稀 HCl 25ml 使之溶解，加 $NH_3 - NH_4Cl$ 缓冲液 10ml，铬黑 T 指示剂少许	量筒量取
	EDTA 滴定液（0.05mol/L）滴定至溶液由紫红变为纯蓝色，即为终点。记录数据	滴定管的规范使用，见实训二。终点颜色观察红色的消退，而不是蓝紫色的出现
	平行测定 3 份。记录数据	注意操作的平行性
计算	三步计算：列公式、代数据、算结果	注意有效数字和数字修约规则
结束	见实训十二结束流程 13~15	

（四）原始记录与数据处理

室温：　　　湿度：　　　　年　月　日

天平型号及编号：

1. EDTA 滴定液的标定记录

n		第 1 份	第 2 份	第 3 份
基准物质 ZnO 质量 m/g				
EDTA 滴定液消耗体积 V/ml	终点读数			
	初始读数			
	V			
$c_{EDTA}/(mol/L)$				
平均浓度 $\bar{c}/(mol/L)$				
相对平均偏差 $R\bar{d}$				

2. 数据处理

$$c_1 = \frac{m}{MV \times 10^{-3}} =$$

$$c_2 =$$

$$c_3 =$$

$$\bar{c}_{EDTA} =$$

$$R\bar{d} =$$

（五）检验结果

$n =$ 　　　　　　　$\bar{c}_{EDTA} =$ 　　　　　　　$R\bar{d} =$

五、课后作业

1. 本实验中量取纯化水、加 $NH_3 - NH_4Cl$ 缓冲溶液分别用什么量具？为什么？

2. 在标定的操作中基准物质 ZnO 为什么要在 800℃ 灼烧至恒重？称量基准物质 ZnO 质量每份约 0.12g 的理由是什么？

3. 为什么 EDTA 滴定液的标定用铬黑 T 作指示剂？

六、实训评价

测评项目	仪器选择与处理	称量范围与时间	滴定操作	终点判断	记录规范完整	结果精密度	结果准确度	工作台整洁
分值	10 分	10 分	10 分	9 分	15 分	16 分	20 分	10 分
自评								

七、实训体会与反思

（石　磊　牛亚慧）

☑ **实训十六 硝酸银滴定液的配制与标定**

一、学习目标

知识目标	能力目标	思政及岗位素养目标
1. 掌握硝酸银滴定液配制与标定的基本原理与方法 2. 熟悉硝酸银滴定液标定的计算方法 3. 熟悉吸附指示剂法的测定条件及变色原理	1. 能规范使用分析天平和酸式滴定管 2. 能用荧光黄指示剂判断终点 3. 能计算硝酸银滴定液的浓度和 $\overline{Rd}$	1. 吸附指示剂的量变到质变。不积跬步无以至千里 2. 达到中级检验员岗位关于掌握硝酸银滴定液的配制及使用规范的要求

二、关键概念

吸附指示剂 一种有机染料，在溶液中电离出的离子呈现出某种颜色，当其被带电的沉淀胶粒吸附时，结构发生改变而导致其颜色发生变化，以指示滴定终点的到达，如荧光黄、曙红等。

三、基础知识

配制硝酸银滴定液可以采用直接配制法，即精密称取一定质量的基准物质硝酸银，溶解完全后准确稀释到所需体积，混合均匀，计算其准确浓度。也可以用间接配制，即先配制成近似浓度，然后用基准 NaCl 标定，标定时用荧光黄作为指示剂，用 $AgNO_3$ 滴定液滴定至胶体沉淀由黄绿色变为微红色，表示到达滴定终点。

荧光黄是一种有机弱酸，用 HFI 表示，在水溶液中可离解为荧光黄阴离子（FI^-），呈黄绿色。

$$HFI \Longleftrightarrow FI^- + H^+$$

FI^- 为黄绿色，在计量前，溶液中的 Cl^- 较多，AgCl 胶粒优先吸附 Cl^- 使胶粒带负电荷（$AgCl \cdot Cl^-$），因而不吸附 FI^-，溶液仍呈黄绿色。当滴定至稍过计量点时，溶液中的 Ag^+ 过量，AgCl 胶粒则优先吸附 Ag^+ 使胶粒带正电荷（$AgCl \cdot Ag^+$），带正电荷的胶粒强烈的吸附指示剂 FI^-，生成了吸附化合物（$AgCl$）$\cdot Ag^+ \cdot FI^-$，导致指示剂的结构发生变化，而使沉淀的表面呈现微红色，以指示滴定到达终点。可用下列式子表示。

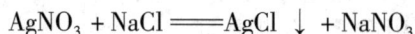

$$AgNO_3 + NaCl \Longrightarrow AgCl \downarrow + NaNO_3$$

终点前：$AgCl \cdot Cl^-$ 胶粒带负电不吸附 FI^-，溶液仍为黄绿色

终点时：$(AgCl) \cdot Ag^+ + FI^- \xrightarrow{\text{吸附}} (AgCl) \cdot Ag^+ \cdot FI^-$

$\qquad\qquad$（黄绿色）$\qquad\quad$（微红色）

标定 $AgNO_3$ 浓度的计算公式：

$$c = \frac{m}{MV \times 10^{-3}}$$

式中，m 为 NaCl 的称取量（g）；V 为滴定液的消耗量（ml）；M 为 NaCl 的摩尔质量（58.44g/mol）。

四、实训练习

（一）实训条件

1. 仪器 万分天平、百分天平、称量瓶、棕色试剂瓶（500ml）、烧杯（250ml）、量筒（或量杯）、锥形瓶（250ml）、酸式滴定管（50ml，棕色）、电炉。

2. 试剂 AgNO₃（A. R）、基准 NaCl（PT）、糊精溶液（1→50）、荧光黄指示剂（0.1% 的乙醇溶液）、CaCO₃（AR）。

（二）安全及注意事项

1. 为使 AgCl 保持溶胶状态，应先加入糊精溶液后，再滴加 AgNO₃ 滴定液。

2. AgNO₃ 遇光照射能分解析出金属银，使沉淀颜色变成灰黑色，影响滴定终点的观察，因此滴定时应避免强光直射。同时保存 AgNO₃ 溶液时应贮存在棕色试剂瓶。

3. 实践完毕，将未用完的 AgNO₃ 滴定液及 AgCl 沉淀倒入回收瓶中贮存。

4. 凡是实践中盛装过 AgNO₃ 溶液的仪器均应先用纯化水淋洗，再用自来水洗涤，以避免形成 AgCl 沉淀白膜。若出现白膜，可用少量浓氨水洗涤。

（三）操作流程及规范

0.1mol/L AgNO₃ 滴定液的配制与标定

步骤	操作流程	操作指南
准备	见实训十二准备流程 1~3	
	在 110℃ 干燥基准 NaCl 至恒重	按规定领取试剂试药，进行恒重处理
	配制荧光黄指示剂、配制糊精溶液（1→50）	按规定领取试剂试药，按标准要求配制
滴定液的配制	称取分析纯 AgNO₃9g 置于 250ml 的烧杯中	用百分天平称取分析纯 AgNO₃
	将称取好的 AgNO₃ 晶体加纯化水 100ml，搅拌溶解后转移到 500ml 量杯。加纯化水稀释到 500ml，搅拌均匀后转入棕色试剂瓶中，贴标签，封闭保存	配制过程中，注意避免强光直射，配制完成后及时盛装入具有玻璃塞的棕色试剂瓶中，避光封存
标定	精密称取干燥至恒重的基准 NaCl 0.2g，置于 250ml 的锥形瓶中	按照分析天平使用操作规范完成，使用减量法，注意操作的平行性
	再分别加入纯化水 50ml，使其溶解。加入糊精溶液（1→50）5ml，碳酸钙 0.1g，荧光黄指示剂 3 滴	使用量筒量取，充分振摇使溶解
	用待标定 AgNO₃ 滴定液（0.1mol/L）滴定，当锥形瓶中浑浊溶液由黄绿色转变为微红色时停止滴定，即为终点。记录数据	滴定管的规范使用，见实训二。避免污染实验台面。滴定过程中避免强光直射。及时清洗装过 AgNO₃ 的容器。及时回收废液
	平行测定 3 份。记录数据	注意操作的平行性
计算	三步计算：列公式、代数据、算结果	注意有效数字和数字修约规则
结束	见实训十二结束流程 13~15	清洗见注意事项 4。器材出现白膜可用氨水洗涤。废液回收

（四）原始记录与数据

室温：　　　　湿度：　　　　　年　月　日

天平型号及编号：

1. 硝酸银滴定液的标定记录

n	第 1 份	第 2 份	第 3 份
基准 NaCl 的质量 m/g	$m_1 =$	$m_2 =$	$m_3 =$
	$m_2 =$	$m_3 =$	$m_4 =$
	$\Delta m_1 =$	$\Delta m_2 =$	$\Delta m_3 =$

n		第 1 份	第 2 份	第 3 份
AgNO₃ 滴 定 液 消 耗 体 积 V/ml	终点读数			
	初始读数			
	V			
c_{AgNO_3}/(mol/L)				
平均浓度 $\bar{c}$/(mol/L)				
相对平均偏差 $R\bar{d}$				

2. 数据处理

$$c_1 = \frac{m}{MV \times 10^{-3}} =$$

$$c_2 =$$

$$c_3 =$$

$$\bar{c}_{AgNO_3} =$$

$$R\bar{d} =$$

（五）检验结果

$n =$ $\qquad$ $\bar{c} =$ $\qquad$ $R\bar{d} =$

五、课后作业

1. 滴定时，为什么要避光滴定？
2. 实践完毕后为什么盛装过 AgNO₃ 滴定液的仪器不能直接用自来水冲洗？
3. 用基准 NaCl 标定 AgNO₃ 滴定液，能否用曙红指示终点？为什么？

六、实训评价

测评项目	仪器选择与处理	称量范围与时间	滴定操作	终点判断	记录规范完整	结果精密度	结果准确度	工作台整洁
分值	10 分	10 分	10 分	9 分	15 分	16 分	20 分	10 分
自评								

七、实训体会与反思

（王　梦）

实训十七　硫代硫酸钠滴定液的配制与标定

一、学习目标

知识目标	能力目标	思政及岗位素养目标
1. 掌握电子天平、恒温干燥箱使用的基本原理 2. 掌握滴定管、具塞锥形瓶使用的基本方法 3. 熟悉空白试验的原理和方法	1. 能操作电子天平、恒温干燥箱 2. 能规范使用滴定管、具塞锥形瓶 3. 能准确进行空白试验 4. 能准确记录实验数据，并计算结果和 $\overline{Rd}$ 5. 能解决滴定液的配制与标定在实际应用中的问题	1. 深刻体会"精准管控，精准规划"的中华优秀文化思想 2. 达到中级检验员岗位关于能进行硫代硫酸钠滴定液的配制与标定的要求

二、关键概念

1. 置换滴定法　对于滴定剂与待测组分不按确定的反应式进行（如伴有副反应）的化学反应，可先加入适当的试剂与待测组分反应，定量置换出另一种可被直接滴定的物质，再用滴定液滴定，此法称为置换滴定法。

2. 特殊指示剂　本身不具有氧化还原性质，也不参与氧化还原反应，但可以与滴定液或被测物质的氧化态或还原态作用产生特殊的颜色，从而指示滴定终点。如淀粉指示剂，它在碘量法中应用最多，碘液能被淀粉指示剂吸附显特殊的蓝色。

三、基础知识

结晶 $Na_2S_2O_3 \cdot 5H_2O$ 一般都含有少量的杂质，如 S、Na_2SO_3、Na_2SO_4、Na_2CO_3 及 NaCl 等。同时还容易风化和潮解。此外，Na_2SO_3 溶液易受空气和微生物等的作用而分解，因此，不能用直接法配制标准溶液。其受空气和微生物等分解的原因如下。

1. 硫代硫酸钠在中性或碱性溶液中较稳定，当 pH = 4.6 时极不稳定，溶液中含有 CO_2 时会促进 $Na_2S_2O_3$ 分解。

$$Na_2S_2O_3 + H_2O + CO_2 \longrightarrow NaHCO_3 + NaHSO_3$$

此分解作用一般都在制成溶液后的最初 10 天内进行，分解后一分子的 $Na_2S_2O_3$ 变成了一分子的 $NaHSO_3$。一分子 $Na_2S_2O_3$ 只能和一个碘原子作用，而一分子的 $NaHSO_3$ 且能和 2 个碘原子作用。因而使溶液浓度（对碘的作用）有所增加，以后由于空气的氧化作用浓度又慢慢的减小。

在 pH = 9 ~ 10 $Na_2S_2O_3$ 溶液最为稳定，在 $Na_2S_2O_3$ 溶液中加入少量 Na_2CO_3（使其在溶液中的浓度为 0.02%）可防止 $Na_2S_2O_3$ 的分解，并抑制微生物的滋生。

2. 空气氧化作用

$$2Na_2S_2O_3 + O_2 \longrightarrow 2Na_2SO_4 + 2S$$

3. 微生物作用　这是使 $Na_2S_2O_3$ 分解的主要原因。

$$Na_2S_2O_3 \longrightarrow Na_2SO_3 + S$$

为避免微生物的分解作用，可加入少量 HgI_2（10mg/L）。为减少溶解在水中的 CO_2 和杀死水中微生物，应用新煮沸（15 分钟以上）冷却后的蒸馏水配制溶液，并加入少碳酸钠（浓度为 0.02%）。

硫代硫酸钠溶液配制后，必须先放置 2 周再进行标定，目的是使其中含有的二氧化碳完全反应，不影响溶液浓度，而且在标定之前要先用垂容漏斗过滤。长期使用的溶液应定期标定。日光能促进 $Na_2S_2O_3$ 溶液的分解，所以 $Na_2S_2O_3$ 溶液应贮存于棕色试剂瓶中，放置于暗处。如果不及时使用，存储期限不得超过 14 天。使用前观察溶液是否浑浊，若浑浊则失效，弃用。若不浑浊，也须重新标定后才能使用。

$Na_2S_2O_3$ 具有氧化性和还原性，标定 $Na_2S_2O_3$ 溶液的基准物有 $K_2Cr_2O_7$、KIO_3、$KBrO_3$ 和纯铜等，通常采用置换滴定法以淀粉为指示剂，使用 $K_2Cr_2O_7$ 基准物标定溶液。$K_2Cr_2O_7$ 先与 KI 反应置换出 I_2。

$$Cr_2O_7^{2-} + 6I^- （大量） + 14H^+ = 2Cr^{2+} + 3I_2 + 7H_2O$$

置换出的 I_2 再用 $Na_2S_2O_3$ 标准溶液滴定。

$$I_2 + 2S_2O_3^{2-} = S_4O_6^{2-} + 2I^-$$

由于滴定前具塞锥形瓶溶液有深的颜色，所以要滴定到溶液颜色淡暗绿时（近终点）加入淀粉指示剂，溶液变为蓝色，继续滴定至蓝色消失即为终点。计算公式如下。

$$c_{Na_2S_2O_3} = \frac{6 \times m_{K_2Cr_2O_7}}{M_{K_2Cr_2O_7} \times （V_{Na_2S_2O_3} - V_0） \times 10^{-3}}$$

式中，$m_{K_2Cr_2O_7}$ 为 $K_2Cr_2O_7$ 的称取量（g）；$V_{Na_2S_2O_3}$ 为滴定液的消耗量（ml）；V_0 为空白值，空白试验中滴定液的消耗量（ml）；$M_{K_2Cr_2O_7}$ 为 $K_2Cr_2O_7$ 的摩尔质量（294.19 g/mol）。

硫代硫酸钠溶液是强碱弱酸盐，溶液呈弱碱性（pH = 6.5~8.0），其可能分解产生硫会加速橡胶老化，对碱式滴定管有损害，所以采用酸式滴定管。重铬酸钾室温下为橙红色三斜晶体或针状晶体，溶于水，不溶于乙醇，别名为红矾钾，是一种有毒且有致癌性的强氧化剂。

四、实训练习

（一）实训条件

1. 仪器与器材 万分天平、百分天平、恒温干燥箱、扁称量瓶、高称量瓶、干燥器、具塞锥形瓶（250ml）、碱式滴定管（50ml）、量杯（筒）（5ml、50ml、1000ml）、称量纸、手套、药勺、漏斗、滤纸、铝圈。

2. 试剂和试药 硫代硫酸钠（CP 或 AR）、碳酸钠（CP 或 AR）、重铬酸钾（基准试剂）、碘化钾（CP 或 AR）、硫酸（CP 或 AR）、可溶性淀粉（CP 或 AR）、纯化水。

（二）安全及注意事项

1. 干燥温度最好控制在（120±5）℃。注意高温和用电安全。

2. 重铬酸钾有毒且有致癌性的强氧化剂，注意飞尘。

3. 标定介质为纯化水（蒸馏水或去离子水或反渗透水），应符合《中国药典》（2025 年版）要求。

4. 所有化学试剂在同一个时段使用，注意使用同一批号同一厂家的相同纯度的试剂。

（三）操作流程及规范

0.1mol/L $Na_2S_2O_3$ 滴定液的配制与标定

步骤	操作流程	操作指南
准备	领取任务和 SOP 相关文档。清场	
	在 120℃干燥基准重铬酸钾至恒重	按规定领取试剂试药，进行恒重处理。注意重铬酸钾有剧毒
	配制稀硫酸（20%）、淀粉指示剂（10g/L）	按规定领取试剂试药，按标准要求配制
滴定液的配制	取硫代硫酸钠 13g 与无水碳酸钠 0.10g，加新沸过的冷水适量使溶解并稀释至 500ml，缓缓煮沸 10 分钟，冷却，置于 500ml 试剂瓶中，贴上标签。放置 2 周以上，用 4 号玻璃滤埚过滤	采用百分天平和量杯（量筒）

续表

步骤	操作流程	操作指南
标定	精密称取干燥至恒重的基准重铬酸钾 0.15g，置于 250ml 碘瓶中	直接称量法的规范操作
	加水 25ml 使溶解，加碘化钾 2.0g 及稀硫酸 20ml，摇匀，密塞，水封；在暗处放置 10 分钟后，加水 50ml 稀释	采用百分天平和量杯（量筒）
	用本液滴定至近终点时，加淀粉指示液 2ml，继续滴定至蓝色消失而显亮绿色，即为终点。记录数据	滴定管的规范使用，见实训二亮绿色是 4 价铬的颜色
	平行测定 3 份。记录数据	注意操作的平行性
	做空白试验。记录数据	见实训七流程 10
计算	三步计算：列公式、代数据、算结果	注意有效数字和数字修约规则
结束	见实训十二结束流程 13～15	注意重铬酸钾废品的回收

（四）原始记录与数据处理

室温：　　　　　湿度：　　　　　　　年　月　日

天平型号及编号：

1. $Na_2S_2O_3$ 滴定液的标定记录

n		第 1 份	第 2 份	第 3 份
$K_2Cr_2O_7$ 的质量 m/g				
$Na_2S_2O_3$ 滴定液消耗体积 V/ml	终点读数			
	初始读数			
	V			
$c_{Na_2S_2O_3}/$（mol/L）				
平均浓度 $\bar{c}/$（mol/L）				
相对平均偏差 $R\bar{d}$				

2. 数据处理

$$c_1 = \frac{6 \times m_{K_2Cr_2O_7}}{M_{K_2Cr_2O_7} \times \left(V_{Na_2S_2O_3} - V_0\right) \times 10^{-3}} =$$

$$c_2 =$$

$$c_3 =$$

$$\bar{c}_{Na_2S_2O_4} =$$

$$R\bar{d} =$$

（五）检验结果

$n =$ 　　　　　　　　　$\bar{c}_{Na_2S_2O_3} =$ 　　　　　　　　$R\bar{d} =$

五、课后作业

1. 硫代硫酸钠溶液配制过程里为什么加碳酸钠并放置一月后标定？

2. 标定硫代硫酸钠溶液时，加了定量过量的碘化钾，其作用是什么？

3. 标定硫代硫酸钠溶液时，加入碘化钾和稀硫酸，为什么要密塞 10 分钟？

4. 标定硫代硫酸钠溶液时，为什么淀粉指示剂要近终点时加入？

5. 硫代硫酸钠溶液标定时，能否用稀硝酸或稀盐酸代替稀硫酸？为什么？

六、实训评价

测评项目	仪器选择与处理	称量范围与时间	滴定操作	终点判断	记录规范完整	结果精密度	结果准确度	工作台整洁
分值	10 分	10 分	10 分	9 分	15 分	16 分	20 分	10 分
自评								

七、实训体会与反思

（冉启文）

实训十八 碘滴定液的配制与标定

一、学习目标

知识目标	能力目标	思政及岗位素养目标
1. 掌握碘滴定液的配制与标定方法 2. 熟悉掌握淀粉指示剂的测定条件及变色原理	1. 能规范操作分析天平和酸式滴定管 2. 能用淀粉指示剂判断终点 3. 能计算碘滴定液的浓度和 $R\bar{d}$	1. 鲁迅先生说：即使慢，驰而不息，纵会落后，纵会失败，但务必能够到达他所向的目标 2. 达到中级检验员岗位关于碘滴定液配制相关规范的要求

二、关键概念

比较标定法 标定方法通常有基准物质标定法和比较标定法，比较标定法用已知准确浓度的滴定液来测定待标定溶液准确浓度。

三、基础知识

1. I_2 在水中的溶解度很小（25℃时为 0.0013mol/L），且易挥发，通常利用 I_2 可与 I^- 生成 I_3^- 配离子，将 I_2 溶解在 KI 浓溶液里，使 I_2 的溶解度提高，挥发性降低。

$$I_2 + I^- = I_3^-$$

I_2 易溶于 KI 浓溶液，在 KI 稀释溶液中溶解得很慢，因此，在配制 I_2 溶液时，不能过早加水稀释，应使 I_2 在 KI 浓溶液中完全溶解后，再加水稀释。

2. 用 $Na_2S_2O_3$ 滴定液标定碘溶液，是以 I_2 和 $Na_2S_2O_3$ 发生的定量反应为基础，反应方程式为：

$$2S_2O_3^{2-} + I_2 = S_4O_6^{2-} + 2I^-$$

以淀粉指示剂作为专属指示剂，滴定临近终点前淀粉吸附碘，形成的络合物使吸收可见光的波长向短波方向移动，溶液变为蓝色，当到达滴定终点时，I_2 与 $Na_2S_2O_3$ 立即作用，溶液中的 I_2 消耗完全，溶液解吸蓝色消失，即可根据蓝色的消失确定滴定终点。滴定时不过度摇动以减少与空气接触并避免阳光直射。计算公式如下。

$$c_{I_2} = \frac{c_{Na_2S_2O_3} V_{Na_2S_2O_3}}{2 \times V_{I_2} \times 10^{-3}}$$

式中，$c_{Na_2S_2O_3}$ 为 $Na_2S_2O_3$ 滴定液的浓度（mol/L）；$V_{Na_2S_2O_3}$ 为 $Na_2S_2O_3$ 滴定液的消耗量（ml）；V_{I_2} 为 I_2 滴定液的取用量（ml）。

四、实训练习

（一）实训条件

1. 仪器　万分之一分析天平、台秤、称量瓶、烧杯、酸式滴定管、玻璃棒、量筒（10ml、100ml）、锥形瓶（250ml）、试剂瓶（500ml）、碘量瓶、垂熔玻璃滤器。

2. 试剂　碘（AR）、硫代硫酸钠（AR）、碘化钾（AR）、盐酸（AR）、淀粉、纯化水。

（二）安全及注意事项

1. 在配制 I_2 溶液时，将 I_2 加入 KI 浓溶液后，必须搅拌至 I_2 完全溶解后，才能加水稀释，若过早稀释，I_2 极难完全溶解。

2. 碘具有腐蚀性，应在洁净的表面皿上称取。

3. 碘具有较强的挥发性，碘量法只能在室温下进行滴定。

4. 淀粉指示剂需在临近终点时加入，否则，溶液中有大量 I_2 存在，I_2 易被淀粉表面牢牢吸附，不易与 $Na_2S_2O_3$ 立即作用，使滴定终点延迟。

（三）操作流程及规范

0.05mol/L I_2 滴定液的配制与标定

步骤	操作流程	操作指南
准备	见实训十二准备流程 1~3	
	领取硫代硫酸钠滴定液（0.1mol/L），配制盐酸溶液（1mol/L）、淀粉指示剂（10g/L）	按规定分装、领取滴定液及试剂试药，按标准要求配制。盐酸溶液应在通风橱配制
滴定液的配制	取碘 13.0g，加碘化钾 36g 与水 100ml 溶解后，加盐酸 3 滴与纯化水适量使成 1000ml，放置 2 天，用垂熔玻璃滤器滤过，摇匀	碘有腐蚀性，应在洁净的表面皿上称取。在配制 I_2 溶液时，将 I_2 加入 KI 浓溶液后，必须搅拌至 I_2 完全溶解后，才能加水稀释。若过早稀释，I_2 极难完全溶解
标定	精密量取 I_2 滴定液 25.00ml，置于 250ml 碘瓶中	吸量管的规范使用，见实训二。此吸量管应已采用水平线读数方式进行过校正
	加水 100ml 与盐酸溶液 1ml，轻摇混匀	用量筒量取
	用硫代硫酸钠滴定液（0.1mol/L）滴定至近终点时，加淀粉指示液 2ml，继续滴定至蓝色消失，即为终点，记录数据	滴定管的规范使用，见实训二胶头滴管添加 2 管指示液，基本能达 2ml
	平行测定 3 份，记录数据	注意操作的平行性
计算	三步计算：列公式、代数据、算结果	注意有效数字和数字修约规则
结束	见实训十二结束流程 13~15	

（四）原始记录与数据处理

室温：　　　　　湿度：　　　　　年　月　日

滴定液浓度 $c_{Na_2S_2O_3}$/（mol/L）：

1. I₂ 滴定液的标定记录

n		第1份	第2份	第3份
I₂ 滴定液 V/ml				
Na₂S₂O₃ 滴定液消耗体积 V/ml	终点读数			
	初始读数			
	V			
c_{I_2}/（mol/L）				
平均浓度 $\bar{c}$/（mol/L）				
相对平均偏差 $R\bar{d}$				

2. 数据处理

$$c_1 = \frac{c_{Na_2S_2O_3} V_{Na_2S_2O_3}}{2 \times V_{I_2} \times 10^{-3}} =$$

$$c_2 =$$

$$c_3 =$$

$$\bar{c}\,（mol/L）\;=$$

$$R\bar{d} =$$

（五）检验结果

$n =$　　　　　　　　$\bar{c} =$　　　　　　　　$R\bar{d} =$

五、课后作业

1. 配制 I₂ 溶液时为什么要加入 KI？是否可以将称得的 I₂ 和 KI 一次加入 300ml 水中搅拌？

2. I₂ 溶液为棕红色，装入滴定管中看不清弯月面，应如何读数？

3. 配制 I₂ 滴定液时，为什么要滴加几滴盐酸？

六、实训评价

测评项目	仪器选择与处理	移液操作与时间	滴定操作	终点判断	记录规范完整	结果精密度	结果准确度	工作台整洁
分值	10分	10分	10分	9分	15分	16分	20分	10分
自评								

七、实训体会与反思

（王 梦）

实训十九 高锰酸钾滴定液的配制与标定

一、学习目标

知识目标	能力目标	思政及岗位素养目标
1. 掌握高锰酸钾滴定液标定的原理 2. 掌握配制和标定高锰酸钾滴定液基本方法 3. 熟悉自身指示剂法的终点判定方法	1. 能规范使用电子天平、恒温干燥箱 2. 能规范使用滴定管、具塞锥形瓶、垂熔玻璃滤器 3. 能规范记录实验数据，并计算结果和$\bar{Rd}$ 4. 能解决滴定液的配制与标定在实际应用中的问题	1. 深刻体会"精准管控、精准规划""灵活机动、科学创新"的中华优秀文化思想 2. 达到中级检验员岗位关于能进行高锰酸钾滴定液的配制与标定的要求

二、关键概念

1. 自身催化 高锰酸钾与草酸在酸性条件下反应的起始速度较慢，开始滴定时加入的 $KMnO_4$ 不能立即褪色，但一经反应生成 Mn^{2+} 后，Mn^{2+} 对该反应有催化作用，反应速度加快，此称为自身催化效应，或称为自动催化。也常以滴定热溶液的方法来提高反应速率。

2. 自身指示剂 高锰酸钾与草酸在酸性条件下的反应，终点前由于 MnO_4^- 被还原成 Mn^{2+}，溶液呈无色；终点时稍过量的 $KMnO_4$ 使溶液呈 $KMnO_4$ 溶液本身的浅红色，指示终点到达。因此 $KMnO_4$ 可作自身指示剂使用。

三、基础知识

高锰酸钾，分子量158.03，具有强氧化性，易被水中的微量还原性物质还原而产生 MnO_2 沉淀。为了得到稳定的 $KMnO_4$ 溶液，须将溶液中析出的 MnO_2 沉淀滤掉，并置棕色瓶中保存。配制后的高锰酸钾溶液，放入棕色试剂瓶，如果不及时使用，存储期限不得过长。使用前观察溶液是否浑浊，若浑浊则失效，弃用；若不浑浊，也须重新标定后才能使用。

在弱酸性、中性或碱性溶液中被还原为棕色沉淀的二氧化锰，影响终点的观察。高锰酸钾在强酸性介质中被还原为二价锰，反应如下。

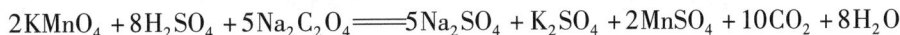

$$2KMnO_4 + 8H_2SO_4 + 5Na_2C_2O_4 = 5Na_2SO_4 + K_2SO_4 + 2MnSO_4 + 10CO_2 + 8H_2O$$

滴定接近终点时高锰酸钾不够稳定，空气中的一些还原性物质会分解高锰酸钾，使到终点的高锰酸钾紫红色消失，所以终点时的颜色以出现紫红色在30秒内不褪去为度。计算公式如下。

$$c = \frac{2 \times m}{5 \times MV \times 10^{-3}}$$

式中，m 为 $Na_2C_2O_4$ 的称取量（g）；V 为滴定液的消耗量（ml）；M 为 $Na_2C_2O_4$ 的摩尔质量（134.00g/mol）。

四、实训练习

（一）实训条件

1. 仪器与器材 万分天平、百分天平、恒温干燥箱、扁称量瓶、高称量瓶、干燥器、锥形瓶（250ml）、酸式滴定管（50ml）、量杯（筒）（5ml、50ml、1000ml）、称量纸、手套、药勺、水浴锅、垂熔玻璃滤器。

2. 试剂和试药 高锰酸钾（CP 或 AR）、草酸钠（基准试剂）、硫酸（CP 或 AR）、纯化水。

（二）安全及注意事项

1. 用恒温干燥箱在（105±5）℃干燥基准草酸钠至恒重。
2. 标定介质为纯化水（蒸馏水或去离子水或反渗透水），应符合《中国药典》（2025 年版）要求。
3. 所有化学试剂在同一个时段使用，注意使用同一批号同一厂家的相同纯度的试剂。

（三）操作流程及规范

0.02mol/L KMnO4 滴定液的配制与标定

步骤	操作流程	操作指南
准备	见实训十二准备流程 1~3	
	在 105~110℃干燥基准无水 $Na_2C_2O_4$ 至恒重	按规定领取试剂试药，进行恒重处理
	配制硫酸溶液（8+92）	按规定领取试剂试药，按标准要求配制
滴定液的配制	取高锰酸钾 3.2g，加水 1000ml，煮沸 15 分钟，冷却，密塞，暗处静置 2 周以上，用垂熔玻璃滤器滤过，摇匀，贮存于棕色瓶中。贴上标签	4 号玻璃滤埚在使用前应用同浓度的高锰酸钾溶液缓缓煮沸 5 分钟
标定	精密称取干燥至恒重的基准草酸钠约 0.2g，置于 250ml 锥形瓶中	减量法的规范操作
	加 100ml 稀硫酸溶液溶解	使用量筒取
	用待标定的 KMnO4 溶液滴定近终点，停止滴定，将锥形瓶放在电炉上加热至约 65℃，待完全褪色	例如，经概算若需约滴定液 29ml，则自滴定管中快滴加约 25ml。边加边振摇，避免产生沉淀。滴定管的规范使用，见实训二
	继续滴定至溶液显微红色并保持 30 秒不褪，即为终点，记录数据	控制滴定速度，当滴定终时，溶液温度应不低于 55℃
	平行测定 3 份，记录数据	注意操作的平行性
计算	三步计算：列公式、代数据、算结果	注意有效数字和数字修约规则
结束	见实训十二结束流程 13~15	

（四）原始记录与数据处理

室温： 湿度： 年 月 日

天平型号及编号：

1. KMnO4 滴定液的标定记录

n	第 1 份	第 2 份	第 3 份
基准 $Na_2C_2O_4$ 的质量 m/g	$m_1=$	$m_2=$	$m_3=$
	$m_2=$	$m_3=$	$m_4=$
	$\Delta m_1=$	$\Delta m_2=$	$\Delta m_3=$

n		第1份	第2份	第3份
$KMnO_4$ 滴定液消耗体积 V/ml	终点读数			
	初始读数			
	V			
c_{KMnO_4}/(mol/L)				
平均浓度 $\bar{c}$/(mol/L)				
相对平均偏差 $R\bar{d}$				

2. 数据处理

$$c_1 = \frac{2 \times m}{5 \times MV \times 10^{-3}} =$$

$$c_2 =$$

$$c_3 =$$

$$\bar{c}_{KMnO_4} =$$

$$R\bar{d} =$$

（五）检验结果

$n =$ $\qquad$ $\bar{c}_{KMnO_4} =$ $\qquad$ $R\bar{d} =$

五、课后作业

1. 高锰酸钾溶液配制两周后为什么要用垂熔玻璃滤器过滤？

2. 标定高锰酸钾溶液时，加硫酸的作用是什么？

3. 标定高锰酸钾溶液时，为什么先迅速加入适量高锰酸钾液？中途为什么要将锥形瓶内溶液加热至65℃，滴定终了时溶液温度应不低于55℃？

4. 标定高锰酸钾溶液时，为什么要滴定至溶液显微红色并保持30秒不褪？

六、实训评价

测评项目	仪器选择与处理	称量范围与时间	滴定操作	终点判断	记录规范完整	结果精密度	结果准确度	工作台整洁
分值	10分	10分	10分	9分	15分	16分	20分	10分
自评								

七、实训体会与反思

（冉启文）

项目十三　沉淀滴定法

沉淀滴定法是基于沉淀反应的滴定分析法。只有满足一定条件的沉淀反应，才能进行滴定分析，具体条件如下。

1. 生产沉淀的溶解度必须很小（一般小于 $10g/ml$）。

2. 沉淀反应必须迅速、定量地完成。

3. 沉淀的吸附现象不能影响滴定终点的确定。

4. 有适当的方法确定滴定终点。

利用生成难溶性银盐的沉淀滴定法称为银量法，目前应用较为广泛。银量法可用于测定直接或间接转化为 Cl^-、Br^-、I^-、SCN^- 及 Ag^+ 等无机化合物或有机物。根据终点的指示方法不同，银量法分为铬酸钾指示剂法、吸附指示剂法和铁铵矾指示剂法。以下重点介绍吸附指示剂法及其应用。

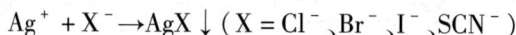

$$Ag^+ + X^- \longrightarrow AgX\downarrow\ (X = Cl^-、Br^-、I^-、SCN^-)$$

实训二十　氯化钠的含量测定（吸附指示剂法）

一、学习目标

知识目标	能力目标	思政及岗位素养目标
1. 掌握吸附指示剂法测定氯化钠样品含量的基本原理和方法 2. 掌握氯化钠样品含量测定的计算方法 3. 熟悉指示剂的选择	1. 能控制吸附指示剂法滴定条件 2. 能用荧光黄指示剂确定滴定终点 3. 能完成氯化钠含量测定操作 4. 能规范记录实验数据，并计算结果和 $\overline{Rd}$ 5. 能解决吸附指示剂法在实际测量中的应用问题	1. 深刻体会"精益求精"的工匠精神 2. 达到中级检验员岗位应具备的沉淀滴定分析能力基本素质

二、关键概念

1. 吸附指示剂法　又称为法扬司法（Fajans 法），是一种以 $AgNO_3$ 滴定液滴定卤素离子，用吸附指示剂确定滴定终点的银量法。

2. 吸附指示剂　是一类弱酸弱碱的有机染料在溶液中电离出的离子，易被带相反电荷的胶状沉淀吸附，从而发生结构改变，引起颜色的变化，指示滴定终点。

三、基础知识 📱视频1

（一）氯化钠含量测定的原理与计算

氯化钠可以通过银量法用 $AgNO_3$ 滴定液滴定其中的 Cl^-，用吸附指示剂荧光黄确定滴定终点。荧光黄（$K_a \approx 10^{-8}$）是一种有机弱酸，用 HFI 表示，它在溶液中可电离为荧光黄阴离子 FI^-，呈黄绿色。

$$HFI \Longrightarrow H^+ + FI^-（黄绿色）$$

滴定开始前，溶液因荧光黄阴离子 FI^- 显黄绿色。

滴定开始至化学计量点前，生成的 AgCl 沉淀吸附过量的 Cl^- 而带负电荷，形成（AgCl）$\cdot Cl^-$，不吸附荧光黄阴离子 FI^-，溶液呈黄绿色。

达化学计量点时，AgCl 沉淀吸附微过量 $AgNO_3$ 中的 Ag^+，形成（AgCl）$\cdot$ Ag^+ 而带正电荷，此正电荷会静电吸附荧光黄阴离子 FI^-，导致指示剂结构发生变化而引起颜色改变，整个溶液由黄绿色变成粉红色，指示滴定终点。

$$（AgCl）\cdot Ag^+ + FI^- \xrightarrow{\text{吸附}} （AgCl）\cdot Ag \cdot FI$$
$$（黄绿色）\qquad\qquad （粉红色）$$

根据 $AgNO_3$ 滴定液消耗的体积和浓度，即可计算得到氯化钠的含量。

$$\omega_{NaCl} = \frac{c_{AgNO_3} V_{AgNO_3} M_{NaCl} \times 10^{-3}}{m_s} \times 100\%$$

式中，m_s 为 NaCl 的称取量（g）；V_{AgNO_3} 为滴定液的消耗量（ml）；M 为 NaCl 的摩尔质量（58.44g/mol）。

（二）吸附指示剂法测定条件

1. 使沉淀保持胶体状态 吸附指示剂的颜色变化发生在卤化银沉淀微粒表面，为使沉淀具有较大的表面积，吸附较多指示剂阴离子而变色明显，应尽可能使沉淀呈胶体状态。在滴定前应将溶液稀释，并加糊精或淀粉等亲水性高分子化合物作为保护剂，防止生成的卤化银沉淀凝聚。

2. 控制溶液适宜的酸度 吸附指示剂大部分是有机弱酸，而被沉淀吸附引起颜色变化的是它们的阴离子。为使指示剂充分解离出阴离子，以指示终点，应控制溶液酸度。通常加入一定量的硼砂或碳酸钙来调节溶液 pH。酸度的大小与指示剂的离解常数 K_a 有关，K_a 越大，允许的酸度越大，即 pH 越小。例如，荧光黄（$pK_a \approx 7$）适用于 pH = 7～10 的条件下进行滴定，若 pH < 7，荧光黄主要以 HFI 形式存在，无法起指示剂作用。常见吸附指示剂的适宜 pH 范围及应用见表 13 – 1。

表 13 – 1　常见吸附指示剂

指示剂	被测离子	滴定剂	适宜 pH 范围	滴定终点颜色变化
荧光黄	Cl^-、Br^-、I^-	$AgNO_3$	pH 7～10	黄绿→粉红
二氯荧光黄	Cl^-、Br^-、I^-	$AgNO_3$	pH 4～10	黄绿→红
曙红	Br^-、SCN^-、I^-	$AgNO_3$	pH 2～10	橙黄→红紫
溴酚蓝	生物碱盐类	$AgNO_3$	弱酸性	黄绿→灰紫
甲基紫	Ag^+	NaCl	酸性溶液	黄红→红紫

3. 滴定过程避免强光照射 卤化银沉淀对光敏感，易分解析出单质银，使沉淀变为灰黑色，影响滴定终点的判断，因此滴定过程应避免强光照射。

4. 选择合适的吸附指示剂 沉淀对指示剂离子的吸附能力，应略小于对待测离子的吸附能力，否则指示剂将在化学计量点前变色，滴定终点提前，测定结果偏低。但沉淀对指示剂离子的吸附能力不能太小，否则终点出现过迟，测定结果偏高。卤化银沉淀对卤素离子和几种吸附指示剂的吸附能力大小次序如下。

$$I^- > SCN^- > Br^- > 曙红 > Cl^- > 荧光黄$$

因此，滴定 Cl^- 应选荧光黄作指示剂，而不能选曙红。

四、实训练习

（一）实训条件

1. 仪器与器材 万分天平、酸式滴定管（50ml，棕色）、称量瓶、棕色试剂瓶（500ml）、烧杯（100ml）、量筒（或量杯 500ml）、吸量管（25ml）、锥形瓶（250ml）、容量瓶（250ml）、洗耳球、洗瓶、滴管、玻璃棒、滤纸片。

2. 试剂和试药　$AgNO_3$ 滴定液（0.1mol/L）、NaCl 样品、糊精溶液（1→50）、荧光黄指示剂（0.1% 的乙醇溶液）。

（二）安全及注意事项

1. 为使 AgCl 保持胶体状态，应先加入糊精溶液后，再滴加 $AgNO_3$ 滴定液。

2. 滴定时，控制被测液酸度在 pH = 7 ~ 10，使荧光黄指示剂主要以阴离子形式存在。

3. 滴定过程避免强光照射，以免 $AgNO_3$ 分解析出单质银，使沉淀变为灰黑色，影响滴定终点的判断。

4. 实验中盛装过 $AgNO_3$ 溶液的仪器，先用纯化水清洗，不可用自来水（含 Cl^-）直接洗涤，以免生成 AgCl 沉淀吸附在仪器内壁。试剂瓶长时间贮存硝酸银后会变黑，这是因为有部分硝酸银分解生成了小颗粒的银单质。洗涤时加入少量稀硝酸，可除去黑色。

5. 银量法产生的实验废液含有重金属银离子，这些废液如果不经处理直接排放，会造成环境污染，所以银量法中实验废液都需进行回收处理。

（三）操作流程及规范

步骤	操作流程	操作指南
准备	见实训十二准备流程 1 ~ 3	
	领取 $AgNO_3$ 滴定液（0.1mol/L）	按规定分装、领取滴定液
	配制糊精溶液（1→50）、荧光黄指示剂（0.1% 的乙醇溶液）	按规定领取试剂试药，按标准要求配制。糊精溶液（1→50）系指取糊精 1g 溶解至 50ml
样品配制	精密称取氯化钠样品约 1.5g，置于 100ml 烧杯中，定容至 250ml	减量法和容量瓶的的规范使用，见实训一和实训二
测定	精密量取 25ml 样品溶液，置于 250ml 锥形瓶中，加纯化水 25ml，再加入糊精溶液（1→50）5ml，荧光黄指示剂 3 滴，充分振摇	吸量管的规范使用，见实训二 纯化水和糊精溶液用量筒量取
	用 $AgNO_3$ 滴定液（0.1mol/L）滴定至溶液由黄绿色变为沉淀表面呈现微红色，即为终点，记录数据	滴定管的规范使用，见实训二。滴定时应避免强光直射。加快滴定速度。及时清洗玻璃器材。及时回收废液
	平行测定 3 份，记录数据	注意操作的平行性
计算	三步计算：列公式、代数据、算结果	注意有效数字和数字修约规则
结束	见实训十二结束流程 13 ~ 15	器材出现白膜可用氨水洗涤。废液回收

（四）原始记录与数据处理

室温：　　　　　湿度：　　　　　　　年　月　日

天平型号及编号：　　　　　　滴定液浓度 c_{AgNO_3}/（mol/L）：

1. 氯化钠的含量测定记录

n	第 1 份	第 2 份	第 3 份
样品 NaCl 的质量 m/g	$m_1 =$	$m_2 =$	$m_3 =$
	$m_2 =$	$m_3 =$	$m_4 =$
	$\Delta m_1 =$	$\Delta m_2 =$	$\Delta m_3 =$
NaCl 溶液的体积/ml			

n		第 1 份	第 2 份	第 3 份
AgNO$_3$ 滴定液消耗体积 V/ml	终点读数			
	初始读数			
	V			
含量 ω_{NaCl}				
平均含量 $\overline{\omega}_{NaCl}$				
相对平均偏差 $R\overline{d}$				

2. 数据处理

$$\omega_1 = \frac{c_{AgNO_3} V_{AgNO_3} M_{NaCl} \times 10^{-3}}{m_s \times \dfrac{25}{250}} \times 100\% =$$

$$\omega_2 =$$

$$\omega_3 =$$

$$\overline{\omega} =$$

$$R\overline{d} =$$

（五）检验结果

$n =$　　　　　　　　$\overline{\omega} =$　　　　　　　$R\overline{d} =$

五、课后作业

1. 滴定前加入一定量的糊精溶液，其作用是什么？

2. AgNO$_3$ 滴定液选用酸式滴定管还是碱式滴定管盛装？为什么？

3. 实验完毕后如何洗涤锥形瓶和滴定管才能避免内壁出现白膜？若出现白膜，应如何处理？

六、实训评价

测评项目	准备	天平规范使用	移液操作与时间	滴定操作	终点判断	记录规范完整	结果精密度	结果准确度
分值	10 分	10 分	10 分	10 分	10 分	10 分	20 分	10 分
自评								

七、实训体会与反思

项目十四　氧化还原滴定法

氧化还原滴定法是基于氧化还原反应的滴定分析法。氧化还原反应的本质是氧化剂与还原剂之间的电子转移，比较复杂，反应常是分多步进行，需要一定时间才能完成，常伴有各种副反应。因此，在氧化还原滴定中，可通过提高反应物浓度、提高温度、加入催化剂等滴定条件，确保反应快速定量完成，使其满足滴定分析的基本要求。

氧化还原滴定法应用广泛，可以直接测定具有氧化性或还原性的物质，也可以间接测定能与氧化剂或还原剂定量反应的本身无氧化性或无还原性的物质，这些物质可以是无机物和有机物。

氧化还原滴定法，根据使用的滴定液不同，可分为碘量法、高锰酸钾法、重铬酸钾法、亚硝酸钠法、硫酸铈法、溴酸钾法等；根据被测液使用的溶剂不同，分为水溶液氧化还原滴定法和非水溶液氧化还原滴定法。以下重点介绍碘量法、高锰酸钾法及其应用。

实训二十一　维生素 C 的含量测定

视频 2

一、学习目标

知识目标	能力目标	思政及岗位素养目标
1. 掌握直接碘量法的基本原理和淀粉指示剂的使用方法 2. 掌握直接碘量法测定维生素 C 样品含量的方法 3. 熟悉维生素 C 样品采用滴定度的含量计算方法 4. 熟悉分析天平和酸式滴定管的操作	1. 能控制直接碘量法滴定条件 2. 能采用淀粉指示剂确定滴定终点 3. 能完成维生素 C 含量测定操作 4. 能规范记录实验数据，并计算结果和 $\overline{Rd}$ 5. 能解决在实际测量中的应用问题	1. 深刻体会"科学严谨"的工匠精神 2. 达到中级检验员岗位关于应具备氧化还原滴定分析能力的要求

二、关键概念

1. 直接碘量法　碘量法可用直接和间接两种方式进行。电位比 $\varphi^{\ominus}_{I_2/I^-}$ 小的还原性物质，可直接用 I_2 标准溶液滴定的方法。可用于如 S^{2-}、SO_3^{2-}、$S_2O_3^{2-}$、As_2O_3、Sb^{3+}、Sn^{2+}、维生素 C 等强还原剂的测定。

2. 特殊指示剂　本身不具有氧化还原性质，也不参与氧化还原反应，但可以与滴定液或被测物质的氧化态或还原态作用产生特殊的颜色，从而指示滴定终点。如淀粉指示剂，它在碘量法中应用最多，碘液能被淀粉指示剂吸附显特殊的蓝色。

三、基础知识

维生素 C（$C_6H_8O_6$）又称抗坏血酸，具有较强的还原性，能被 I_2 定量氧化，可用直接碘量法，即 I_2 标准溶液滴定，淀粉指示剂确定滴定终点，根据 I_2 标准溶液消耗的体积和浓度，即可计算得到维生素 C 的含量。

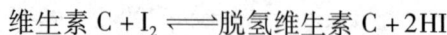

$$维生素 C + I_2 \Longrightarrow 脱氢维生素 C + 2HI$$

计算公式如下：

$$\omega_{C_6H_8O_6} = \frac{TFV \times 10^{-3}}{m_s} \times 100\%$$

式中，m_s 为维生素 C 的称取量（g）；V 为滴定液的消耗量（ml）；T 为滴定度，每 1ml 碘滴定液（0.05mol/L）相当于 8.806mg 的维生素 C；F 为校正因子。

虽然碱性条件有利于反应向正方向进行，但是维生素 C 的还原性很强，在中性或碱性条件下，易被空气中的 O_2 氧化。因此，该滴定反应在酸性溶液中（通常为稀醋酸溶液）进行，以减慢副反应的速度。

碘量法中应用最多的是淀粉指示剂，在有少量碘存在时，淀粉吸附少量的碘而生成一种可溶性的吸附化合物呈蓝色，但当碘被还原为碘离子后蓝色随之消失。可根据蓝色的出现或消失来判断碘量法的滴定终点。直接碘量法中，在滴定开始时加入淀粉指示剂，滴定达化学计量点时，淀粉吸附稍过量的碘，使溶液出现蓝色即为滴定终点。

四、实训练习

（一）实训条件

1. 仪器与器材 万分天平、称量瓶、烧杯、酸式滴定管、玻璃棒、碘量瓶。

2. 试剂和试药 维生素 C（药用）、I_2 滴定液（0.05mol/L）、稀醋酸、淀粉指示剂。

（二）安全及注意事项

1. 淀粉指示液应使用可溶性的直链淀粉在使用前临时配制，否则淀粉溶液久置后易腐败，因慢慢水解而失效；应在室温下使用，淀粉溶液对碘的吸附作用随温度上升而下降，温度越高，颜色变化越不明显。

2. 维生素 C 被溶解后，易被空气中的 O_2 氧化而产生误差，应溶解一份，滴定一份，不要三份同时溶解。

3. 加稀醋酸是为了减缓维生素 C 被 O_2 氧化的速度。

4. 为减少 O_2 的干扰，应立即滴定。

5. 为减少水中溶解 O_2，采用新煮沸并冷却的蒸馏水。

（三）操作流程及规范

步骤	操作流程	操作指南
准备	见实训十二准备流程 1~3	
	领取 I_2 滴定液（0.05mol/L）	按规定分装、领取滴定液
	配制稀醋酸、淀粉指示剂	按规定领取试剂试药，按标准要求配制
测定	精密称取维生素 C 样品约 0.2g	减量法的规范操作，见实训一
	加新沸过的冷水 100ml 与稀醋酸 10ml 使溶解，加淀粉指示液 1ml	用量筒取
	立即用碘滴定液（0.05mol/L）滴定，至溶液显蓝色并在 30 秒钟内不褪，即为终点，记录数据	酸式滴定管的规范使用，见实训二
	平行测定 3 份。记录数据	注意操作的平行性
计算	三步计算：列公式、代数据、算结果	注意有效数字和数字修约规则
结束	见实训十二结束流程之 13~15	

（四）原始记录与数据处理

室温： 湿度： 年 月 日

天平型号及编号： 滴定液浓度 c_{I_2}/（mol/L）：

1. 维生素 C 的含量测定记录

n		第 1 份	第 2 份	第 3 份
维生素 C 样品质量 m/g		$m_1 =$	$m_2 =$	$m_3 =$
		$m_2 =$	$m_3 =$	$m_4 =$
		$\Delta m_1 =$	$\Delta m_2 =$	$\Delta m_3 =$
I_2 滴定液消耗体积 V/ml	终点读数			
	初始读数			
	V			
含量 ω_{VC}				
平均含量 $\overline{\omega}_{VC}$				
相对平均偏差 $R\overline{d}$				

2. 数据处理

$$\omega_1 = \frac{TFV \times 10^{-3}}{m_s} \times 100\% =$$

$$\omega_2 =$$

$$\omega_3 =$$

$$\overline{\omega} =$$

$$R\overline{d} =$$

（五）检验结果

$n =$ 　　　　　　　　 $\overline{\omega} =$ 　　　　　　　 $R\overline{d} =$

五、课后作业

1. 本实验若在碱性条件下测定，分析结果是偏高还是偏低？
2. 溶解维生素 C 样品时，为什么要用新煮沸并放冷的纯化水？

六、实训评价

测评项目	准备	天平规范使用	滴定操作	终点判断	记录规范完整	结果精密度	结果准确度	工作台整洁
分值	10 分	10 分	10 分	10 分	10 分	20 分	10 分	10 分
自评								

七、实训体会与反思

实训二十二　双氧水的含量测定

一、学习目标

知识目标	能力目标	思政及岗位素养目标
1. 掌握 $KMnO_4$ 法的基本原理 2. 掌握 $KMnO_4$ 法测定 H_2O_2 含量的方法 3. 熟悉 H_2O_2 含量计算方法 4. 熟悉吸量管和滴定管的操作	1. 能控制 $KMnO_4$ 法测定 H_2O_2 滴定条件 2. 能完成 H_2O_2 含量测定操作 3. 能正确取用腐蚀性液体药品 4. 能规范记录实验数据，并计算结果和 $\overline{Rd}$ 5. 能解决 $KMnO_4$ 法在实际测量中的应用问题	1. 深刻体会"科学严谨"的工匠精神 2. 达到中级检验员岗位关于应具备氧化还原滴定分析能力的要求

二、关键概念

高锰酸钾法　是利用高锰酸钾的强氧化能力及氧化还原滴定原理来测定其他物质的容量分析方法。高锰酸钾法氧化能力强，可直接、间接地测定多种无机物和有机物。

三、基础知识

过氧化氢 H_2O_2 的水溶液俗称双氧水，市售消毒用过氧化氢有两种规格：含 H_2O_2 分别为30%和3%的水溶液。对于30%的浓过氧化氢，稀释后方可滴定。H_2O_2 广泛应用于工业、生物、医药、食品加工等方面，因此常需要测定它的含量。

$KMnO_4$ 在强酸性溶液中，氧化能力最强，MnO_4^- 被还原为 Mn^{2+}，溶液由紫红色变为无色。

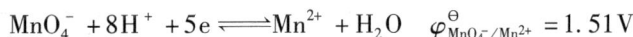

$$MnO_4^- + 8H^+ + 5e \Longleftrightarrow Mn^{2+} + H_2O \qquad \varphi^{\ominus}_{MnO_4^-/Mn^{2+}} = 1.51V$$

因此，$KMnO_4$ 法在强酸性溶液中进行，一般以 H_2SO_4 调节酸性为 $1\sim2mol/L$。不用硝酸或盐酸调节，原因是 HNO_3 有氧化性，会氧化被测的还原性物质；HCl 有还原性，会被 MnO_4^- 氧化。

室温下，H_2O_2 在酸性溶液中，能被 $KMnO_4$ 定量氧化，可用直接滴定法，即 $KMnO_4$ 标准溶液直接滴定，以 $KMnO_4$ 自身作指示剂，待溶液显粉红色且30秒不褪色为滴定终点，根据滴定液消耗的体积和浓度，即可计算得到 H_2O_2 的含量。

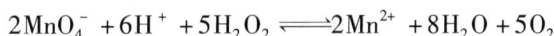

$$2MnO_4^- + 6H^+ + 5H_2O_2 \Longleftrightarrow 2Mn^{2+} + 8H_2O + 5O_2$$

计算公式如下：

$$\omega_{H_2O_2} = \frac{5 \times c_{KMnO_4} V_{KMnO_4} M_{H_2O_2} \times 10^{-3}}{2 \times m_s} \times 100\%$$

式中，m_s 为 H_2O_2 的称取量（g）；V_{KMnO_4} 为滴定液的消耗量（ml）；$M_{H_2O_2}$ 为 H_2O_2 的摩尔质量（34.01g/mol）。

用 $KMnO_4$ 滴定液测定时，开始反应速度较慢，应慢滴；随着 Mn^{2+} 生成，由于 Mn^{2+} 对反应催化作用，反应速度逐渐加快，可快滴；接近滴定终点时，溶液中 H_2O_2 的浓度很低，反应速度又较慢，应慢滴，以防滴定过量使测定结果偏大。

四、实训练习

（一）实训条件

1. 仪器与器材　吸量管、容量瓶、烧杯、酸式滴定管、锥形瓶。

2. 试剂和试药　$0.02mol/L\ KMnO_4$ 滴定液、30% H_2O_2、3% H_2O_2、$1mol/L\ H_2SO_4$ 溶液。

（二）安全及注意事项

1. 由于 H_2O_2 加热易分解，所以整个滴定过程在室温下进行。

2. 滴定速度应和反应速度一致，开始慢，逐渐加快，接近终点时再减慢。

（三）操作流程及规范

1. 30% H_2O_2 溶液的含量测定

步骤	操作流程	操作指南
准备	见实训十二准备流程 1~3	
	领取 0.02mol/L KMnO₄ 滴定液	按规定分装、领取滴定液
	配制 1mol/L H_2SO_4 溶液	按规定领取试剂试药，按标准要求配制
测定	100ml 容量瓶装入约 50ml 纯化水，密塞，精密称定，记录数据	
	用吸量管取样品溶液 1ml，置于该容量瓶中，密塞，精密称定。记录数据	加快速度，防止过氧化氢分解，此 1ml 不用精准。通过流程 4、5，可计算出样品质量
	将该溶液定容至 100ml	容量瓶的规范使用，见实训二。不可剧烈摇动锥形瓶，防过氧化氢分解
	精密吸取稀释液 10ml，置 250ml 锥形瓶中，加 1mol/L H_2SO_4 溶液 20ml	吸量管的规范使用，见实训二
	用 KMnO₄ 滴定液（0.02mol/L）滴定至溶液显微红色并保持 30 秒不褪色，即为终点。记录数据	滴定管的规范使用，见实训二 开始应慢滴；有 Mn²⁺ 生成后可快滴；接近滴定终点时，应慢滴
	平行测定 3 份。记录数据	注意操作的平行性
计算	三步计算：列公式、代数据、算结果	注意有效数字和数字修约规则
结束	见实训十二结束流程 13~15	

2. 3% H_2O_2 溶液的含量测定

步骤	操作流程	操作指南
准备	见 30% H_2O_2 溶液的流程 1~3	
测定	50ml 容量瓶装入约 20ml 纯化水，密塞，精密称定。记录数据	
	用吸量管取样品溶液 5ml 置于该容量瓶，密塞，精密称定。记录数据	加快速度，防止过氧化氢分解，此 5ml 不用精准。通过流程 2、3，可计算出样品质量
	将该溶液定容至 50ml	容量瓶的规范使用，见实训二。轻摇，防过氧化氢分解
	精密量取 10ml 置锥形瓶中，加 1mol/L H_2SO_4 溶液 20ml	吸量管的规范使用，见实训二
	用 KMnO₄ 滴定液（0.02mol/L）滴定至溶液显微红色并保持 30 秒不褪色，即为终点。记录数据	滴定管的规范使用，见实训二 开始应慢滴；有 Mn²⁺ 生成后可快滴；接近滴定终点时，应慢滴
	平行测定 3 份。记录数据	注意操作的平行性
计算	三步计算：列公式、代数据、算结果	注意有效数字和数字修约规则
结束	见 30% H_2O_2 溶液的流程 11	

（四）原始记录与数据处理

室温：　　　　　湿度：　　　　　　年　月　日

天平型号及编号：　　　　　　　滴定液浓度 c_{KMnO_4}/（mol/L）：

1. 30％H_2O_2 溶液的含量测定

（1）30％H_2O_2 溶液的含量测定记录

n		第 1 份	第 2 份	第 3 份
过氧化氢样品质量 m/g		$m_1 =$	$m_2 =$	$m_3 =$
		$m_2 =$	$m_3 =$	$m_4 =$
		$\Delta m_1 =$	$\Delta m_2 =$	$\Delta m_3 =$
$KMnO_4$ 滴定液消耗体积 V/ml	终点读数			
	初始读数			
	V			
含量 $\omega_{H_2O_2}$				
平均含量 $\overline{\omega}_{H_2O_2}$				
相对平均偏差 $R\overline{d}$				

（2）数据处理

$$\omega_1 = \frac{5 \times c_{KMnO_4} V_{KMnO_4} M_{H_2O_2} \times 10^{-3}}{2 \times m_s \times \frac{10}{100}} \times 100\% =$$

$\omega_2 =$

$\omega_3 =$

$\overline{\omega}_{H_2O_2} =$

$R\overline{d} =$

2. 3％H_2O_2 溶液的含量测定

（1）3％H_2O_2 溶液的含量测定记录

n		第 1 份	第 2 份	第 3 份
过氧化氢样品质量 m/g		$m_1 =$	$m_2 =$	$m_3 =$
		$m_2 =$	$m_3 =$	$m_4 =$
		$\Delta m_1 =$	$\Delta m_2 =$	$\Delta m_3 =$
$KMnO_4$ 滴定液的体积 V/ml	终点读数			
	初始读数			
	V			
含量 $\omega_{H_2O_2}$				
平均含量 $\overline{\omega}_{H_2O_2}$				
相对平均偏差 $R\overline{d}$				

（2）数据处理

$$\omega_1 = \frac{5 \times c_{KMnO_4} V_{KMnO_4} M_{H_2O_2} \times 10^{-3}}{2 \times m_s \times \frac{10}{50}} \times 100\% =$$

$$\omega_2 =$$

$$\omega_3 =$$

$$\overline{\omega}_{H_2O_2} =$$

$$R\overline{d} =$$

（五）检验结果

1. 30% H_2O_2 溶液的含量测定

$n =$　　　　　　　　　$\overline{\omega}_{H_2O_2} =$　　　　　　　$R\overline{d} =$

2. 3% H_2O_2 溶液的含量测定

$n =$　　　　　　　　　$\overline{\omega}_{H_2O_2} =$　　　　　　　$R\overline{d} =$

五、课后作业

1. 市售 H_2O_2 溶液中常含有少量乙酰苯胺或尿素作稳定剂，这些稳定剂具有还原性，能还原$KMnO_4$而引入误差。为消除其误差，可换用什么方法测定？

2. 如果用碘量法测定 H_2O_2 的含量，应怎样操作？该方法有什么优缺点？

六、实训评价

测评项目	准备	移液操作与时间	滴定操作	终点判断	记录规范完整	结果精密度	结果准确度	工作台整洁
分值 自评	10分	15分	15分	10分	10分	20分	10分	10分

七、实训体会与反思

（李翠芳）

项目十五　电化学分析法

电化学分析法是根据溶液中待测组分的电化学性质及其变化规律，利用电位、电导、电流和电量等电学量与被测物质某种量之间的计量关系，而对待测组分进行定性和定量的仪器分析方法。

电化学分析法可分为三种类型。第一种类型是利用试样溶液的浓度，在某一特定的实验条件下，与化学电池中某种电参量的关系来进行定量分析的。这些电参量包括电极电势、电流、电阻、电导、电容以及电量等。第二种类型是通过测定化学电池中某种电参量的突变作为滴定分析的终点指示，所以又称为电容量分析法，如电位滴定法、电导滴定法等。第三种类型是将试样溶液中某个待测组分转入第二相，然后用重量法测定其质量，称为电重量分析法，也称为电解分析法。以下重点介绍直接电位法和电位滴定法的相关仪器及其操作技术和分析应用。

一、电位滴定仪简介 🅔 视频 3

电位滴定仪是通过测量滴定过程中电位变化以确定滴定终点方法的仪器。电位滴定的基本仪器装置包括滴定管、滴定池、指示电极、参比电极、搅拌器、测电动势的仪器。进行电位滴定时，须在待测液中插入一支指示电极和一支参比电极组成原电池。随着滴定液的加入，滴定液与待测液发生化学反应，使待测离子的浓度不断降低，因而指示电极的电位也相应发生变化。下面以 ZDJ - 5 型电位滴定仪为例，介绍其电位滴定操作方法。

1. 开机

（1）将 ZDJ - 5 容量滴定模块、mV/pH 测量模块、控制模块连接在一起，便组成了自动电位滴定仪，以下简称电位滴定仪。将滴定模块、测量模块和控制模块正确连接后，再接上电源，开机，电位滴定仪即可正常使用。

（2）仪器开机后，自动开始自检，仪器开始检测连接的滴定模块和测量模块，检测结束并显示。

（3）电极的选择取决于滴定时的化学反应，如属酸碱中和反应，可用 pH 复合电极或玻璃电极和甘汞电极；如果是氧化还原反应，可采用铂电极和甘汞电极和钨电极；如属银盐与卤素反应，可采用银电极和特殊甘汞电极。用蒸馏水清洗电极头部，再用待测溶液清洗一次，方能插入该溶液。

2. 电极标定　在各种 pH 滴定模式开始滴定前也可以进行电极斜率的标定。如果用户需要进行二点标定，则事先须准备两种标准缓冲溶液，如果只需一点标定，则只要准备一种标准缓冲溶液。

（1）在仪器的起始状态下，按菜单项"标定"键，电极插入缓冲溶液，按"确认"键，仪器即进入一点标定工作状态，此时，仪器显示当前测得的 pH 和温度值。当显示的 pH 读数趋于稳定后，按"确认"键，仪器显示电极的百分斜率值，至此一点标定结束。

（2）按"确认"键，仪器提示用户是否进行二点标定，按"确认"键进行二点标定，按"取消"键，则标定结束，仪器返回起始状态。

（3）按"确认"键，仪器进行二点标定，电极插入缓冲溶液，当显示的 pH 读数趋于稳定后，按下"确认"键，仪器显示"标定结束！"以及标定好的电极斜率值，说明仪器已完成二点标定。至此标定结束。按"确认"键退出标定模块。用户在标定过程中可按"取消"键随时终止标定。

3. 补液　在仪器的起始状态，按"补液"键，滴定模块即开始补液。补液结束，仪器自动返回起始状态。在补液过程中，如果用户希望及时终止补液，可以按"终止"键，滴定模块即暂停补液。

4. 清洗　在仪器的起始状态，按"清洗"键．用户可以设置清洗次数，最多可清洗 10 次，设置完毕，按"开始清洗"键，滴定模块即开始清洗。清洗结束，仪器自动返回起始状态。同样在清洗过程中，用户可随时终止清洗。

5. 滴定　滴定仪器共提供 5 种滴定模式，即预滴定模式、预设终点滴定模式、模式滴定模式、空白滴定模式、手动滴定模式等。在仪器的起始状态下，按"滴定"键，或者按菜单项上的"滴定"项，仪器会显示全部滴定模式，用户可以选择所需的滴定模式进行相应的滴定。

6. 手动滴定模式　为用户自己手动添加滴定剂、手动滴定的滴定模式。该滴定模式可帮助用户寻找滴定终点。在仪器的起始状态下，按"滴定"键，选择"手动滴定"即可进入手动滴定模式，预控点设置："设置"开关置"预控点"，调节"预控点"旋钮，使显示屏显示你所要设置的预控点 pH。

手动滴定模式有以下这些参数：mV/pH 滴定参数、预加体积参数、下次添加体积参数、终点突跃量参数、结束体积参数等。

选择"pH 滴定"，设置搅拌速度。按"开始滴定"键即可开始手动滴定。按"设置添加体积"键设定滴入的体积量，按"添加"键即滴入设定体积，按"终止"键终止滴定。可在滴定过程中按"设置添加体积"键重新设定滴入的体积量。

7. 每次滴入待数据稳定后，记录 pH 和 V。

8. 滴定数据的处理（包括查阅、贮存、打印和生成模式等）　仪器提供了两种查阅方式：第一，允许用户在滴定结束后，再次查阅本次的滴定数据；第二，可以查阅用户存贮起来的滴定数据。

显示屏左下角为指示线对应的滴定数据，包括电位、体积、微分等；右下角为终点区，显示终点数和对应终点值。

二、永停滴定仪简介 📹 视频4

永停滴定法是根据电池中双铂电极的电流，随滴定液的加入而发生变化来确定化学计量点的电流滴定法，又称双电流滴定法。

永停滴定仪的测定原理基本相同，结构略有差别。ZYT – 1 型自动永停滴定仪是用于亚硝酸钠法指示滴定终点的指示仪器。仪器采用特制精密计量泵和高可靠三通转换阀，能自动滴液、自动测定、到终点自动停止，其操作方法如下。

1. 将滴定管及电极分别装入仪器相应位置，将被测样品按药典要求分别按"门限值""灵敏度""极化电压"至所要求的数值。

2. 将电磁阀的硅胶管用力套入滴定管的接头上。

3. 将电磁阀插头插入仪器后部相应位置，在滴定管中加入标准液。

4. 按"快滴"键，调节电磁阀螺丝，使标准液流下，赶走液路部分全部气泡。

5. 按"慢滴"键，同样调节电磁阀螺丝，使慢滴速度为每滴 0.02ml 左右。

6. 重新加满滴定管中的标准液，按"慢滴"键，使滴定管内标准液调节到零刻度。

7. 将被测样品的烧杯置本机搅拌器上，加入搅拌棒，打开仪器右侧搅拌开关并调节搅拌开关的搅拌速度电位器。使搅拌速度适中，再将电极，滴定管下移，浸入被测溶液中。

8. 按"滴定开始"键，仪器开始自动滴定，快滴与慢滴自动交替进行，当电表指针超过门限值时停滴，指针返回门限值以下时先 4~6 次慢滴，在慢滴期间电表指针仍不超过门限值时仪器自动转为快滴，当仪器指针超过门限值1分20秒（±10秒）仍不返回门限值以下时即为滴定终点，此时仪器终点指示灯亮，同时蜂鸣器响，此时仪器处于终点锁定状态。

9. 按"复位"键，记录下滴定管上的刻度读数，将电极，滴液管移离液面并用蒸馏水冲洗干净。

实训二十三 磷酸的电离平衡常数测定及含量测定（电位滴定法）

一、学习目标

知识目标	能力目标	思政及岗位素养目标
1. 掌握磷酸的电离平衡常数和含量测定的基本原理和方法 2. 掌握磷酸的电离平衡常数和含量测定的计算方法	1. 能规范使用电位仪 2. 能规范记录实验数据，并计算结果 3. 能解决磷酸的电离平衡常数和含量测定在实际应用中的问题	1. 深刻体会"科学严谨"的工匠精神 2. 达到中级检验员岗位关于用电位滴定法进行电离平衡常数和含量测定的要求

二、关键概念 📱视频5

1. 电位滴定法 是根据测定滴定过程中电池电动势的突变来确定滴定终点的方法。须在待测溶液中插入一支指示电极和一支参比电极组成原电池。

2. 二阶导数曲线法 又称为二阶导数法。画曲线，查阅曲线上穿越 Y 轴为零时所对应的体积，即为化学计量点的体积。在此基础上，确定 Y 轴为 0 时两旁最近的两组数据，即计算出化学计量点的体积，这种方法称为内插法。

三、基础知识

电位滴定法可用于测定一些弱酸或弱碱的电离平衡常数（K）。以弱酸为例，用 NaOH 滴定液滴定磷酸，当滴定反应刚好进行到一半时，溶液中剩下的磷酸浓度与生成的磷酸二氢钠的浓度相等，此时溶液中的氢离子浓度就等于磷酸的第一级电离平衡常数，即：

$$NaOH + H_3PO_4 \Longrightarrow NaH_2PO_4 + H_2O$$

$$K_1 = \frac{[H^+] \cdot [H_2PO_4^-]}{[H_3PO_4]}$$

当上述反应进行到一半时（第一半中和点 $V_{ep}/2$），$[H_3PO_4] = [H_2PO_4^-]$，则电离平衡常数表示式中 $K_{a_1} = [H^+]$ 或 $pK_{a_1} = pH$，同理，当反应进行到第二半中和点时，$K_{a_2} = [H^+]$ 或 $pK_{a_2} = pH$。所以通过测定半中和点时溶液的 pH，就可以求得弱酸或弱碱的电离平衡常数（图 15-1）。以加入的 NaOH 的体积 V 为横坐标，相应的 pH 为纵坐标则可绘制 pH-V、一阶导数及二阶导数滴定曲线，从曲线上不仅可以确定滴定终点 V_{ep}，也能求算 pK_a。

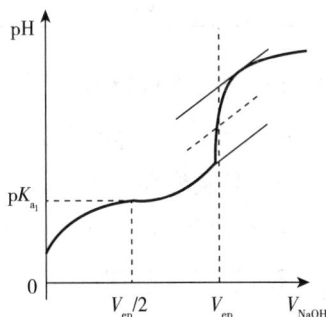

图 15-1 电离平衡常数计算示意图

四、实训练习

（一）实训条件

1. 仪器与器材 电位滴定仪、搅拌子、吸量管（10.00ml）、烧杯（100ml）。

2. 试剂和试药 KH_2PO_4 与 Na_2HPO_4 标准缓冲溶液（pH = 6.86）、$Na_2B_4O_7 \cdot 10H_2O$ 标准缓冲溶液 pH = 9.18、$KHC_8H_4O_4$ 标准缓冲溶液（pH = 4.00）、NaOH（0.1mol/L）滴定液、磷酸样品溶液。

（二）安全及注意事项

1. 滴定头和电极要插入样品中，电极球膜要完全浸入。

2. 在搅拌溶液时，要防止复合电极球膜被破坏。

3. 每滴入一次滴定液，都要充分搅拌溶液，搅拌后，待溶液稳定后再测定记录。

4. 滴定过程中应尽量少用纯化水冲洗，以免溶液浓度太小使突跃不明显。

（三）操作流程及规范

步骤	操作流程	操作指南
准备	领取任务和 SOP 相关文档。清场	
	操作间准备：操作间控温、控湿度。所有器材应提前置于实验环境中	操作间应光线充足。操作间内应配置空调和温湿度计
	定量分析玻璃器材准备，检视外观，洗净，提前置于实验环境中	外观应符合 JJG 196 要求。注意铬酸洗液废液处理
	领取 pH 为 6.86 和 4.00 的标准缓冲溶液	按规定领取试剂试药，按标准要求配制
	电位滴定仪开机，预热	预热 20 分钟
	用 NaOH 溶液（0.1mol/L）滴定液清洗电位滴定仪滴定管，充液至起始体积	按规定分装、领取滴定液
测定	用标准缓冲溶液校正电位滴定仪的 pH 计	可参考实训十
	精密量取磷酸样品溶液 10.00ml 至 100ml 的烧杯中，加纯化水 20ml。插入电极和滴头	吸量管的规范使用，见实训二
	用 NaOH 滴定液（0.1mol/L）滴定，0.00~9.00ml 段每加入 1.00ml 记录一次 pH。9.00~11.00ml 段每加入 NaOH 体积为 0.2ml 记录一次 pH。11.00~14.00ml 每加入 1.00ml 记录一次 pH	在接近滴定终点时的滴定突跃范围里，溶液 pH 的变化幅度会陡然增大，因此，每次加入的 NaOH 滴定液体积需减少。每阶段加入的 NaOH 滴定液体积应保持相等，以便于数据的处理
pK_1	绘制 pH–V 曲线，寻找 pK_1	见本项目基础知识
计算	绘制二阶导数曲线，寻找 V'_{ep} 计算磷酸的浓度	保留至小数点后 4 位
结束	关机，切断电源，清扫，套上防尘罩。清洗玻璃器材和设备。填使用登记	清洗器皿，收拾台面，填写实验记录
	定量玻璃器材归库，原始记录归档。清场	关水关电，正确处理废液

（四）原始记录与数据处理

室温：　　　　湿度：　　　　　　年　月　日

仪器型号及编号：

记录及计算示例（以 mv 为例）：

滴入的滴定液体积 V/ml	测量电位 E/mV	$\bar{V}$	ΔE	ΔV	$\dfrac{\Delta E}{\Delta V}$	$\left(\dfrac{\Delta E}{\Delta V}\right)_2 - \left(\dfrac{\Delta E}{\Delta V}\right)_1$	$\dfrac{\Delta^2 E}{\Delta V^2}$
6.80	−222						
		6.85	17	0.1	170		
6.90	−205					800	8000
		6.95	97	0.1	970		
7.00	−108					−720	−7200
		7.05	25	0.1	250		
7.10	−83						

1. 测定记录（可另附表）

滴入的滴定液体积 V/ml	测量 pH	$\bar{V}$	$\Delta \mathrm{pH}$	ΔV	$\dfrac{\Delta \mathrm{pH}}{\Delta V}$	$\left(\dfrac{\Delta \mathrm{pH}}{\Delta V}\right)_2 - \left(\dfrac{\Delta \mathrm{pH}}{\Delta V}\right)_1$	$\dfrac{\Delta^2 \mathrm{pH}}{\Delta V^2}$

2. 数据处理

（1）绘制 $pH - V$（另附图），$pK_{a_1} =$

（2）绘制 $\Delta^2 pH/\Delta V^2 - V$ 曲线（另附图）

终点时消耗的 NaOH 溶液体积 $V_{NaOH} =$ $c_{H_3PO_4} =$

（五）检验结果

$c_{H_3PO_4} =$ $pK_{a_1} =$

五、课后作业

1. 用 E 来代替 pH 绘制曲线，能否得到 V_{ep} 和 pK_{a_1}？

2. 为什么可以用电位滴定法测定弱酸的电离常数？

六、实训评价

测评项目	准备	仪器标定	绘图	pK 和终点的判断	原始记录规范	计算数据处理	报告完整性	清场
分值	10 分	20 分	20 分	10 分	15 分	5 分	10 分	10 分
自评								

七、实训体会与反思

实训二十四   对氨基苯磺酸钠的含量测定（永停滴定法）

一、学习目标

知识目标	能力目标	思政及岗位素养目标
1. 掌握对氨基苯磺酸钠的含量测定的基本原理和基本方法 2. 熟悉对氨基苯磺酸钠的含量测定的计算方法	1. 能完成对氨基苯磺酸钠的含量测定 2. 能使用自动永停滴定仪 3. 能规范记录实验数据，并计算结果和 $\overline{Rd}$ 4. 能解决对氨基苯磺酸钠的含量测定在实际应用中的问题	1. 深刻体会"科学严谨"的工匠精神 2. 达到中级检验员岗位采用永停滴定法进行含量测定的要求

二、关键概念

1. 永停滴定法 亦称双指示电极电流滴定法，是用两支相同的惰性金属（如铂）为指示电极，在两个电极间外加一个小电压（常为 10~200mV），以保证指示电极上的反应不改变溶液的组成，通过观察滴定过程中电池系统的电流变化来确定滴定终点。

2. 可逆电对和不可逆电对　在一定条件下电对的氧化态获得电子变为还原态，还原态也能失去电子变回氧化态，这样的电对称为可逆电对，如 I_2/I^-。在相同条件下，电对的还原态与氧化态不能从外部得失电子实现相互转变，这样的电对称为不可逆电对，如 $S_4O_6^{2-}/S_2O_3^{2-}$。

三、基础知识

永停滴定法仪器简单，操作方便，准确可靠，故应用日益广泛，采用永停滴定法确定终点，比使用内、外指示剂更加方便准确。《中国药典》（2025 年版）规定亚硝酸钠滴定法采用永停滴定法确定终点。

对氨基苯磺酸钠是具有芳伯氨基的药物，在酸性溶液中能与亚硝酸钠定量发生重氮化反应而生成重氮盐。到达终点后，溶液中稍有过量的亚硝酸钠，就会存在 HNO_2 及其分解产物 NO，并组成可逆电对 HNO_2/NO，可采用永停滴定法指示终点，由于在终点时两个电极上发生了电解反应，电路中将有电流通过，电流计指针将发生偏转，并不再回到零位，以此来指示终点。计算公式如下。

$$\omega_{C_6H_{10}O_5NSNa} = \frac{c_{NaNO_2}V_{NaNO_2}M_{C_6H_{10}O_5NSNa} \times 10^{-3}}{m_s} \times 100\%$$

式中，c_{NaNO_2} 为 $NaNO_2$ 的浓度（mol/L）；V_{NaNO_2} 为消耗的 $NaNO_2$ 的体积（ml）；$M_{C_6H_{10}O_5NSNa}$ 为对氨基苯磺酸钠的相对分子质量（g/mol）；m_s 为样品对氨基苯磺酸钠的质量（g）。

四、实训练习

（一）实训条件

1. 仪器与器材　ZYT-1 自动永停滴定仪、搅拌子、双铂电极、酸式滴定管、万分天平、烧杯（250ml）。

2. 试剂和试药　对氨基苯磺酸钠、KBr(AR)、浓 HCl(12mol/L)、亚硝酸钠滴定液（约 0.1mol/L）。

（二）安全及注意事项

1. 外加电压在 80~90mV 为宜，实验前应先进行测量。

2. 酸度一般控制在 1~2mol/L 为宜。

3. 温度不宜超过 30℃，滴定速度稍快。

4. 仪器工作时，要保持表面及内部的清洁和干燥，调节流量大小时，只能调节电磁阀盒的调节螺丝，不允许拆开调节电磁阀盒内后部的紧固螺丝，仪器工作完毕后，应该用纯化水冲洗干净硅橡胶管。

（三）操作流程及规范

步骤	操作流程	操作指南
准备	见实训二十三准备流程 1~3	
	领取亚硝酸钠滴定液（0.1mol/L）	按规定分装，领取滴定液
	永停滴定仪开机，预热	预热 20 分钟
	滴定管安于永停滴定仪上。用亚硝酸钠滴定液（0.1mol/L）润洗滴定管，排气泡，调滴速为每次半滴，并调至零刻度线	用手动滴定按钮和电磁阀调节螺母调液滴速度，并调节滴定液液面至零刻度线

续表

步骤	操作流程	操作指南
测定	精密称取对氨基苯磺酸钠0.7g，置250ml烧杯，加纯化水50ml使其溶解，再加HCl（12mol/L）5ml，KBr 1g。插入电极和滴定头	分析天平的规范使用，见实训二 将极化电压、灵敏度、门限值按照测定的样品，调节到规定范围（指示灯发光），若报警灯亮起，则说明无法滴定该溶液体系，需重新调试
	将滴定管的尖端插入液面下2/3处，按下自动档（指示灯发光），滴定开始，直至红灯亮，发出蜂鸣声，表示到达终点，按下复位开关，记录数据。平行测定3份	将电极提起离开液面，用纯化水冲洗电极，然后进行新的滴定
计算	三步计算：列公式、代数据、算结果	注意有效数字和数字修约规则
结束	见实训二十三结束流程11~12	

（四）原始记录与数据处理

室温： 　　　湿度： 　　　　　年　月　日

天平型号及编号： 　　　　　　　仪器型号及编号：

滴定液浓度 $c_{Na_2S_2O_4}$/（mol/L）：

1. 含量测定记录

n		第1份	第2份	第3份
对氨基磺酸钠样品质量 m_s/g		$m_1=$	$m_2=$	$m_3=$
		$m_2=$	$m_3=$	$m_4=$
		$\Delta m_1=$	$\Delta m_2=$	$\Delta m_3=$
$NaNO_2$ 滴定液的消耗体积 V/ml	终点读数			
	初始读数			
	V			
含量 $\omega_{C_6H_{10}O_5NSNa}$				
平均含量 $\overline{\omega}_{C_6H_{10}O_5NSNa}$				
相对平均偏差 $R\overline{d}$				

2. 数据处理

$$\omega_1 = \frac{c_{NaNO_2} V_{NaNO_2} M_{C_6H_{10}O_5NSNa} \times 10^{-3}}{m_s} \times 100\% =$$

$$\omega_2 =$$

$$\omega_3 =$$

$$\overline{\omega} =$$

$$R\overline{d} =$$

（五）检验结果

$n=$ 　　　　　　　$\overline{\omega}=$ 　　　　　　　$R\overline{d}=$

五、课后作业

1. 本实验加 KBr 的目的是什么？

2. 滴定中若用过高的电压会出现什么现象？

六、实训评价

测评项目	准备	滴速调节	仪器使用	终点处理	原始记录规范	计算数据处理	报告完整性	清场
分值	10分	20分	20分	5分	15分	10分	10分	10分
自评								

七、实训体会与反思

（刘应杰）

项目十六　目视比色法

由朗伯－比尔定律可知，溶液的吸光度和浓度成正比例关系。样品溶液的颜色深浅也是吸光度大小的一种表征，与浓度也成正比例关系，可以粗略在可见光条件下对样品进行半定量的分析。

实训二十五　水中微量氨的含量测定（目视比色法）

一、学习目标

知识目标	能力目标	思政及岗位素养目标
1. 掌握纳氏比色管的正确使用和标准系列的配制方法 2. 熟练使用目视比色法测定水中微量氨	1. 能正确判断样品液与标准系列比色的结果 2. 能规范记录实验数据，并计算结果	1. 深刻理解"量变到质变"的思想 2. 达到化学检验中级岗位关于能用目视比色法进行半定量分析的要求

二、关键概念

目视比色法平行操作原则　即供试品管和对照管的实验条件应尽可能一致，包括实验用具的选择（如比色管刻度高低差异应不超过 2mm 等）、试剂的量取方法、操作顺序及反应时间等。

三、基础知识

在碱性溶液中，氨与奈氏试剂（碱性碘化汞钾）作用，生成淡黄到橙黄色的配合物，其颜色的深浅与氨含量有关。反应式如下：

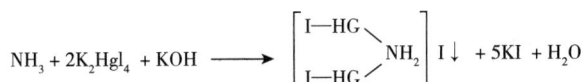

$$NH_3 + 2K_2HgI_4 + KOH \longrightarrow \left[\begin{array}{c} I-HG \\ I-HG \end{array} \right. NH_2 \left. \right] I\downarrow + 5KI + H_2O$$

当奈氏试剂用量足够并一定时，所得溶液的颜色深度与氨的含量成正比。

奈氏试剂的配制：称取 5g KI 溶于 5ml 无氨蒸馏水，分次加入少量氯化汞（HgCl$_2$）溶液（2.5g 氯化汞溶于 10ml 热的无氨蒸馏水中，可微热以增加其溶解度），不断搅拌至微有朱红色沉淀为止。冷却后，加入 KOH 溶液（15g KOH 溶于 30ml 无氨蒸馏水中），充分冷却，加水稀释至 100ml。静置 1 天。取上清液贮存于棕色试剂瓶内，用橡皮塞塞紧，备用。有效期为 1 个月。

四、实训练习

（一）实训条件

1. 仪器与器材 比色管架、比色管、量瓶、吸量管、分析天平、称量瓶、小烧杯、胶头滴管、洗瓶、滤纸片、洗耳球。

2. 试剂和试药 无氨蒸馏水、奈氏试剂、氯化铵标准溶液。

（二）安全及注意事项

1. 因测定的是微量氨，所以所用试剂均应用无氨蒸馏水配制，实验操作室内不得有氨气。

2. 操作过程要注意平行原则。用同一套比色管，样品比色液与标准系列应同时操作。在同一底色上比较等。

3. 使用过的比色管应及时清洗，注意不能用毛刷刷洗，可用重铬酸钾洗液浸泡。

（三）操作流程及规范

步骤	操作流程	操作指南
准备	见实训二十三准备流程 1～3	操作间内不得有氨气
	试剂准备 ①无氨蒸馏水应盛在干净的试剂瓶中，提前置于实验环境中 ②标准氨溶液的配制：临用时，准确吸取储备溶液 10.00ml 于 100ml 量瓶中，用无氨蒸馏水稀释至刻度，摇匀，则配制成的标准溶液含氨为 0.100mg/ml	奈氏试剂应至少提前一天配制且不能超过 1 个月 储备液配制：精密称取干燥的基准物无水 NH$_4$Cl 0.3147g，溶于无氨蒸馏水后，移入 100ml 量瓶中，加无氨蒸馏水稀释至标线，摇匀，此储备液溶液含氨为 1.00mg/ml
	比色管的准备：检视外观，洗净，提前置于实验环境中	比色管要配套。注意不能用毛刷刷洗，可用重铬酸钾洗液浸泡
制备	氨标准系列溶液制备：取同套 50ml 比色管 5 支，各加无氨蒸馏水约 20ml，分别精密加入标准溶液 0.5、1.0、1.5、2.0、2.5ml。标记为 1～5 号	吸量管应规范操作
	样品氨液的制备：取同套 50ml 比色管 1 支，加无氨蒸馏水约 20ml，用吸量管加入 10.00ml 样品液。标记为 6 号	吸量管应规范操作
	显色：再各加奈氏试剂 0.50ml，用无氨蒸馏水稀释至 50ml 标线处，盖好管塞，摇匀。放置 10～15 分钟后进行比色	注意平行操作 控制速度，以免显色反应时间差异过大
比色判断结果	打开管塞，从上往下在白色背景下观察颜色。记录结果	如果样品液颜色与标准系列中某一管的颜色相近，则这两管的浓度相同。如果样品液颜色介于标准系列的两管之间，则样品液的浓度约为这两管的平均值
结束	见实训二十三结束流程 11～12	

（四）原始记录与数据处理

室温： 湿度： 年 月 日

1. 水中微量氨的比色测定记录

管号	1#	2#	3#	4#	5#	6#
氨标准溶液/ml						
奈氏试剂/ml						
加无氨蒸馏水至总体积/ml						
浓度 c/（mg/ml）						
目视比色结果						

2. 数据处理

$$c_{原样} = 颜色相同或相近的标准管浓度 \times \frac{50.00}{10.00} =$$

（五）检验结果

$c_{原样} =$

五、课后作业

1. 目视比色法的特点是什么？

2. 如果配制成的样品溶液与标准系列比色时，发现样品液颜色比标准系列都要深或都要浅，怎么办？

3. 若待测物质是无色或很浅的颜色，如何进行目视比色法测定含量？

六、实训评价

测评项目	吸量管操作	比色管操作	显色与比色操作	观察现象并记录	计算数据处理	记录规范完整	报告完整性	清场
分值	20分	15分	15分	10分	10分	10分	10分	10分
自评								

七、实训体会与反思

项目十七 旋光度法 视频6

许多有机药物结构中含有不对称手性碳原子，具有旋光现象。平面偏振光通过含有某些光学活性化合物的液体或溶液时，能引起旋光现象，使偏振光的平面向左或向右旋转，旋转的度数称为旋光度。利用测定药物的旋光度进行药物鉴别、杂质检查和含量测定的分析方法称为旋光度测定法，具有操作简便、快速等优点。

在一定波长与温度下，偏振光透过每1ml含有1g旋光性物质的溶液且光路为长1dm时，测得的旋光度称为比旋度。比旋度在一定条件下是常数，可以用于鉴别或检查光学活性药品的纯杂程度，亦可用于测定光学活性药品的含量。

旋光度测定一般应在溶液配制后 30 分钟内进行测定。测定旋光度时，将测定管用供试液冲洗数次，缓缓注入供试液适量（勿出现气泡），置于旋光计内检测读数，即得供试液的旋光度。使偏振光向右旋转者（顺时针方向）为右旋，以"＋"符号表示；使偏振光向左旋转者（逆时针方向）为左旋，以"－"符号表示。用同法读取旋光度 3 次，取平均数，照下列公式计算，即得供试品的比旋度。

对液体供试品 $[\alpha]_D^t = \dfrac{\alpha}{l \times d}$，对固体供试品 $[\alpha]_D^t = \dfrac{100\alpha}{l \times c}$。式中 $[a]$ 为比旋度；D 为钠光谱的 D 线（589.3nm）；t 为测定时的温度（20℃）；l 为测定管长度（dm）；a 为测得的旋光度；d 为液体的相对密度；c 为每 100ml 溶液中含有被测物质的重量（按干燥品或无水物计算）（g）。

除另有规定外，本法系采用钠光谱的 D 线（589.3nm）测定旋光度，标准石英旋光管长度为 1dm（如使用其他管长，应进行换算），测定温度为 20℃，用读数至 0.01°并经过检定的旋光计。旋光计也使用较短的波长，如光电偏振计使用滤光片得到汞灯波长约为 578、546、436、405、365nm 处的最大透射率的单色光，其具有更高的灵敏度，可测定更低浓度的被测化合物。还有一些其他光源，如带有适当滤光器的氙灯或卤钨灯。WZZ－3 自动旋光仪使用操作规程如下。

1. 仪器应放在干燥通风处，防止潮气侵蚀，尽可能在 20℃的工作环境中使用仪器，搬运仪器应小心轻放，避免振动。

2. 将仪器电源插头插入 220V 交流电源（要求使用交流电子稳压器），电源的接地脚必须可靠接地。

3. 打开仪器的电源开关，这时钠光灯应启辉，需经 5 分钟预热使光源发光稳定。

4. 这时液晶显示屏自动进入操作界面，默认值，测量模式：旋光度；管长度：200mm；测量次数：1。

5. 测量模式的选择。点击测量模式显示框，弹出选择菜单，可选择四种测量模式：旋光度，比旋度，浓度，糖度。

6. 试管长度的选择。点击试管长度显示框，弹出选择菜单，可选择三种试管长度：50nm、100nm、200nm。

7. 测量次数输入。点击测量次数显示框，弹出选择输入键盘，测量次数可输入 1~6，输入其他数值无效。

8. 系统设置。点击系统设置按钮，可进入系统设置界面进一步设置系统时间。

9. 测量模式

（1）测旋光度时，白框内显示 a 及 a_{AV}，显示界面上需要选择试管长度，测量次数。

（2）测比旋度时，白框内显示 [a] 及 $[a]_{AV}$，显示界面上需要选择试管长度，测量次数及溶液的浓度。

（3）测浓度时，白框内显示 C 及 C_{AV}，显示界面上需要选择试管长度，测量次数及比旋度值。

（4）测糖度时，白框内显示 Z 及 $[Z]_{AV}$，显示界面上需要选择试管长度，测量次数。

脚标 AV 表示平均值。数据栏下方的均方差（6_{n-1}）为测量次数为 6 时的标准偏差，反映样品制备及仪器测试结果的离散性，离散性越小，测试结果的可信度越高。

10. 将装有蒸馏水或其他空白溶剂的试管放入样品室，盖上箱盖，按"清零"键，显示 0.000 读数。试管中若有气泡，应先将气泡浮在凸颈处，通光面两端的雾状水滴，应用软布揩干。试管螺帽不宜旋得过紧，以免产生应力，影响读数。试管安放时应注意标记的位置和方向。

11. 取出试管，将待测样品替换原装有的溶剂，按相同的位置和方向放入样品室内，盖好箱盖。仪器将显示出该样品的旋光度（或相应示值）。

12. 仪器自动复测 n 次，得 n 个读数并显示平均值及均方差（6_{n-1}）值（6_{n-1} 对 $n=6$ 有效）。如果 n 设定为 1，可用复测键手动复测，在 $n>1$，按"复测"键时，仪器将重新测试。

13. 如样品超过测量范围，仪器在 $\pm45°$ 处来回振荡。此时，取出试管，仪器即自动转回零位。此时可稀释样品后重测。

14. 测量完毕，将装有蒸馏水或其他空白溶剂的试管放入样品室，若仪器无法归零，应校正仪器后重新测量。

15. 仪器使用完毕后，应关闭光源，电源开关。

16. 每次测定前，请按"清零"键。

实训二十六　葡萄糖注射液的含量测定

一、学习目标

知识目标	能力目标	思政及岗位素养目标
1. 掌握药物旋光度的测定方法、原理和比旋度的计算方法 2. 熟悉自动旋光仪的工作原理和使用方法	1. 能操作自动旋光仪 2. 能规范记录实验数据，并计算结果	1. 深刻理解"结构决定性质，性质决定用途，用途体现性质"的化学学科思想 2. 达到化学检验中级岗位能用旋光度法进行定量分析的要求

二、关键概念

1. 旋光度　当平面偏振光通过含有某些光学活性化合物的液体或溶液时，能引起的旋光现象。

2. 比旋度　偏振光透过长 1dm 且每 1ml 含旋光物质 1g 的溶液，在一定的波长和温度下测得的旋光度。

三、基础知识

葡萄糖（$C_6H_{12}O_6 \cdot H_2O$）的分子结构中有四个手性碳原子，所以具有旋光性，其中 D-（+）-葡萄糖供药用，比旋度 $[\alpha]$ 为 $+52.6° \sim +53.2°$。可以通过测定其旋光度来进行定性鉴别及含量测定。

计算公式为：

$$[\alpha]_D^t = \frac{100\alpha}{1 \times c}$$

式中，$[\alpha]$ 为比旋度；D 为钠光谱的 D 线（589.3nm）；t 为测定时的温度（20℃）；α 为测得的旋光度；l 为测定管长度（dm）；c 为每 100ml 溶液中含有被测物质的重量（按干燥品或无水物计算）（g）。

取无水葡萄糖比旋度的中值 $+52.90°$，按下式计算无水葡萄糖的浓度。

$$无水葡萄糖浓度(c) = \frac{100\alpha}{l \times [\alpha]_D^t}$$

如果换算成含水葡萄糖（c'）时，则应为：

$$c' = c \times \frac{198.17（含水葡萄糖的分子量）}{180.16（无水葡萄糖的分子量）} = \frac{100\alpha}{l \times [\alpha]_D^t} \times \frac{198.17}{180.16} = \alpha \times \frac{100}{l \times 52.90} \times \frac{198.17}{180.16}$$

$$c' = \alpha \times 2.0793$$

式中，α 为测得的旋光度；2.0793 为常数；l 为测定管长度（dm）；c' 为每 100ml 溶液中含有被测物质的重量（按一水葡萄糖计算，g）。

四、实训练习

（一）实训条件

1. 仪器与器材　旋光仪、吸量管、量瓶、烧杯、胶头滴管、玻璃棒、洗瓶、滤纸片。

2. 试剂和试药　蒸馏水、氨试液（取浓氨溶液 400ml，加水至 1000ml，即得）、葡萄糖注射液。

（二）安全及注意事项

1. 每次测定前应以空白溶剂作校正，测定后，再放入空白溶剂检查 1 次，以确定在测定时零点有无变动；如第 2 次放入时发现旋光度差值超过 ±0.01°时表明零点有变动，则应重新测定旋光度。

2. 配制溶液及测定时，均应调节温度至（25.0±0.5）℃。供试液应澄清。

3. 钠光灯启辉后至少 30 分钟后发光才能稳定，测定或读数时应在发光稳定后进行。

4. 因为新配制的葡萄糖溶液要发生旋光转化现象，故常加入氨试液以促进其变旋现象稳定，消除测定干扰并按要求进行测定。

5. 测定管中若有气泡，应先让气泡浮在凸颈处；通光面两端应先擦干；测定管螺帽不宜旋得太紧。

（三）操作流程及规范

步骤	操作流程	操作指南
准备	见实训二十三准备流程 1~3	
	氨试液的配制	取浓氨溶液 400ml，加水使成 1000ml
	旋光计的检定，可用标准石英旋光管进行，读数误差应符合规定	见《旋光仪及旋光糖量计检定规程》（JJG 536—2015）
配制	精密量取本品适量（约相当于葡萄糖 10g），置 100ml 量瓶中，加氨试液 0.2ml，用水稀释至刻度，摇匀，静置 10 分钟，即得供试液	吸量管的规范使用。0.2ml 10% 或 10% 以下规格的本品可不用加氨试液，直接取样测定
调零点	将旋光管用蒸馏水冲洗数次，缓缓注满蒸馏水，然后以软布或擦镜纸揩干、擦净，认定方向将测定管置于旋光仪内，进行空白校正，调零点	注意勿使产生气泡。注意放置方向。小心盖上玻璃片、橡胶垫和螺帽，旋紧测定管两端螺帽时，不应用力过大以免产生应力，造成误差
测定	按上述方法装入供试液，测定供试液旋光度 3 次。记录数据	放入供试液即可读数，后再按复测键
零点验证	放入空白溶剂，以验证在测定过程中零点有无变动	若发现旋光度差值超过 ±0.01°时表明零点有变动，则应重新测定旋光度
计算	三步计算：列公式、代数据、算结果	注意有效数字和数字修约规则
结束	见实训二十三结束流程 11~12	

（四）原始记录与数据处理

室温：　　　　湿度：　　　　　　　年　月　日

天平型号及编号：　　　　　　仪器型号及编号：

1. 葡萄糖注射液旋光度测量记录

n	第 1 份	第 2 份	第 3 份
α			
$c/$（g/100ml）			
$\bar{c}/$（g/100ml）			
$R\bar{d}$			

2. 数据处理

$c_1 = \alpha \times 2.0793 =$

$c_2 =$

$c_3 =$

$\bar{c} =$

$R\bar{d} =$

（五）检验结果

$n =$　　　　　　　　　$\bar{c} =$　　　　　　　　　$R\bar{d} =$

（六）结果判定

产品规定浓度 =　　　　g/100ml，样品浓度□符合　□不符合 规定。

五、课后作业

1. 测定旋光度时为什么样品管内不能有气泡存在？
2. 葡萄糖注射液的旋光度测定时候，为什么要加入氨试液？
3. 为什么每次测定前后应用溶剂做空白校正和零点验证？

六、实训评价

测评项目	吸量管操作	容量瓶操作	旋光仪的使用	计算数据处理	结果判定	记录规范完整	报告完整性	清场
分值 自评	15 分	15 分	20 分	10 分	10 分	10 分	10 分	10 分

七、实训体会与反思

（张如超）

项目十八　常用经典液相色谱法

色谱分析法简称色谱法，是一种依据不同物质所具有的物理或者物理化学性质差异（如吸附、分配、亲和性能等），将混合物中的各组分在体系中先进行分离，再逐个进行分析的方法。色谱分析法根据分离形式可分为平面色谱和柱色谱；根据流动相可分为气相色谱和液相色谱；根据分离原理可分为吸附色谱、分配色谱等。以下将介绍薄层色谱法、柱色谱法的基本原理、分析方法及操作规范。

一、纸色谱法简介

纸色谱法（filter paper chromatography，PC）系以纸作为固定相或载体的平面色谱法。具体是以纸上所含水分或其他物质为固定相，用展开剂进行展开的分配色谱法。

1. 仪器与材料

（1）展开容器　通常为圆形或者长方形的玻璃缸，缸上具有磨口玻璃盖。用于下行法的展开容器，盖上有一个孔，可插入分液漏斗，用以加入展开剂。用于上行法的展开容器，在盖上的孔中加塞，塞中插入玻璃悬钩，以便将点样后的滤纸挂在钩上，并除去溶剂槽。

（2）点样器　常用具支架的微量注射器或定量毛细管，应能使点样位置正确、集中。

（3）色谱滤纸　要求质地均匀平整，具有一定机械强度，不含影响展开效果的杂质，也不应与所用显色剂起作用，以免影响分离鉴别效果。用于下行法的色谱滤纸，取色谱滤纸按纤维长丝方向切成适当大小的纸条，离纸条上端适当的距离用铅笔划一点样基线，必要时，可在滤纸下端切成锯齿形便于展开剂滴下。用于上行法的色谱滤纸，滤纸长约25cm，宽度则按需要而定，必要时可将滤纸卷成筒形，点样基线距底边约2.5cm。

2. 操作方法

（1）下行法　用微量注射器或定量毛细管吸取供试品溶液，点于基线上，一次点样量不超过10μl。宜分次点加，每次点加后，待其自然干燥、低温烘干或经温热气流吹干，样点直径为2～4mm，点间距离为1.5～2.0cm，样点通常应为圆形。

将点样后的色谱纸的点样端放在溶剂槽内并用玻璃棒压住，使色谱滤纸通过槽侧玻璃支持棒自然下垂，点样基线在压纸棒下数厘米处。展开前，展开缸内用各品种项下规定的溶剂的蒸汽使之饱和，一般可在展开缸底部放一装有规定溶剂的平皿，或将被规定溶剂润湿的滤纸条附着在展开缸内壁上，放置一定时间，待溶剂挥发使缸内充满饱和蒸汽。然后小心添加展开剂至溶剂槽内，使色谱滤纸的上端浸没在槽内的展开剂中。展开剂即经毛细作用沿色谱滤纸移动进行展开，展开过程中避免色谱滤纸受强光照射，展开至规定的距离后，取出色谱滤纸，标明展开剂前沿位置，待展开剂挥散后，按规定方法检测色谱斑点。

（2）上行法　点样方法同下行法。展开室内加入展开剂适量，放置待展开剂蒸汽饱和后，再下降悬钩，使色谱滤纸浸入展开剂约1cm，展开剂即经毛细作用沿色谱滤纸上升，除另有规定外，一般展开至约15cm后，取出晾干，按规定方法检视。

展开可以单向展开，即向一个方向进行，也可进行双向展开，即先向一个方向展开，取出，待展开剂完全挥发后，将滤纸转动90度，再用原展开剂或另一种展开剂进行展开，亦可多次展开和连续展开等。

二、薄层色谱法简介 📱视频7

薄层色谱法（thin layer chromatography，TLC）系将适宜的固定相（常用吸附剂）均匀地涂布于一块光滑、平整、洁净的载板（玻璃板、聚酯薄膜或铝基片）上，形成一均匀薄层，在此薄层上进行色谱分离的一种平面色谱法。根据分离机制的不同，可分为吸附、分配、离子交换和凝胶色谱法等。应用最多的是以硅胶为固定相的吸附薄层色谱法。具有操作方便、灵敏度高、显色剂选择性大、载样量较纸色谱大等优点，广泛应用于医药、临床、生化、环境、食品、农业等试样的分离和鉴定。

1. 仪器与材料

（1）薄层板　按制作材料的材质分为玻璃板、塑料板或铝板，按固定相种类分为硅胶薄层板、键合硅胶板、微晶纤维素薄层板、聚酰胺薄层板、氧化铝薄层板等。在固定相中可加入黏合剂、荧光剂。常用的硅胶薄层板有硅胶 H、硅胶 G、硅胶 HF_{254}、硅胶 GF_{254}，G 代表含有石膏黏合剂，H 代表不含石膏黏合剂，F_{254} 表示在 254nm 紫外可见波长下显绿色背景的荧光剂。按照固定相粒径大小又可分为普通薄层板（10～40μm）和高效薄层板（5～10μm）。

（2）展开剂 在吸附薄层色谱中展开剂的选择主要是根据吸附剂的吸附活性、被分离物质的性质以及展开剂的极性三者之间的关系来考虑。一般极性大的样品，需用吸附活性小的吸附剂和极性较大的展开剂。极性较小的样品，需用吸附活性较大的吸附剂和极性较小的展开剂。只要把这三者之间的关系处理恰当，就能使各混合物得到满意的分离。理想的效果为各斑点比移值在 0.2～0.8，各组分的 R_f 值之差不小于 0.05，且斑点清晰无拖尾现象。

在吸附薄层中一般先用单一低极性溶剂展开，然后再用极性较大的溶剂展开。如果单一溶剂不能达到很好的分离效果，可使用两种及以上的混合溶剂作为展开剂，并不断改变混合溶剂的比例及组合，以使混合物得到满意的分离效果。

（3）点样器 应能保证点样位置的正确、集中、不损伤薄层，并保证点样量的准确一致。一般采用手动、半自动或全自动点样器。手动点样时，常选用具有支架的平头微量注射器或用定量毛细管组成的微量点样器。

（4）展开容器 上行展开所选用的展开容器一般选用适合薄层板大小的专用平底或双底槽玻璃展开缸，展开时须能密闭且侧面应便于观察。

（5）显色装置 喷雾显色应使用玻璃喷雾瓶或专用喷雾器。要求配用压力恒定的压缩气体使显色剂呈现均匀且细雾状喷出；浸渍显色使用专用玻璃器械或用适宜的玻璃展开缸代用；蒸汽熏蒸显色可用双底槽展开缸或适宜大小的干燥器代替。用薄层扫描法测定含量时，必须保证显色均匀一致，最好使用自动喷雾设备。

（6）检视装置 为装有可见光、254nm 及 365nm 的紫外可见光源及相应的滤光片的暗箱，或三用紫外分析仪，可附加摄像设备拍摄薄层色谱图。

（7）薄层色谱扫描仪 指对薄层板上对一定波长的光有吸收的斑点，或者经激发后能发射出荧光的斑点，进行扫描，将扫描得到的色谱图及数据用于物质的定量或者定性分析的仪器。

2. 操作方法 薄层色谱法的操作程序分为制版、点样、展开、定位（显色）、定性和定量。

（1）薄层板的制备 薄层板一般可分为加有黏合剂的硬板和不加黏合剂的软板。软板系将固定相直接涂布于玻璃板上，其特点是制备简单，但很不坚固，易吹散，脱落，现已不常用。硬板是固定相中加入一定量的黏合剂，一般常用 10%～15% 的煅石膏，混匀后加水适量使用，或用羧甲基纤维素钠水溶液（0.2%～0.5%）适量调和成糊状，均匀涂布于玻璃板上。下面具体介绍硬板的制作方法。

1）载板的选择 载板要求其表面光滑、平整、洁净、厚度均匀等，常采用玻璃板，亦可用塑料板或铝箔。薄层板大小可根据实验需要选择。

2）薄层板的涂铺 将 1 份固定相和 3 份水（或加有黏合剂的水溶液，如 0.2%～0.5% 羟甲基纤维素钠水溶液，或为规定浓度的改性剂溶液）在研钵中按同一方向研磨混合，去除表面的气泡，得到固定相匀浆，将之涂铺在准备好的载板上，使整板涂铺均匀。薄层板的厚度及均匀性，对样品的分离效果和 R_f 的重复性影响极大。

固定相匀浆的涂铺方法主要有倾注法、平铺法、机械涂铺法等。

①倾注法：将固定相匀浆倒在玻璃板上，用玻璃棒均匀摊开，轻轻振动，使整块薄层板均匀，表面光滑平坦，置于水平台上晾干。本法是最简单的手工铺板方法，但在铺多块薄层板时，薄层板的一致性较差。

②平铺法：在水平台面上事先放一块适当大小的玻璃板，再在此板上放置准备好的玻片，另在大玻板两侧加上玻璃条做成厚度高出玻片 0.25～1mm 的边框，将固定相匀浆倒在玻片上，再放一块边缘平整的玻片或塑料板由一段向另一端均匀地将固定相匀浆刮平、晾干。本法一次可涂铺多块薄层板，简单易行。

③机械涂铺法：直接采用涂铺器制板，操作简单，制成的薄层板薄层厚度均匀，重现性好，适于定量分析，是目前最广泛应用的方法。由于涂铺器的种类较多、型号不同，使用时应按说明书操作。

3）薄层板的活化　涂铺好的薄层板置于水平台上室温自然晾干后，放在110℃烘箱内活化30分钟至1小时，冷却至室温，随即置于有干燥剂的干燥箱中备用。使用前检其均匀度，在反射光及透视光下检视，表面应均匀、平整、光滑，并且无麻点、无气泡、无污染及破损。

（2）点样　是薄层色谱分离的重要步骤，点样量的准确度和重现性，是决定测定结果的重要前提条件。先用铅笔在距薄层板一端1.5~2.0cm处轻轻划一条基线，然后用点样专用毛细管或微量注射器或自动点样器械取样品，在基线上轻轻点样，要求点样斑点直径一般不大于4mm，若采用多次点样，每次点样需自然晾干或用电吹风从板背烘干后，方可进行下一次点样，防止斑点扩大。

溶解样品所用的溶剂最好与展开剂的极性相似，且具有良好的挥发性，如乙醇、丙酮、三氯甲烷等，尽量使点样后溶剂能迅速挥发，以减少斑点的扩散，水溶性样品，可先用少量水溶解后，再用甲醇或乙醇稀释定容。

（3）展开　将点好供试品的薄层板放入密闭展开缸中，下端浸入展开剂的深度距原点不应超过0.5cm。展开距离一般10~15cm。溶剂前沿达到规定的展开距离，即可将薄层板取出，晾干，检测。根据溶剂移动的方向分为上行展开和下行展开。另外，还可以利用多次展开、双向展开等方法得到不同的层析结果（图18-1）。

（4）显色与检视　分离的组分是有色物质，展开后，可直接在可见光下直接观察斑点，测算R_f值。分离的组分是无色物质，可用喷雾法或者浸渍法用合适的显色剂或者加热显色后，再在可见光下检视斑点，测算R_f值。有荧光的物质或遇到某些试剂可激发产生荧光的物质，可在365nm或者254nm的紫外灯下观察荧光斑点。对于可见光下无色，但在紫外光下有吸收的成分可用带有荧光剂的硅胶板（如硅胶GF_{254}板）在254nm的紫外光下观察荧光面板上的荧光淬灭形成的色谱斑点。

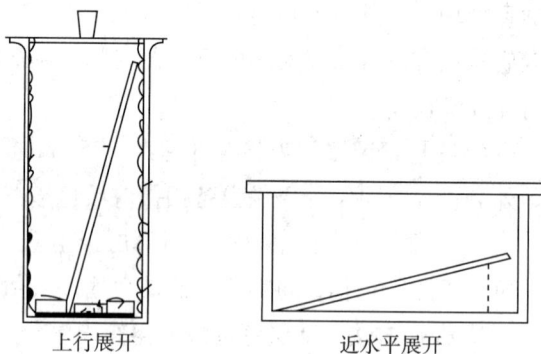

上行展开　　　近水平展开

图18-1　展开操作方法（近水平展开和上行展开）

（5）系统适应性试验　对检测方法进行系统适用性试验，使斑点的检测灵敏度、R_f和分离效能符合规定。

1）检测灵敏度　是指试样溶液中被检测物质能被检出的最低量。一般采用对照溶液稀释若干倍的溶液与试样溶液和对照溶液三者在规定的色谱条件下，在同一块薄层板上点样、展开、检视，前者应显示清晰的斑点。

2）比移值（R_f）　鉴别时可用对照溶液主斑点与试样溶液主斑点的比移值进行比较，或用比移值来说明主斑点或杂质斑点的位置。除另有规定，R_f应在0.2~0.8。

3）分离效能　是指对照品与结构相似物质的对照品制成混合对照溶液的色谱图中，应显示两个清晰分离的斑点。

三、柱色谱法简介

柱色谱法是指将固定相填充在玻璃管或不锈钢管柱中的色谱法。经典柱色谱法的流动相是液体，固定相可以是吸附剂、液体，也可以是离子交换树脂、凝胶等（图18-2）。根据固定相的不同，分为液-固吸附柱色谱法、液-液分配柱色谱法。柱色谱法操作方法如下。

1. 装柱　在填充吸附剂之前，首先将色谱柱垂直固定于支架上，柱子下端管口处用少许脱脂棉或玻璃棉垫住，最好在脱脂棉或者玻璃棉上端加入洗过并且干燥的石英砂 5mm 左右，并且使表面平整，有利于分离时色层边缘整齐，增强分离效果。柱的长度与直径比一般为 20：1。色谱柱的装填要求均匀，不能有气泡，如果松紧不一，会导致被分离组分的移动速度不规则，从而影响分离效果。装柱的方法有以下两种。

（1）干法装柱 将经过筛网（80～120 目）过筛活化后的吸附剂，通过玻璃漏斗缓慢且均匀的装入柱内，中间不能间隔，边装边用洗耳球或者软木棍轻轻敲击色谱柱，使填充均匀，填充完后在吸附剂上面加入少许脱脂棉压实压紧，然后沿管壁轻轻倒入洗脱剂不断洗脱，使吸附剂中的空气全部排除（此时整根色谱柱显半透明状），如有气泡，将会使柱中形成小沟或裂缝，影响分离效果。

（2）湿法装柱 是目前实际操作中使用最广泛的装柱方法。首先将吸附剂与适当的洗脱剂调成糊状，然后以玻璃棒引流连续缓慢地不断装入色谱柱中，柱中不能产生气泡，多余的洗脱剂让它流出，再从顶端倒入一定量的洗脱剂，使其保持一定的液面，让吸附剂自由沉降而填实，此时在吸附剂上加入少许脱脂棉，待吸附剂上面的洗脱剂即将流尽时，关闭下端活塞，等待加样。

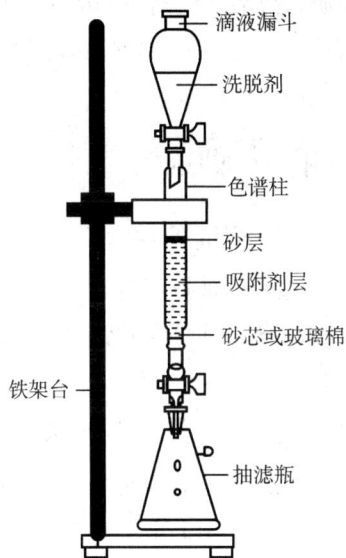

图 18 - 2 柱色谱装置图

2. 加样 将试样溶于一定体积的溶剂中，选用的溶剂应能完全溶解试样中的各组分，加到柱中的试样溶液要求体积小，浓度高。将试样溶液小心地加到吸附剂顶端（此时吸附剂表面应正好与洗脱剂表面齐平）。注意不可让试样溶液把吸附剂冲松浮起。试样溶液加完后，打开下端活塞，使溶液缓缓流出，直到液面与吸附剂表面相齐，再用少量溶剂冲洗盛装原来样品溶液的容器 2～3 次，再一并转移入色谱柱内。

3. 洗脱 加样结束后，即可用洗脱剂（可用一种溶剂或按一定比例把几种溶剂混合）洗脱。在洗脱过程中应不断加入洗脱剂，使液面保持一定的高度。控制洗脱液的流速，洗脱不能过快，否则影响分离效果。随着洗脱的不断进行，被吸附剂吸附的各组分逐步分离，先后流出色谱柱，然后分段收集洗脱液，采用其他方法对各组分进行定性、定量分析。

实训二十七 柱色谱法分离几种金属离子

一、学习目标

知识目标	能力目标	思政及岗位素养目标
1. 掌握柱色谱法分离几种金属离子的原理 2. 熟悉柱色谱法的操作方法	1. 能完成干法装柱的操作 2. 能用吸附柱色谱法对几种金属离子进行分离	1. 问渠那得清如许，为有源头活水来，这源头活水便是实践，一切认识都来源于实践，并在实践中不断地更新 2. 达到中级检验员岗位关于采用柱色谱法进行样品分离和定性分析的要求

二、关键概念

干法装柱与湿法装柱 见模块三项目十八柱色谱。

三、基础知识

氧化铝色谱柱属于吸附色谱柱。由于不同金属离子的电子层结构和价态不同，表现出不同颜色和不同性质，故氧化铝对不同的金属离子具有各不相同的吸附能力。若选择适当的溶剂进行洗脱，它们可在色谱柱中差速迁移，使保留时间各不相同，从而达到分离效果。根据物质的颜色和离子特性可判断各离子在色谱柱的位置。

四、实训练习

（一）实训条件

1. 仪器 玻璃层析柱（0.5cm×20cm）、滴定台架、滴管、玻璃棒、锥形瓶、玻璃漏斗。

2. 试剂 活性氧化铝（80~120目），脱脂棉，Fe^{3+}、Cu^{2+} 和 Co^{2+} 的混合水溶液（各离子的浓度均为5mg/ml）。

（二）安全及注意事项

1. 色谱柱的装填要均匀，且要拍实，不能有气泡，否则被分离组分的移动速度不一致，影响效果。

2. 色谱柱中的上端和下端均应保持完整的平面，有助于分离时色层边缘整齐。

3. 尽量将试样滴加到色谱柱的中心，否则会因试样分布不均，影响分离效果。

4. 氧化铝使用前应进行活化处理。

（三）操作流程及规范

步骤	操作流程	操作指南
准备	见实训二十三准备流程1~3	
	将玻璃层析柱清洗干净并干燥，备用	
	将氧化铝进行过筛（80~120目），并于140℃活化4小时。冷后装瓶，贮于干燥器内，备用	
装柱	取一支直径5mm的色谱柱，从柱的上端塞入一小团脱脂棉压平于色谱柱下端，将其固定于滴定台架上	脱脂棉需用玻璃棒轻轻压平压实，保持完整平面。脱脂棉压片后厚度应小于5mm
	将已活性的氧化铝经玻璃漏斗慢慢地均匀地倒入色谱柱中，边装边轻轻敲击色谱柱管，使之填充均匀，达10cm高度时，在氧化铝上面塞入一小团脱脂棉，用玻璃棒将其压平	装柱时用软木条轻轻敲击，使填装均匀且拍实。脱脂棉压片后厚度应小于5mm
加样	用滴管靠近脱脂棉加入 Fe^{3+}、Cu^{2+} 和 Co^{2+} 的混合溶液10滴，待全部渗入	防止加样分布不均匀，影响分离效果
洗脱	打开层析柱下端的活塞，同时沿管壁滴加纯化水进行洗脱。连续洗脱一段时间（约半小时）后，观察到层析柱呈现出三种色带，记录结果	初始时控制流量和滴入位置，不能冲散样品。待样品全渗入氧化铝，加大流量
定性鉴别	根据金属离子自身的颜色结合实验现象，进行定性鉴别	Fe^{3+} 黄褐色、Cu^{2+} 天蓝色和 Co^{2+} 浅红色
结束	见实训二十三结束流程11~12	

（四）原始记录与数据处理

室温：　　　　湿度：　　　　　　年　月　日

分离三种金属离子的柱色谱记录

色带位置	上	中	下
色带颜色			

（五）检验结果与鉴别判定

色带位置	上	中	下
离子种类			

五、课后作业

1. 装柱时为什么要力求填装均匀，并且要拍实？
2. 离子的电荷与它在色谱柱上的保留时间有何关系？
3. 氧化铝的含水量与其活性之间有何关系？

六、实训评价

测评项目	仪器选择	装柱		洗脱		报告规范性	结果	工作台整洁
		均匀性	高度	操作	色带分离			
分值	5分	10分	5分	10分	20分	20分	20分	10分
自评								

七、实训体会与反思

实训二十八　薄层色谱法分离鉴别甲基黄和罗丹明 B 混合指示剂

一、学习目标

知识目标	能力目标	思政及岗位素养目标
1. 掌握薄层色谱法分离鉴别混合物的原理 2. 熟悉薄层色谱法分离鉴别混合物的基本操作	1. 能制作薄层板 2. 能计算 R_f、R_r	1. 坚持实事求是就是要深入实际了解事物的本来面貌，完成实验 2. 达到中级检验员岗位关于掌握薄层色谱法定性分析样品的要求

二、关键概念

1. 薄层色谱法　系将适宜的固定相（常用吸附剂）均匀地涂布于一块光滑、平整、洁净的载板（玻璃板、聚酯薄膜或铝基片）上，形成一均匀薄层，在此薄层上进行色谱分离的一种平面色谱法。

2. 比移值 R_f　色谱法中，原点到斑点中心的距离与原点到溶剂前沿的距离的比值，是色谱法中表示组分移动位置的一种方法的参数。定义为溶质迁移距离与流动相迁移距离之比。在一定的色谱条件下，特定化合物的 R_f 值是一个常数。

3. 相对比移值 R_r　色谱法中，两组分比移值 R_f 的比值即为 R_r，是一个常数。

三、基础知识

本实验中待分离组分罗丹明 B 极性大，易被硅胶吸附，移动较慢，比移值（R_f）较小，而甲基黄则相反。故本实验采用硅胶吸附剂涂于玻璃板上作为固定相，以 95% 乙醇为展开剂分离分析甲基黄、罗丹明 B 的混合物。

四、实训练习

（一）实训条件

1. 仪器 展开缸、玻片（5cm×10cm）、点样用平口毛细管、乳钵、显色喷雾器、电吹风。

2. 试剂 薄层色谱用硅胶 H 或硅胶 G（200~400 目）、0.5%~0.8% 羧甲基纤维素钠水溶液、2% 甲基黄与 2% 罗丹明 B 的混合溶液、2% 罗丹明 B 乙醇溶液、2% 甲基黄乙醇溶液、95% 乙醇。

（二）安全及注意事项

1. 展开剂应预先倒入展开缸内，使展开缸被展开剂的蒸汽饱和，展开时展开缸应密闭。

2. 展开过程中要恒温恒湿，温度和湿度的改变会影响组分的比移值和分离效果，降低重现性。

3. 注意防止边缘效应。边缘效应是指同一组分在同一薄层板上处于边缘斑点的比移值比位于中心的比移值大的现象。它主要是由于展开剂的挥发速度由薄层板中央到边缘逐渐增大，致使在相同条件下，同一组分在边缘处的迁移距离大于中心处的迁移距离。可用预饱和降低边缘效应。

（三）操作流程及规范

步骤	操作流程	操作指南
准备	见实训二十三准备流程 1~3	
	配制 0.5%~0.8% 羧甲基纤维素钠水溶液	配制好后，静置，取上清液或用棉花过滤后使用
	将薄层板清洗干净，配制展开剂	
	配制 2% 甲基黄与 2% 罗丹明 B 的混合溶液、2% 罗丹明 B 乙醇溶液、2% 甲基黄乙醇溶液	按相关操作规范完成
制板	调浆：取 5g 硅胶 H（200~400 目）置于乳钵中，加入 0.8% CMC-Na 约 15ml，研磨成糊状物	在乳钵中研磨硅胶时，应朝同一个方向研磨，且要研磨均匀，并除去气泡，备用
	铺板：将适量糊状物倾倒于三块洁净的玻片上，用玻璃棒将糊状物涂满玻片；在实验台上露出玻片一端，从下方小幅顶起，再放手落下，多次振荡，使糊状物铺平成均匀薄层	振荡时间不宜过长。薄板要铺得均匀，对光观察此薄层表面应均匀、平整、光滑，表面反射光光路应不扭曲，并且无麻点、无气泡、无破损及污染
	活化：薄层板置于水平台上自然晾干，再放入烘箱于 110℃ 活化 1~2 小时，趁热取出置于干燥器中放凉，备用	板尚热时，干燥器不能完全扣紧，应留有一条小缝以应对空气的热胀冷缩
饱和	将展开剂倒入展开缸中，密闭放置，使展开缸被展开剂蒸汽饱和	饱和 15~30 分钟
点样	用铅笔在薄层板距底边 1.5~2cm 处标记基线	基线相对板边缘应为水平直线
	用点样用平口毛细管分别将样品溶液、2% 甲基黄乙醇溶液、2% 罗丹明 B 乙醇溶液点于基线相应位置	点间距离可视斑点扩散情况以相邻斑点互不干扰为宜，一般不少于 8mm，高效板供试品间隔不少于 5mm 浓度低需等溶剂挥发后，反复点样 2~3 次。斑点直径 2~3mm 为宜
预饱和	将点好样的薄层板置于被展开剂饱和的密闭展开缸中预饱和 5~10 分钟	预饱和时，薄层板不可接触展开剂
展开	让展开剂浸没板下端，待溶剂前沿至达板高 3/4~4/5 时取出，立即用铅笔标出溶剂前沿，晾干	注意展开剂不可浸没点样原点，浸没高度距离原点 0.5cm 左右为宜 可用吹风机低温吹板背面，加速晾干
检视测量	观察板上色斑，用铅笔框出各斑点，确定斑点中心；直尺量出各斑点中心到基线的距离、溶剂前沿到基线的距离	若用到 GF_{254} 硅胶板，或样品组分本身能激发出荧光，则可在紫外灯下短时检视
计算鉴别	根据公式，计算甲基黄、罗丹明 B 的 R_f、R_r。鉴别	通过比较样品与对照品的 R_f 值进行定性鉴别
结束	见实训二十三结束流程 11~12	

（四）原始记录与数据处理

室温：　　　　湿度：　　　　　　年　月　日

天平型号及编号：

1. 甲基黄与罗丹明 B 的薄层色谱记录

	对照品溶液		混合样品溶液	
	甲基黄	罗丹明 B	斑点 A	斑点 B
斑点颜色				
基线到斑点中心距离/cm				
基线到溶剂前沿的距离/cm				
R_f 值				
甲基黄对罗丹明 B 的 R_f 值				

2. 绘图（需标注基线、溶剂前沿、斑点轮廓、斑点中心、相关距离）

（五）检验结果

样品斑点 A 颜色为_____，R_f = _____；样品斑点 B 颜色为_____，R_f = _____。

（六）鉴别判定

样品斑点 A 为_____；斑点 B 为_____。

五、课后作业

1. 薄层色谱法的操作方法可分为哪几步？每一步应注意什么？
2. 若展开缸没有预先用展开剂的蒸汽进行饱和，将会对实验产生什么影响？

六、实训评价

测评项目	制板	点样		展开		计算	报告规范性	结果	工作台整洁
		基线	点样	预饱和	效果				
分值	15 分	5 分	15 分	5 分	10 分	15 分	15 分	10 分	10 分
自评									

七、实训体会与反思

实训二十九 薄层色谱法鉴别中药金银花

一、学习目标

知识目标	能力目标	思政及岗位素养目标
1. 掌握薄层色谱法进行中药材定性鉴别的原理 2. 熟悉薄层色谱法的基本流程	1. 能制薄层板 2. 能计算比移值 R_f	1. 理论联系实际，知行合一，学以致用 2. 达到中级检验员岗位关于运用薄层色谱法对中药材定性鉴别的要求

二、关键概念

中药薄层色谱鉴定　中药材内组分丰富，可用薄层色谱法使中药材所含成分分离，所得色谱图与标准物质或对照品按同法所得的色谱图对比鉴定，亦可用薄层色谱扫描仪进行扫描。

三、基础知识

金银花为植物忍冬及同属植物干燥花蕾或带初开的花。《中国药典》采用薄层色谱法鉴别金银花中的活性成分绿原酸，以硅胶 H 为吸附剂，以乙酸丁酯 – 甲酸 – 水（7：2.5：2.5）为展开剂。在供试品色谱中应出现与对照品绿原酸相同荧光斑点以及相同 R_f 值的斑点。

四、实训练习

（一）实训条件

1. 仪器　展开缸、玻片（5cm×10cm）、点样用平口毛细管、乳钵、紫外灯、漏斗、电吹风。

2. 试剂　薄层色谱用硅胶 H 或硅胶 G（200～400 目）、0.5%～0.8% 羧甲基纤维素钠水溶液、金银花、绿原酸对照品、甲醇、乙酸丁酯 – 甲酸 – 水（7：2.5：2.5）。

（二）安全及注意事项

1. 见实训二十七。

2. 在紫外灯下不可长时间观察。

（三）操作流程及规范

步骤	操作流程	操作指南
准备	见实训二十七准备流程 1～3	
	供试品溶液的制备：取本品粉末 0.2g，加甲醇 5ml，放置 12 小时，滤过，取滤液作为供试品溶液	按相关操作规范完成
	对照品溶液的制备：取绿原酸对照品，加甲醇制成每 1ml 含 1mg 绿原酸对照品溶液	按相关操作规范完成
制板	见实训二十七制板流程 5～7	
饱和	见实训二十七饱和流程 8	
点样	用铅笔在活化后的薄层板距底边 1.5～2cm 处标记基线	基线相对板边缘应为水平直线
	用平口毛细管分别将供试品溶液和对照品溶液点于相应位置	见实训二十七点样流程 10
预饱和	将点好样的薄层板置于被展开剂饱和的密闭展开缸中预饱和 5～10 分钟	预饱和时，薄层板不可接触展开剂
展开	见实训二十七展开流程 12	

续表

步骤	操作流程	操作指南
检视测量	将晾干后的薄层板置于紫外灯（365nm）下检视，观察供试品斑点的荧光颜色是否与对照品一致	不可长时间检视
	见实训二十七检视流程13	
计算鉴别	根据公式，计算样品和对照品的R_f值，鉴别	通过比较样品与对照品的R_f值进行定性鉴别
结束	见实训二十三结束流程11～12	

（四）原始记录与数据处理

室温：   湿度：   年 月 日

天平型号及编号：

1. 中药金银花的薄层色谱记录

	绿原酸对照品	供试品溶液
颜色		
基线到斑点中心距离/cm		
基线到溶剂前沿的距离/cm		
R_f值		

2. 绘图（需标注基线、溶剂前沿、斑点轮廓、斑点中心、相关距离）

（五）检验结果

绿原酸对照品颜色为_____，R_f = _____；供试品颜色为_____，R_f = _____。

（六）鉴别判定

供试品□含有   □不含绿原酸。

五、课后作业

1. 薄层色谱法的操作方法可分为哪几步？每一步应注意什么？

2. 采用薄层色谱法进行定性分析的原理是什么？

六、实训评价

测评项目	制板	点样		展开		计算	报告规范性	结果	工作台整洁
		基线	点样	预饱和	效果				
分值	15分	5分	15分	5分	10分	15分	15分	10分	10分
自评									

七、实训体会与反思

（王 梦）

书网融合……

视频 1	视频 2	视频 3	视频 4

视频 5	视频 6	视频 7

模块四　高级检验员实训基础

项目十九　高级检验员能力鉴定简介

化学检验高级检验员申报条件具备以下条件之一即可：①取得本职业技师职业资格证书后，连续从事本职业工作 3 年以上，经本职业高级技师正规培训达到规定标准学时数，并取得毕（结）业证书；②取得本职业技师职业资格证书后，连续从事本职业工作 5 年以上。

高级检验员在初级检验员和中级检验员的工作基础上，对职业能力和工作内容有更高的要求。与初级检验员和中级检验员相比，高级检验员的职业功能虽然也包括样品交接、检验准备、检测与测定、测后工作和检验仪器设备安全实验，但涉及的具体工作内容更复杂，对检验者的综合能力要求更高，除此之外，高级检验员还增加了技术管理与创新、培训与指导这两项职业功能。

高级检验员鉴定考核的理论知识和技能知识各项目分值比重分配如下。

项目	基本要求（%）		相关知识（%）						
	职业道德	基础知识	样品交接	检验准备	检测与测定	测后工作	修验仪器设备	技术管理与创新	培训与指导
理论	3	22	2	13	25	5	10	15	5
技能	—	—	5	10	45	8	12	15	5

项目二十　紫外－可见分光光度法 📱视频1

紫外－可见分光光度法（UV－Vis）是根据被测物质分子对紫外和可见波段范围单色光的吸收强度来进行物质定量、定性或结构分析的方法。

紫外－可见分光光度计是能够选择近紫外光区（200~400nm）和可见光区（400~760nm）某一波长的光，进行样品溶液的透光率、吸光度和浓度测定的仪器。其基本结构由五个主要部分组成：光源、单色器、吸收池、检测器、数据处理与显示系统（图 20－1）。

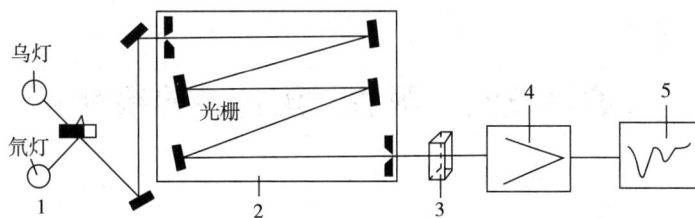

图 20－1　紫外－可见分光光度计结构图

1. 灯源；2. 单色器；3. 吸收池；4. 检测器；5. 数据处理和显示系统

1. 光源　是提供入射光的装置，常用的光源有钨灯（或卤钨灯）和氢灯（或氘灯）。钨灯（或卤钨灯）可以发射波长范围为 350~800nm 的连续光谱，工作电压的微小波动就会引起发光强度的很大变化，故要用稳压器，保证光源的发光强度稳定。氢灯和氘灯都是气体放电发光，可以发射波长范围为150~400nm 的连续光谱，主要用于紫外光区的测定。氘灯的价格比氢灯高，但氘灯的发光强度和使用寿命比氢灯长 2~3 倍，故现在的仪器大多用氘灯，为了保证稳定的工作电流，仪器还配置有专用的电源装置。由于玻璃对紫外光有较强的吸收，所以氢灯或氘灯应用石英窗或用石英灯管制成。

2. 单色器 是能够将复合光按波长顺序色散分离出所需波长单色光的光学装置。单色器的性能直接影响入射光的单色性，从而影响测定的灵敏度、准确度、选择性及标准曲线的线性关系等。单色器一般由入射狭缝、准直镜、色散元件和出口狭缝等部件组成（图 20 - 2）。光源发出的复合光，经聚光后进入入射狭缝，经准直镜变成平行光，投射于色散元件（光栅或棱镜），使不同波长的平行光有不同的投射方向（或偏转角度），形成按波长顺序排列的光谱，再经准直镜将色散后的平行光聚焦于出口狭缝。转动色散元件的方向，可选择所需波长的单色光。

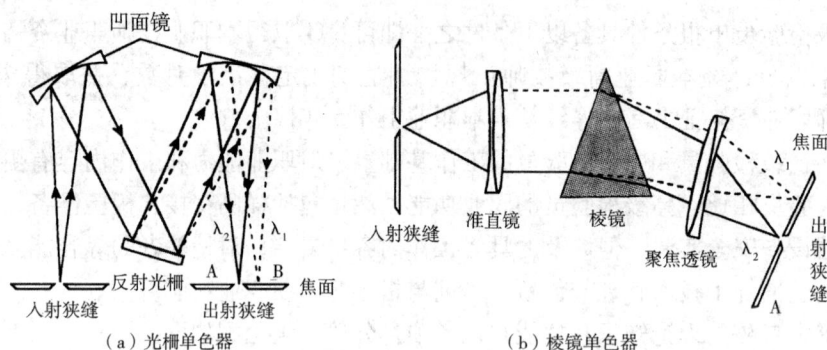

图 20 - 2 光栅和棱镜单色器结构图

3. 吸收池 是用来盛放样品溶液的容器，也称为比色皿或比色杯。在可见光区测定时，使用光学玻璃或石英材质制成的吸收池；在紫外光区测定时，因光学玻璃吸收紫外光，所以必须使用石英材质的吸收池。同一套吸收池应配套，即测定条件不变，盛放同一溶液测定透光率，其透光率之差应小于 0.5%。吸收池有两个透光面，其内壁和外壁都要特别注意保护，避免摩擦，避免留下指纹、痕迹、油渍等污物。外壁沾有的残液，用滤纸或纱布吸干；光面污物只能用擦镜纸擦去。相关要求可参考《玻璃比色皿》（GB/T 26791—2011）。

4. 检测器 是将光信号转换为光电信号的电子元件，常用的有光电管和光电倍增管，有的仪器使用光电二极管阵列，提高了检测的灵敏度。近年来，随着分析仪器制造厂家的技术革新与提高，有些分光光度计采用了多道检测器。

5. 数据处理和显示系统 光电流经过放大后输入数据处理和显示系统，以某种方式将测量结果显示出来。过去用电表指针显示或数字显示，目前可联通计算机配备的软件工作站对检测结果进行显示、分析和处理。

实训三十 吸收光谱曲线的绘制

一、学习目标

知识目标	能力目标	思政及岗位素养目标
1. 掌握吸收光谱曲线的绘制方法 2. 熟悉紫外 - 可见分光光度计的正确操作方法 3. 熟悉仪器的维护方法	1. 能规范操作紫外 - 可见分光光度计 2. 能绘制吸收光谱曲线，找出最大吸收波长 3. 能维修和保养紫外 - 可见分光光度计	1. 深刻体会"科技兴则民族兴，科技强则国家强"，提升科技兴国的使命感 2. 提高阅读仪器说明书，即能进行吸光度测定的能力，以及团队协作能力

二、关键概念

吸收光谱曲线 是物质的特征性曲线，以不同波长的单色光作为入射光，测定某一溶液的吸光度，然后以入射光的不同波长为横坐标，各波长对应的溶液吸光度为纵坐标作图，即可得到溶液的吸收光谱曲线。

三、基础知识

吸收光谱曲线是在浓度一定的条件下，以光的波长或波数为横坐标，以吸光度或吸收系数为纵坐标所描绘的曲线（图20-3）。吸收光谱曲线的形状及特征峰与物质的性质有关，物质结构不同，吸收光谱曲线不同。吸收光谱曲线是对物质进行定性鉴定和定量测定的重要依据之一。溶液在最大吸收波长处吸光度最大。

紫外-可见分光光度法进行定性分析的方法有两种，一种方法是比较未知样品和标准物质的吸收光谱曲线是否一致，另一种方法是比较吸收光谱的特征数据（如最大吸收波长、最大摩尔吸收系数、百分吸收系数等）及其比值与标准的一致性。例如，在进行维生素 B_{12} 的鉴别时，利用紫外-可见分光光度法测定出样品的吸收光谱曲线，若曲线有三个吸收峰，分别在278nm、361nm、550nm 波长处，且它们的吸光度比值为 A_{361nm}/A_{278nm} 在 1.70~1.88，A_{361nm}/A_{550nm} 在 3.15~3.45，则可初步判断样品为维生素 B_{12}。

由于 $KMnO_4$ 在可见光范围内有最大吸收波长，本实验利用紫外-可见分光光度计测定 420~680nm 波长范围内样品溶液的吸光度，从而绘制样品的吸收光谱曲线，与 $KMnO_4$ 标准谱图20-3及其特征参数进行比对，完成定性分析。

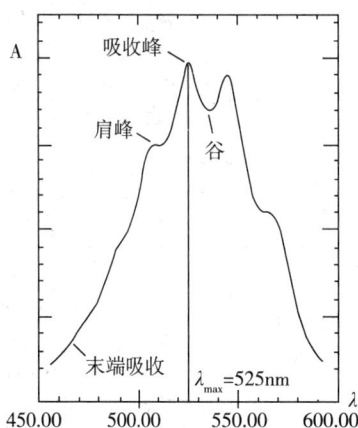

图 20-3　$KMnO_4$ 吸收光谱曲线

四、实训练习

（一）实训条件

1. 仪器与器材 722N 型紫外-可见分光光度计、比色皿2支、容量瓶（500ml、50ml）、吸量管（10ml）、分析天平、称量瓶、小烧杯、洗耳球。

2. 试剂和试药 $KMnO_4$（AR）、纯化水。

（二）安全及注意事项

1. 波长每改变一次，都必须用空白溶液调节透光率为"100%"，并验证其吸光度是否为"0"，校正好后再检测待测溶液的吸光度或透光率。

2. 为使比色皿中测定溶液与原溶液的浓度一致，需用待装溶液荡洗比色皿2~3次。

3. 比色皿装液量以其池体体积的五分之四左右为宜。比色皿光面正对光路中，放置的位置要正确。

4. 某些型号的仪器在不测定时，应随时打开暗箱盖即切断光路，以保护光电管。请仔细阅读仪器使用说明书。

5. 每次使用完毕的比色皿，先用自来水冲洗，再用蒸馏水冲洗三次，倒置于干净的滤纸上晾干，然后存放于比色皿盒中。如果比色皿被有机物污染，宜用浓盐酸-乙醇（1+2）或浓硫酸-发烟硝酸（3+1）混合液浸洗，也可用相应的有机溶剂浸泡洗涤，如油脂污染可用石油醚浸洗，铬天青显色剂污染可用硝酸（1+2）浸洗等。比色皿不可用碱液、洗洁精、洗衣粉洗涤，也不能用硬布、毛刷刷洗。

6. 含有能腐蚀玻璃物质的溶液，如氢氟酸、氟化物的高浓度溶液不可放入比色皿中。含氟离子浓度低的溶液也不宜在皿中久置。比色皿质地较脆，石英皿尤甚，使用时切勿摔碰。

（三）操作流程及规范

步骤	操作流程	操作指南
准备	领取任务和 SOP 相关文档。清场	
	操作间准备：操作间控温、控湿度。所有器材应提前置于实验环境中	空调和除湿机出风口不可正对操作工位。要求温度为 15～35℃、相对湿度不大于 80%
	定量分析玻璃器材准备：检视外观，洗净，干燥	外观应符合 JJG 196 要求。注意铬酸洗液废液的回收
	天平开机，预热	
	试剂准备：KMnO₄ 和纯化水应提前置于实验环境中	纯化水应在实验环境放置 1 小时以上
	开机预热：开机前打开仪器样品室盖，观察确认样品室无挡光物后再打开电源；仪器显示初始化界面，自检，进入仪器操作主界面；预热 15～30 分钟	仪器需进行预热使光源达到稳定后开始测量
配制高锰酸钾样品溶液	精密称取 KMnO₄ 约 0.12g，置于小烧杯中，定容至 500ml 中。记录数据	按照电子分析天平、容量瓶的使用要求进行规范操作
	精密移取上述 KMnO₄ 溶液 10.00ml，置于 50ml 量瓶中，用纯化水稀释至标线，摇匀，待测	按照容量瓶和吸量管的使用要求进行规范操作
测定样品溶液的吸光度	1 支比色皿装待测溶液，1 支比色皿装空白溶液，将其置于紫外 - 可见分光光度计的比色皿架上	比色皿用纯化水洗涤，再用待装溶液润洗 3 次。用滤纸和纱布吸干外壁，再用擦镜纸擦净光面
	波长从 420nm 开始到 680nm，每隔 20nm 测量一次溶液的吸光度，其中在 510～560nm 处，每隔 5nm 测定一次吸光度，并在最大吸收波长左右 1nm 间隔测吸光度 2 次，确定最大吸收波长	空白调零，每变换一次波长，都需要用空白液调节透光率为 100% 后，再测定样品溶液的吸光度
绘制曲线	以波长为横坐标，吸光度为纵坐标绘制 A－λ 吸收光谱曲线	用到坐标纸、铅笔、直尺、橡皮擦。数据点找点要准确
鉴别判定	与标准 KMnO₄ 吸收光谱图（图 20 - 3）进行比对。寻找最大吸收波长	
结束	将比色皿清洗干净，置于滤纸上晾干后装入比色皿盒	用酸性草酸溶液以及乙醇清洗
	关机，切断电源，清扫，套上防尘罩。填使用登记。清洗玻璃器材和设备	清洗器皿，收拾台面，填写实验记录
	定量玻璃器材归库，原始记录入档。清场	关水关电，正确处理废液

（四）原始记录与数据处理

室温：　　　　湿度：　　　　　　年　月　日

天平型号及编号：　　　　　　仪器型号及编号：

KMnO₄样品溶液的吸光度记录

波长 λ（nm）	420	440	460	480	500	510	515	520	525	530	535
吸光度 A											
波长 λ（nm）	540	545	550	555	560	580	600	660	680		
吸光度 A											

（五）检验结果

$A－\lambda$ 曲线（另附图），$\lambda_{max} =$

（六）鉴别判定

与标准谱图 20 - 3 进行比对，样品□是　□不是 $KMnO_4$

五、课后作业

1. 最大吸收波长 λ_{max} 值的位置与浓度是否有关？

2. 为什么定量分析时波长一般应选择在最大吸收波长 λ_{max} 处？

六、实训评价

测评项目	准备	电子天平 使用	定量量器 使用	比色皿 使用	分光光度 计使用	原始记录 规范	$A - \lambda$ 曲线绘制	报告 完整性	清场
分值	10 分	5 分	5 分	10 分	30 分	10 分	20 分	10 分	10 分
自评									

七、实训体会与反思

实训三十一　高锰酸钾样品的含量测定（标准曲线法）

一、学习目标

知识目标	能力目标	思政及岗位素养目标
1. 掌握配制标准系列溶液的方法 2. 掌握标准曲线（$A-c$）的绘制方法 3. 熟悉标准曲线法计算样品含量的方法 3. 了解软件计算回归方程和线性相关系数的方法	1. 能规范使用紫外 - 可见分光光度计 2. 能绘制标准曲线 3. 能运用标准曲线法计算样品的含量 4. 能维修和保养设备	1. 树立辩证唯物主义思想，培养科学的世界观 2. 达到高级检验员岗位关于采用紫外 - 可见分光光度计的标准曲线法测定样品组分含量的要求

二、关键概念

1. 标准曲线法　又称为工作曲线法，先配制一系列浓度的标准溶液，在最大吸收波长处分别测出其吸光度，以浓度为横坐标，吸光度为纵坐标，绘制出的曲线。根据朗伯 - 比尔定律，可从此曲线上查找样品的浓度。

2. 吸收池配套性实验　即使是同一批次生产的同一规格的吸收池，也有可能不完全匹配，使用不匹配的吸收池，会给测试工作的结果带来很大的误差，因此在定量工作中，为了减小吸收池的误差，提高测量的准确度，需要分别对每个吸收池进行校正及配对。

三、基础知识

紫外 - 可见分光光度法是以溶液中物质分子对光的选择性吸收为基础而建立起来的一类分析方法。

溶液的浓度 c 与吸光度 A 的关系满足光的吸收定律（朗伯 – 比尔定律），即 $A = KcL$。当入射光波长 λ 及液层厚度 L 一定时，在一定浓度范围内，溶液的吸光度 A 与该溶液的浓度 c 成正比。绘制出以吸光度 A 为纵坐标，浓度 c 为横坐标的标准曲线，再测出样品溶液的吸光度，就可以由标准曲线查得样品所对应的浓度值，从而计算出未知样品的含量。选择最强吸收带的 λ_{max} 为入射光波长，可以得到最大的测量灵敏度，因此在分光光度法的定量测定中，应选择该溶液的最大吸收波长的光作为入射光。

四、实训练习

（一）实训条件

1. 仪器与器材 722N 型紫外 – 可见分光光度计、比色皿 3 支、容量瓶（1000ml）、容量瓶（25ml）7 支、吸量管（10ml）、分析天平、称量瓶、小烧杯、洗耳球。

2. 试剂和试药 $KMnO_4$（AR）、纯化水。

（二）安全及注意事项

1. 参考实训三十。

2. 在每次测定前，首先应做吸收池配套性实验。在所选波长处测定各比色皿的透光率，其最大误差应不大于 0.5%。

（三）操作流程及规范

步骤	操作流程	操作指南
准备	见实训三十准备流程 1~5	
	标准物质 $KMnO_4$ 和纯化水应提前置于实验环境中	
配制储备液	精密称取 $KMnO_4$ 0.1250g，记录数据，置于小烧杯中，加热煮沸，防冷定容至 1000ml。提前一周配制	按照电子分析天平、容量瓶的使用要求规范操作
吸收池配套性检查	吸收池装纯化水，以一个吸收池为参比，调节透光率为 100%，测定其余吸收池的透光率，与空白池透光率之差应小于 0.5%，即可配套使用，记录其余比色皿的吸光度 A 作为校正值	石英吸收池选择 220nm 的波长，玻璃吸收池选择 440nm 的波长；相关要求可参考《玻璃比色皿》（GB/T 26791—2011） 校正值有正有负
配制标准系列溶液	取 6 支 25ml 容量瓶，分别精密加入 0.00、1.00、2.00、3.00、4.00、5.00ml $KMnO_4$ 标准溶液，用纯化水稀释到刻度，摇匀。标号 1~5	按照吸量管和容量瓶的使用要求规范操作
样品配制	精密移取 $KMnO_4$ 样品溶液适量定容至 25ml，约含 $KMnO_4$ 为 0.015mg/ml，标号 6	按照吸量管和容量瓶的使用要求规范操作 根据要求浓度确定样品取量
测吸光度	以纯化水为空白对照，在 $KMnO_4$ 最大吸收波长（525nm）处，依次测定 1~5 号标准溶液和 6 号样品溶液的吸光度 A。记录数据。用测得吸光度 A 减去流程 4 的校正值，即得真实校正吸光度 A	比色皿的使用见实训三十流程 9。按浓度从低到高进行标准系列溶液吸光度测量，之间不必纯化水洗涤
绘图	绘制标准曲线 $A-c$。将数据导入 Excel 等相关软件，计算线性回归方程和线性相关系数	以校正 A 对浓度 c 作图，作图工具有坐标纸、铅笔、直尺、橡皮擦。数据点找点要准确。相关系数应 ≥ 0.999，否则应调整后重做
计算	在标准曲线上找到对应的浓度，再乘以稀释倍数即为待测样品的浓度	
结束	见实训三十结束流程 13~15	

（四）原始记录与数据处理

室温：　　　　湿度：　　　　　年　月　日

天平型号及编号：　　　　　　　仪器型号及编号：

1. 吸收池配套性实验的数据记录 检测波长：_____nm

编号	吸收池规格	透射比 τ（%）	$\Delta\tau$（%）	吸光度 A（即校正值）
1#		100	0	0.00
2#				

2. $KMnO_4$ 标准系列溶液的吸光度记录 检测波长：_____nm

容量瓶	标1	标2	标3	标4	标5	6#样品
量取 $KMnO_4$ 标准溶液体积 /ml						
$KMnO_4$ 浓度 c/（μg/ml）						
测得吸光度 A						
校正吸光度 A						

3. $KMnO_4$ 标准系列溶液的浓度

$c_1 =$ $c_2 =$

$c_3 =$ $c_4 =$

$c_5 =$

4. $A-c$ 标准曲线绘制（另附图）

线性回归方程： $R =$ $c_6 =$

（五）检验结果

$c_x =$

五、课后作业

1. 能否将标准曲线无限延伸出去以分析高浓度的样品溶液？为什么？
2. 可以采用什么方法来分析计算高浓度的样品溶液？

六、实训评价

测评项目	准备	电子天平使用	定量量器使用	比色皿使用	仪器使用	原始记录规范	标准曲线绘制	R	报告完整性	清场
分值	10分	5分	15分	10分	10分	10分	10分	10分	10分	10分
自评										

七、实训体会与反思

（徐颖倩）

实训三十二　微量铁的含量测定（显色反应法）

一、学习目标

知识目标	能力目标	思政及岗位素养目标
1. 掌握标准曲线法进行样品含量分析的原理和方法 2. 熟悉紫外－可见分光光度计的工作原理 3. 了解分光光度法测定中铁离子显色反应原理	1. 能规范操作紫外－可见分光光度计 2. 能正确进行吸收池的配套实验 3. 能绘制标准曲线 4. 能操作微量铁的含量测定中的显色反应	1. 树立严谨细致，科学客观的工作态度 2. 培养从整体上把握问题，考虑各种因素之间的相互关系的工作素养

二、关键概念

显色反应　对于在紫外－可见光区无吸收或吸收较弱的化合物，可通过适当的显色反应生成有色化合物，提高测量的灵敏度。当被测溶液中有多个组分共存时，则可利用显色反应提高分析的选择性。这种将待测组分转化成有色化合物的反应，称为显色反应，所用的试剂称为显色剂。

三、基础知识

邻二氮菲是测定微量铁的较好试剂，在 pH = 2~9 的条件下 Fe^{2+} 与邻二氮杂菲生成稳定的橘红色络合物，最大吸收波长在 510nm 处，此络合物的稳定常数 $\lg K_{稳} = 21.3$，摩尔吸收系数 $\varepsilon = 1.1 \times 10^4$。在显色前，加入盐酸羟胺，把 Fe^{3+} 还原为 Fe^{2+}，其反应式如下：

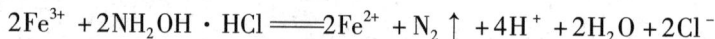

$$2Fe^{3+} + 2NH_2OH \cdot HCl \Longrightarrow 2Fe^{2+} + N_2\uparrow + 4H^+ + 2H_2O + 2Cl^-$$

控制反应在 pH4.5~5 的缓冲液中进行。酸度太高，反应进行较慢；酸度太低，则 Fe^{2+} 水解，影响显色。在含铁量为 0.5~8mg/L，范围内线性关系良好，符合朗伯－比尔定律。

若有 Bi^{3+}、Cd^{2+}、Hg^{2+}、Ag^+、Zn^{2+} 等，能与显色剂生成沉淀，若有 Ca^{2+}、Cu^{2+}、Ni^{2+} 等，能与显色剂形成有色配位物。因此，应注意这些共存离子的干扰。

四、实训练习

（一）实训条件

1. 仪器与器材　722N 型紫外可见分光光度计、容量瓶（50ml、1000ml）、吸量管、分析天平、称量瓶、量筒（10ml、100ml）、小烧杯、洗耳球。

2. 试剂和试药　盐酸羟胺、醋酸钠、邻二氮菲、铁铵矾 $[NH_4Fe(SO_4)_2 \cdot 12H_2O]$ 基准物质、盐酸溶液（6mol/L）、待测样品水。

（二）安全及注意事项

1. 参考实训三十。

2. 玻璃比色皿只适合用于在可见光波长范围内测定溶液的吸光度；石英比色皿适合用于在可见光波长范围和紫外光波长范围内测定溶液的吸光度。

3. 测定时应按浓度由稀到浓的顺序依次测定。

（三）操作流程及规范

步骤	操作流程	操作指南
准备	见实训三十准备流程 1~5	
	标准物质 $KMnO_4$ 和纯化水应提前置于实验环境中	
配制标准储备溶液	精密称取铁铵矾 $[NH_4Fe(SO_4)_2 \cdot 12H_2O]$ 基准物质 0.70g，置于烧杯中，加入 6mol/L 的盐酸溶液 20ml 和少量纯化水，溶解后，定容至 1000ml	按照电子分析天平、容量瓶的使用要求规范操作
配套检查	见实训三十一流程 4	
配制标准系列溶液	用吸量管分别移取铁标准溶液（100μg/ml）0.00、0.20、0.40、0.60、0.80 和 1.00ml，分别置于 5 支 50ml 容量瓶中，标号 1~5	按照吸量管的使用要求规范操作
样品配制	精密移取未知水样 5.00ml 于 50ml 容量瓶中，标号 6	按照吸量管的使用要求规范操作。供试液吸光度应在 0.2~0.8
显色反应	1~6 号瓶各加入 10% 盐酸羟胺溶液 1ml、1mol/L 醋酸钠溶液 5ml、0.15% 邻二氮菲溶液 2ml，用纯化水稀释至刻度，摇匀，得到一系列由低到高不同浓度的溶液和样品溶液	按照容量瓶的使用要求规范操作注意控制操作时间，让显色反应时间尽量接近
测吸光度	设定最大吸收波长为 510nm 处。其余操作见实训三十一流程 7	
绘图	见实训三十一流程 8	
计算	见实训三十一流程 9	
结束	见实训三十结束流程 13~15	

（四）原始记录与数据处理

室温：　　　　湿度：　　　　　　年　月　日

天平型号及编号：　　　　　　仪器型号及编号：

1. 吸收池配套性实验的数据记录　检测波长：＿＿＿＿ nm

编号	吸收池规格	透射比 τ（%）	$\Delta\tau$（%）	吸光度 A（即校正值）
1#		100	0	0.00
2#				

2. 铁标准系列溶液和样品溶液的吸光度记录　检测波长：＿＿＿＿ nm

容量瓶	标1	标2	标3	标4	标5	6#样品
量取 $KMnO_4$ 标准溶液体积/ml						
$KMnO_4$ 浓度 $c/$（μg/ml）						
吸光度 A						
吸光度 A（校正）						

3. 铁标准系列溶液的浓度

$c_1 =$　　　　　　　　　　　　　　$c_2 =$

$c_3 =$　　　　　　　　　　　　　　$c_4 =$

$c_5 =$

4. $A-c$ 标准曲线绘制（另附图）

线性回归方程：　　　　　　　　　　　　$R=$　　　　　　　　　　　$c_6=$

（五）检验结果

$c_{Fe}=$

五、实践思考

1. 用邻二氮菲法测定铁时，为什么在显色前需加入盐酸羟胺？

2. 量取液体时，如何判断该用量筒还是用吸量管？

3. 采用对照品比较法时，对照溶液的浓度选择有什么要求？

六、实训评价

测评项目	准备	电子天平使用	定量量器使用	比色皿使用	仪器使用	原始记录规范	标准曲线绘制	R	报告完整性	清场
分值	10分	5分	10分	10分	10分	10分	10分	15分	10分	10分
自评										

七、实训体会与反思

实训三十三　维生素 B_{12} 注射液的含量测定（吸收系数法）

一、学习目标

知识目标	能力目标	思政及岗位素养目标
1. 熟悉用吸收系数法进行样品溶液的含量分析 2. 掌握紫外–可见分光光度计的工作原理 3. 掌握维生素 B_{12} 注射液的含量测定原理	1. 能规范操作紫外–可见分光光度计 2. 能正确、规范地进行吸收池的配套实验 3. 能采用吸收系数法进行含量测定	1. 树立严谨细致，科学客观的工作态度 2. 培养从整体上把握问题，考虑各种因素之间的相互关系的工作素养

二、关键概念

百分吸收系数　当溶液浓度为 1%（$1g/100ml$），液层厚度为 $1cm$ 时，在特定波长下测量的溶液的吸光度值。

三、基础知识

维生素 B_{12} 有三个紫外吸收峰，其中 $361nm$ 的吸收峰干扰因素少，吸收最强。其含量测定按《中国药典》采用紫外–可见分光光度法的吸收系数法测定维生素 B_{12} 的含量，即：在规定的波长处测定其吸光度，再以维生素 B_{12} 在规定条件下的吸收系数计算含量，用吸收系数法测定时，吸收系数通常应大于 100，并注意仪器的校正和检定。根据朗伯 – 比尔定律，维生素 B_{12} 的含量按照下式计算：

$$\omega_{维生素B_{12}} = \frac{A \times D \times V}{E_{1cm}^{1\%} \times 100 \times L \times m_s} \times 100\%$$

式中，A 为吸光度；D 为试样的稀释倍数；V 为供试品的体积；m_s 为供试品的质量；$E_{1cm}^{1\%}$ 为百分吸收系数；L 为液层厚度。

四、实训练习

（一）实训条件

1. 仪器与器材 722N 型紫外 – 可见分光光度计、量瓶（100ml）、吸量管（5ml）、小烧杯、洗耳球。

2. 试剂和试药 0.5mg/ml 的维生素 B_{12} 注射液、纯化水。

（二）安全及注意事项

1. 参考实训三十。

2. 在紫外线波长范围内测定溶液的吸光度，只能选择石英比色皿。

（三）操作流程及规范

步骤	操作流程	操作指南
准备	见实训三十准备流程 1~5	
	试剂准备：维生素 B_{12} 和纯化水应提前置于实验环境中	应在实验环境放置 1 小时以上
配套检查	见实训三十一流程 4	
样品配制	精密量取本品适量，用水定量稀释制成每 1ml 中约含维生素 B_{12} 25μg 的溶液。平行配制 3 份	供试液吸光度应在 0.2~0.8
测吸光度	设定最大吸收波长为 361nm。以纯化水为空白对照，测定供试液 A。记录数据	比色皿的使用见实训三十流程 9 校正吸光度 A
计算	按维生素 B_{12} 的吸收系数为 207 计算样品中维生素 B_{12} 的含量	注意有效数字和数字修约
结束	见实训三十结束流程 13~15	

（四）原始记录与数据处理

室温：　　　　　湿度：　　　　　　　　年　月　日

天平型号及编号：　　　　　　　　仪器型号及编号：

1. 吸收池配套性实验的数据记录

编号	吸收池规格	透射比 τ（%）	$\Delta\tau$（%）	吸光度 A（即校正值）
1#		100	0	0.00
2#				

2. 维生素 B_{12} 的含量测定记录　检测波长：＿＿＿＿nm

n	第 1 份	第 2 份	第 3 份
测得吸收度（A）			
校正吸收度（A）			
含量			
含量平均值			
$\bar{Rd}$			

3. 数据处理

$$\omega_1 = \frac{A \times D \times V}{E_{1cm}^{1\%} \times 100 \times L \times m_s} \times 100\% = $$

$$\omega_2 = $$

$$\omega_3 = $$

$$\overline{\omega} = $$

$$\overline{Rd} = $$

（五）检验结果

$n = $ 　　　　　$\overline{\omega} = $ 　　　　　$\overline{Rd} = $

五、实践思考

1. 维生素 B_{12} 在 361nm 和 550nm 波长处均有最大吸收，试分析《中国药典》为何规定在 361nm 处测定其含量？

2. 本实训配制维生素 B_{12} 样品溶液的浓度为 25μg/ml，其依据是什么？

六、实训评价

测评项目	准备	电子天平使用	定量量器使用	比色皿使用	分光光度计使用	原始记录规范	计算	报告完整性	清场
分值	10分	10分	10分	10分	20分	10分	15分	10分	10分
自评									

七、实训体会与反思

（钟文武）

项目二十一　红外光谱法 📱 视频2

一、基本原理

一定频率（能量）的红外光照射分子，当分子中某个基团的振动频率和外界红外辐射频率一致时，这个基团就能吸收这一频率的红外光，产生振动跃迁。将分子吸收红外光的情况用仪器记录就得到该试样的红外吸收光谱图。利用光谱图中吸收峰的波长、强度和形状来判断分子中的基团种类，对分子进行结构分析的方法，即红外光谱法（IR）。

二、仪器结构

红外分光光度计分为色散型和傅里叶变换型两种。色散型红外分光光度计主要由光源、单色器（通常为光栅）、样品室、检测器、记录仪、控制和数据处理系统组成。以光栅为色散元件的红外分光光度计，以波数为横坐标；以棱镜为色散元件的红外分光光度计，以波长为横坐标。

傅里叶变换型红外光谱仪（FT－IR）由光源、干涉仪、样品室、检测器和数据处理系统组成，由干涉图变为红外光谱需经快速傅里叶变换（图21－1）。利用麦克尔逊干涉仪将两束光程差按一定速度变化的复色红外光相互干涉，形成干涉光，干涉光在分束器会合后通过样品池，通过样品后含有样品信息的干涉光到达检测器，然后通过傅里叶变换对信号进行处理，最终得到透过率或吸光度随波数或波长的红外吸收光谱图。该类型仪器现已成为药品检验检测和药物研究分析中最常用的红外光谱仪。

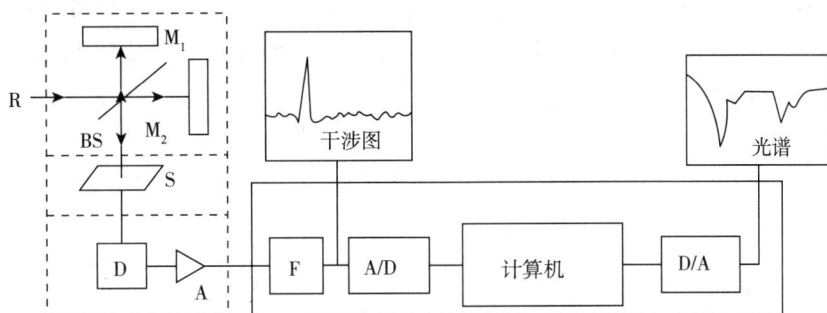

图21－1　傅里叶变换红外光谱仪简易工作原理图

实训三十四　磺胺嘧啶的红外光谱图测定

一、学习目标

知识目标	能力目标	思政及岗位素养目标
1. 掌握红外光谱仪的基本原理和使用方法 2. 掌握固体样品的制备方法 3. 熟悉仪器的保养和维修方法	1. 能制备磺胺嘧啶供试品 2. 能测定磺胺嘧啶红外光谱图 3. 能正确控制红外光谱室的工作环境条件 4. 能保养和维修仪器	1. 深刻学习仪器分析中光谱学的发展历程和在药学行业的实际应用 2. 达到高级检验员岗位关于能利用红外光谱仪进行定性鉴别的要求

二、关键概念

1. 红外光谱法　是一种基于分子振动和转动吸收红外光的分析技术。当物质分子吸收特定波长的红外光时，会发生振动能级或转动能级的跃迁，从而产生特征吸收光谱。通过分析这些吸收光谱，可以实现对物质的定性和定量分析。

2. 基频峰　是指分子吸收一定频率的红外线，若振动能级由基态跃迁至第一激发态时所产生的吸收峰，代表了分子内部振动的一种基本模式。在红外光谱中，基频峰通常是最强的吸收峰，因为它涉及最低的能量跃迁。基频峰的强度在一定条件下也可用于定量分析，但相对复杂，不及紫外可见分光光度法。

3. 波数（σ）　表示单位长度内的波的数量，通常以倒数厘米（cm^{-1}）为单位，它的准确度与重复性为红外光谱仪的主要性能指标。

4. 分辨率　红外光谱仪的分辨率是指在某波数处恰能分开两个吸收峰的相对波数差 $\Delta\sigma/\sigma$，它的准确度与重复性为红外光谱仪的主要性能指标。指在某波数或波长处恰能分开两个吸收峰的相对波数差或相对波长差。《中国药典》规定用聚苯乙烯薄膜校正时，仪器的分辨率要求在 $3110 \sim 2850 cm^{-1}$ 范围内应能清晰地分辨出 7 个峰，峰 $2851 cm^{-1}$ 与谷 $2870 cm^{-1}$ 之间的分辨深度不小于18%透光率，峰 $1583 cm^{-1}$ 与谷 $1589 cm^{-1}$ 之间的分辨深度不小于12%透光率。仪器的标称分辨率，除另有规定外，应不低于 $2 cm^{-1}$。

三、基础知识

红外光谱仪是利用物质对不同波长的红外电磁辐射的选择吸收特性，来进行结构分析、定性和定量分析的一种仪器。红外吸收光谱的产生必须满足以下两个条件。

1. 红外辐射的能量必须与分子的振动能级差相等。

2. 分子振动过程中其偶极矩必须发生变化，即瞬间偶极矩变化 $\Delta\mu \neq 0$。

磺胺嘧啶具有氨基、苯环、磺酰胺基等特征基团，具有特征红外光谱，专属性较强。《中国药典》规定，在一定的条件下，将供试品的红外吸收图谱与《药品红外光谱集》中磺胺嘧啶的对照图谱（图 21-2）进行比较，可对磺胺嘧啶进行鉴别。

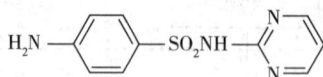

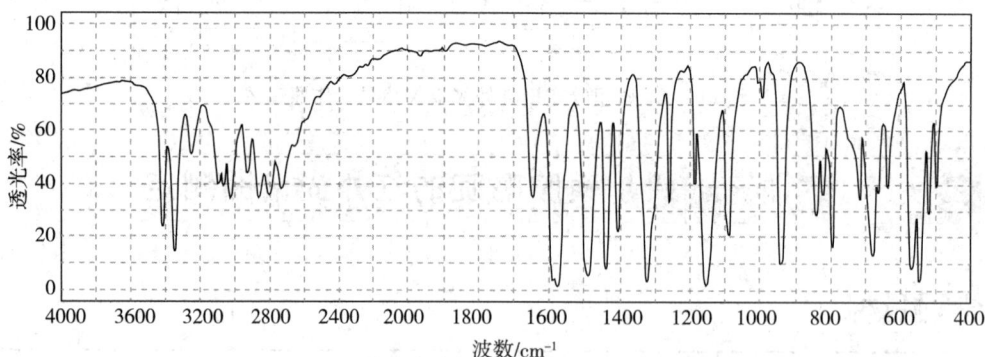

图 21-2 《药品红外光谱集》磺胺嘧啶的红外图谱

四、实训练习

（一）实训条件

1. 仪器与器材 FTIR-330 型傅里叶变换红外光谱仪、电子天平、红外烘烤灯、玛瑙乳钵、压片器、压片磨具等。

2. 试剂和试药 磺胺嘧啶（原料药）、溴化钾（光谱纯）、95%乙醇（分析纯）。

（二）安全及注意事项

1. 注意实验室湿度的控制，环境相对湿度应小于65%，在红外烘烤灯下研磨样品时要防止样品吸水。适当通风换气，以避免积聚过量的二氧化碳、水蒸气和有机溶剂蒸气。

2. 制样要均匀，以防压片后透光率降低。

3. 在仪器使用过程中，应经常检查仪器内部的湿度指标，若干燥剂颜色变化，应及时更换烘干。

4. 红外光谱仪的 KBr 窗片需要防潮，每次试验完毕，在样品仓内放一杯干燥硅胶，并随时更换，以保持样品仓的干燥并同时保护两边的溴化钾窗片。

5. 采用压片法时，以溴化钾最常用。若供试品为盐酸盐，可先比较氯化钾压片和溴化钾压片法的红外光谱图，若二者没有区别，则使用溴化钾。所使用的溴化钾或氯化钾在中红外区应无明显的干扰吸收；应预先研细，过200目筛，并在120℃干燥4小时后分装并在干燥器中保存备用。若发现结块，则须重新干燥。

6. 供试品研磨应适度，通常以粒度 2～5μm 为宜。过度研磨，有时会造成供试品晶格被破坏或发生晶型转化。

7. 压片法制成的片厚宜在 0.5mm 以下。

8. 样品扫描速度应与波长校正时一致。测得图谱最强吸收峰透光率应在 10% 以下。

9. 压片模具及液体吸收池等红外附件，使用完后应及时擦拭干净，必要时清洗，保存在干燥器中，以免锈蚀。

10. 低于 1000cm^{-1} 波数的偏差不超过 0.5%，其他波数的偏差不超过 ±10cm^{-1}。

（三）操作流程及规范

步骤	操作流程	操作指南
准备	见实训三十准备流程 1～2	要求温度为 15～35℃，环境相对湿度应小于 65%
	试剂准备：固体样品、试剂等应提前干燥	固体样品、试剂等应提前干燥，防止吸潮
	称量、研磨工具应提前清洁，干燥，置于实验环境中	清洁后必须干燥后才能使用
	开机预热：按红外光谱仪仪器电源开关，开启仪器，加电后自检；开启电脑，运行操作软件，联机自检通过后，预热	开机，预热 15 分钟以上
仪器校正	用聚苯乙烯薄膜（厚度约为 0.04mm）校正仪器，绘制其光谱图，用 3027、2851、1601、1028、907cm^{-1} 处的吸收峰对仪器的波数进行校正	要求详见本实训关键概念 4
样品制备（压片）	取磺胺嘧啶样品 1～1.5mg，置玛瑙乳钵中，加入干燥的溴化钾 200～300mg 作为分散剂，充分研磨混匀，置于压片模具中，使铺布均匀，加压至 10MPa（应不超过 15MPa），保持 5 分钟	分散剂（溴化钾）必须提前在 120℃ 干燥 4 小时。分散剂与样品的比例约为 200∶1。目视检测，压成的片应呈透明状，其中样品应分布均匀而无明显的颗粒状
空白片制备	只取溴化钾，采用样品制备同样方法压制空白片	规范同上
磺胺嘧啶样品红外光谱图的测定	将空白片置于红外光谱仪专用的样品架上，装到对应测定位置。单击"采集"菜单下的"采集背景"，出现采集背景提示框，将空白片插进去，单击"确定"，开始采集背景	应使用干燥的镊子取用，不能接触手或其他潮湿物品，应立即测定，避免吸潮
	完毕后换入样品片，单击"采集"菜单下的"采集样品"，单击"确定"开始采集信息，保存并处理数据	规范同上。结束后，计算机会自动扣除背景，显示样品的红外光谱图
鉴别判定	与标准谱图（图 21-2）进行比对	峰位、峰数、峰强应一致
关机	关机：退出 FTIR 软件操作系统，按仪器后侧电源开关，关闭仪器	
结束	清洗玻璃器材和设备模具，并将样品移出样品仓（如有需要对样品进行保存，可放入干燥器内保存），将干燥剂放入样品仓内，保持干燥。关机，切断电源，清扫，套上防尘罩。填使用登记	清洗，收拾台面，填写实验记录。保持设备干燥
	定量玻璃器材归库，原始记录入档。清场	关水关电，正确处理废液

（四）原始记录与数据处理

室温：　　　湿度：　　　　　　年　月　日

仪器型号及编号：

压片方法：

（五）检验结果

附测定的磺胺嘧啶样品红外图谱。

（六）鉴别判定

根据磺胺嘧啶样品的红外光吸收图谱与对照图谱 <u>　□是一致的　　□是不一致的</u>，判定样品 <u>　□是</u> <u>□不是</u>磺胺嘧啶。

五、课后作业

1. 利用红外光谱图怎么对药物进行鉴别？
2. 傅里叶变换红外光谱仪的组成有哪些？
3. 测定红外光谱时对样品和环境有什么要求？

六、实训评价

测评项目	准备	样品的制备	红外光谱仪的使用	结果鉴别判定	原始记录规范	报告完整性	清场
分值	10 分	30 分	20 分	10 分	10 分	10 分	10 分
自评							

七、实训体会与反思

（何世新）

项目二十二　原子吸收光谱法

一、基本原理

原子吸收分光光度法（AAS）的测量对象是呈原子状态的金属元素和部分非金属元素，是基于测量原子蒸气对特征电磁辐射的吸收强度进行定量分析的一种仪器分析方法。当辐射通过自由基态原子蒸气，若辐射的频率等于原子中的电子从基态跃迁到激发态（一般为第一激发态）所需的能量频率时，原子将从辐射中吸收能量，电子由基态跃迁到激发态，产生共振吸收，使某些波长处的强度减弱而产生原子吸收光谱。

使电子从基态跃迁至第一激发态所产生的吸收谱线成为主共振线。各种元素的原子结构不同，不同元素的原子从基态激发至第一激发态时，吸收的能量也不同，所以各元素的共振线都不同，具有自身的特征性，基于此可以进行定性分析。

原子吸收分光光度法遵循分光光度法的吸收定律，在通常的温度下（2000~3000K）下，原子蒸气中处于激发态的原子数很少，仅占基态原子数的1%，甚至更少，可以忽略不计，蒸气中的原子总数，可以近似认为是蒸气中处于基态的原子数，所以特征谱线处的吸收系数与单位体积蒸气中总的原子数成正比。又因为在一定条件下蒸气中原子的总浓度和被测样品中该元素的浓度也成正比，所以被测样品中待测元素的浓度与其在特征谱线处的吸光度成正比，即 $A = Kc$。式中，K 为比例常数；c 为待测元素的溶液浓度；A 为吸光度。该法可以大幅度提高检出限，并且具有较高的精密度和准确度，操作简便，易于掌握。

二、仪器结构 🔲 视频 3~5

（一）原子吸收光谱仪

原子吸收光谱仪又称原子吸收分光光度计，由光源、原子化器、分光系统、信号检测系统和数据处理系统组成（图 22-1）。

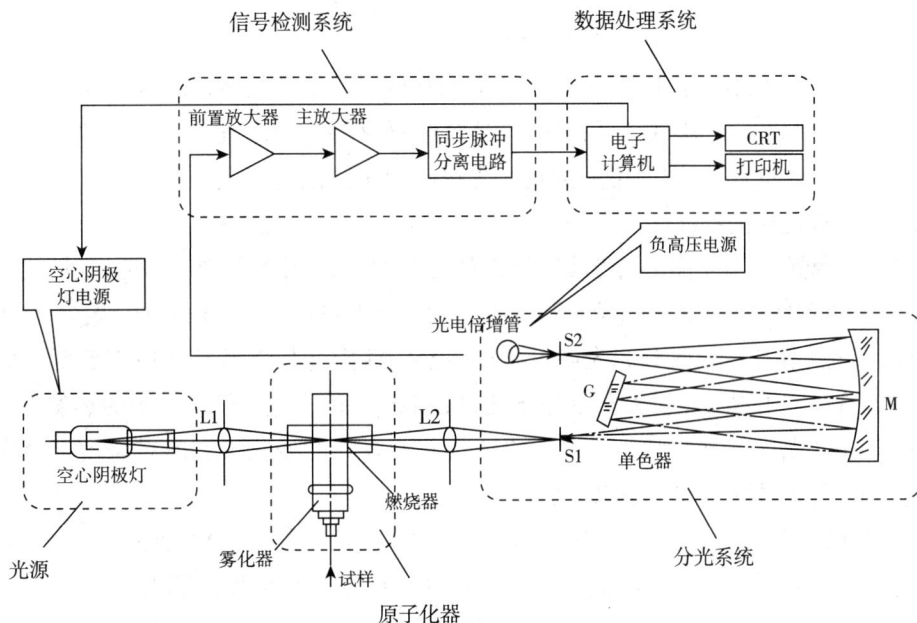

图 22-1　原子吸收分光光度计的结构示意图

1. 光源　作用是发射被测元素基态原子的特征共振辐射，对光源的要求是锐线光源、辐射强度大、稳定性好、背景干扰小，空心阴极灯是符合上述要求的锐线光源，应用也最广（图 22-2）。

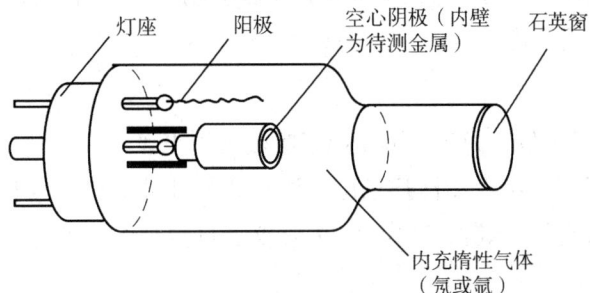

图 22-2　空心阴极灯结构

空心阴极灯是由玻璃管制成的封闭着低压气体的放电管，主要是由一个阳极和空心阴极组成。阴极为空心圆桶形，由待测元素的高纯金属或合金直接制成，贵重金属以其箔衬在阴极内壁。阳极为钨棒，上面装有钛丝或钽片作为吸气剂。内充少量氖或氩等惰性气体。

空心阴极灯原理：当在阴、阳两极间加上300～500V电压后，电子由阴极高速射向阳极，使充入的惰性气体电离，产生阳离子向阴极运动，并高速轰击阴极表面，引起阴极溅射出原子，溅射出的原子与其他粒子相互碰撞而激发，激发态的原子不稳定，很快回到基态，发射出其共振谱线。

需要注意的是，空心阴极灯发光的强度与工作电流有关，发射的光谱主要是阴极元素的光谱，若阴极物质只含一种元素，则为单元素灯，若为多种元素，则可制成多元素灯，多元素灯的发光强度较单元素灯弱，应用并不广泛。

2. 原子化器　作用是提供足够的能量，将样品溶液中的分析物干燥、蒸发并转变为基态原子蒸气，即将待测元素原子化。入射光束在这里被基态原子吸收，因此也可把它视为"吸收池"。原子化器通过有火焰型、电热型、氢化物发生型和冷蒸汽型四种。此处介绍常见的火焰原子化器和石墨炉电热原子化器。

（1）火焰原子化器　是通过化学火焰的燃烧提供能量将待测元素原子化，主要由雾化器、预混合室、燃烧器、火焰等构成预混合型火焰原子化器。

（2）石墨炉电热原子化器　其功能是以石墨作为发热体将供试品溶液干燥、灰化，再经高温原子化使待测元素形成基态原子。炉中通入保护气，以防样品和石墨氧化，也能清扫试样蒸气。石墨炉原子化器具有效率高（几乎100%）、样品用量少且不受样品形态限制的优点，可用于测定共振线在真空紫外区的元素和有毒或放射性的物质。

3. 分光系统（单色器）　其功能是从光源发射的电磁辐射中分离出所需要的电磁辐射，仪器光路应能保证有良好的光谱分辨率和在相当窄的光谱带（0.2nm）下正常工作的能力，波长范围一般为190.0～900.0nm。

4. 背景校正系统　在原子吸收分光光度分析中，必须注意背景以及其他原因等对测定的干扰。背景吸收通常来源于样品中的共存组分及其在原子化过程中形成的次生分子或原子的热发射、光吸收和光散射等。仪器某些工作条件（如波长、狭缝、原子化条件等）的变化可影响灵敏度、稳定程度和干扰情况。这些干扰在仪器设计时应设法予以克服。

常用的背景校正法有氘灯法、自吸收法（SR法）和塞曼法。任何一种背景校正都是采用两种测量之差计算出扣除背景吸收后的原子吸收值的。一种测量测定原子吸收和背景吸收之和（AA＋BG），另一种测量主要测定背景吸收（BG）。

在火焰法原子吸收测定中可采用选择适宜的测定谱线和狭缝、改变火焰温度、加入配位剂或释放剂、采用标准加入法等方法消除干扰；在石墨炉原子吸收测定中可采用选择适宜的背景校正系统、加入适宜的基体改进剂等方法消除干扰。具体方法应按各品种项下的规定选用。

5. 检测系统　由检测器、信号处理器和指示记录器组成，应具有较高的灵敏度和较好的稳定性，并能及时跟踪吸收信号的急速变化。

（二）操作步骤

以北京普析TAS990型号为例，说明火焰型原子吸收操作步骤。

1. 开机顺序　①打开排风系统；②打开稳压电源；③打开计算机；④打开火焰型原子吸收主机电源；⑤打开软件，选择"联机"，单击"确定"，进入仪器自检画面。等待仪器各项自检"确定"后进行测量操作。

2. 测量操作步骤

（1）选择元素灯及测量参数

1）选择"工作灯（W）"和"预热灯（R）"后单击"下一步"。

2）设置元素测量参数，可以直接单击"下一步"。

3）进入"设置波长"步骤，单击"寻峰"，等待仪器寻找工作灯最大能量谱线的波长。寻峰完成后，单击"关闭"，回到寻峰画面后再单击"关闭"。

4）单击"下一步"，进入完成设置画面，单击"完成"。

（2）设置测量样品和标准样品

1）单击"样品"，进入"样品设置向导"主要选择"浓度单位"。

2）单击"下一步"，进入标准样品画面，根据所配制的标准样品设置标准样品的数目及浓度（图22－3）。

序号	浓度 [ug/ml]
1	0.000
2	1.000
3	2.000
4	3.000

＋增加(A)　－减少(D)

图22－3　设置标准样品的数目及浓度界面

3）单击"下一步"；进入辅助参数选项，可以直接单击"下一步"；单击"完成"，结束样品设置。

（3）点火

1）选择"燃烧器参数"输入燃气流量为1500以上；燃烧器高度设置为6。

2）检查液位检测装置里是否有水（990型仪器还应注意紧急灭火开关是否弹起，燃烧头是否装到最底部；废液检测装置内是否有足够的水，废液管圈内是否有水封）。

3）打开空压机，空压机压力达到0.22～0.25MP。

4）打开乙炔，调节分表压力为0.07～0.08MP（总压低于0.5Mp应及时更换新气）。

5）单击点火按键 ，燃烧头预热5～10分钟；观察火焰是否点燃；如果第一次没有点燃，请等5～10秒再重新点火。

6）火焰点燃后，把进样吸管放入蒸馏水中5分钟后，单击"能量"，选择"自动平衡"调整能量到100%。

（4）测量步骤

1）标准样品测量　把进样吸管放入空白溶液，单击"校零"键，调整吸光度为零；单击"测量"键，进入测量画面，依次吸入标准样品（必须根据浓度从低到高的测量）。注意：在测量中一定要注意观察测量信号曲线，直到曲线平稳后再按测量键"开始"，自动读数3次完成后再把进样吸管放入蒸馏水中，冲洗几秒钟后再读下一个样品。做完标准样品后，把进样吸管放入蒸馏水中，单击"终止"按键。把鼠标指向标准曲线图框内，单击右键，选择"详细信息"，查看相关系数R是否合格。如果合格，进入样品测量。

2）样品测量　把进样吸管放入空白溶液，单击"校零"键，调整吸光度为零；单击"测量"键，进入测量画面，吸入样品，单击"开始"键测量，自动读数3次完成一个样品测量。注意事项同标准样品测量方法。

3）测量完成　如果需要打印，单击"打印"，根据提示选择需要打印的结果；如果需要保存结果，单击"保存"，根据提示输入文件名称，单击"保存（S）"按钮。以后可以单击"打开"调出此文件。

（5）结束测量　如果需要测量其他元素，单击"元素灯"，操作同测量操作步骤（4）。如果完成测量，一定要先关闭乙炔，等到计算机提示"火焰异常熄灭，请检查乙炔流量"；再关闭空压机，按下放水阀，排除空压机内水分。

3. 关机顺序　先确定数据是否已保存，退出软件。关闭主机电源，罩上原子吸收仪器罩。关闭计算机电源，稳压器电源。15分钟后再关闭排风系统；关闭实验室总电源，完成测量工作。

实训三十五　水中微量锌的含量测定（标准加入法）

一、学习目标

知识目标	能力目标	思政及岗位素养目标
1. 掌握标准加入法测定金属元素含量的基本原理 2. 掌握原子吸收分光光度计的基本结构和使用方法 3. 熟悉仪器保养和维修方法	1. 能操作原子吸收分光光度计 2. 能规范配制标准溶液 3. 能绘制标准曲线，并用标准加入法计算含量 4. 能够解决实际应用中仪器出现的问题	1. 养成严谨的分析思维，良好的实验素养，爱护仪器，做好试剂的回收，敬畏自然 2. 能够将创新思维和精神融入实训操作和方法设计中

二、关键概念

1. 标准曲线法　见实训三十。

2. 标准加入法　当待测样品的基体干扰较大、配制与待测样品组成一致的标准溶液有困难时，可采用标准加入法。取同体积供试品溶液分置 4 个同体积量瓶中，除 1 号量瓶外，其他量瓶分别精密加入不同体积的待测元素对照品溶液，得样品浓度恒定而对照品浓度递增的系列溶液。测定吸光度，以吸光度为纵坐标、对照品浓度为横坐标，绘制标准曲线，若曲线不通过原点，说明含有被测元素，截距所相应的吸光度就是被测元素的贡献，外延曲线与横坐标轴相交处即得供试品被测元素浓度 c（图 22 - 4）。

3. 内标法　是在标准溶液和样品溶液中分别加入另一种元素作为内标元素，通过测定待测元素和内标元素吸光度的比值，以吸光度比值以待测元素的含量或浓度绘制标准曲线的方法。该方法适合用于双通道原子吸收分光光度计。

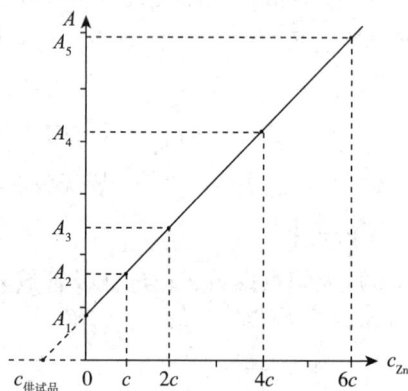

图 22 - 4　标准加入法曲线

三、基础知识

在使用锐线光源的情况下，锌元素的浓度（c）与其吸光度（A）符合光的吸收定律，即 $A = Kc$，K 为常数，容易受到各方面因素的影响，例如元素的性质、样品的组成、选择的分析线、原子化系统等。因此，可采用标准加入法测定水中微量锌的含量，在仪器推荐的浓度范围内，制备锌元素的系列标准溶液，测定其吸光度，以 A 为纵坐标，被测元素浓度 c（mg/L）为横坐标，绘制 $A - c$ 标准曲线，再从标准曲线上查得相应的浓度，计算样品中锌元素的含量。

四、实训练习

（一）实训条件

1. 仪器与器材　TAS - 990 火焰型原子吸收分光光度计及配套设备、分析天平、烧杯（100ml、1000ml）、电热板、容量瓶（50ml、100ml、250ml）、吸量管（1ml，5ml，10ml 各 1 支）、锌空心阴极灯。

2. 试剂和试药　50% 优级硝酸、锌（光谱纯）、水样。

（二）安全及注意事项

1. 标准系列与未知试样的组成应尽可能一致。且标准溶液与试样溶液应用相同的试剂处理。

2. 标准加入法是建立在吸光度与浓度成正比的基础上，因此要求相应的标准曲线是一条过原点的直线，被测元素的浓度应在此线性范围内。所配制标准溶液的浓度，应在吸光度与浓度成执行关系的范围内，一般应使吸光度在 0.15 ~ 0.7 为宜。在此范围内由于测光误差引起的浓度测量的相对误差较小。

3. 为了能得到较为精确的外推结果，最少应采用四个点来制作外推曲线；且加入标准的量，不能过高过低，否则直线斜率过大或过小均引起较大误差。一般使第一个加入量产生的吸收值约为试样原吸收值的一半较好。这可通过试喷试样溶液和标准溶液，比较两者的吸光度来判断。

4. 标准储备液与未知试样原溶液的组成应尽可能一致，且标准系列溶液应用相同的试剂处理。标准加入法可以消除基体效应带来的影响，但不能消除背景吸收的影响，因此只有扣除了背景值后，才能得到被测试样中待测元素的真实含量，否则，得到的结果将偏高。

5. 标准加入法每测定一个样品需要制作一条标准曲线，不适合大批量样品的测定。适合于基体复杂的少量样品的测定。

6. 应用去离子水或用石英蒸馏器蒸馏的超纯水。储水溶液一般用聚乙烯塑料等材料制成。

7. 烧杯、量瓶、吸量管等容量器皿应尽可能使用耐腐蚀塑料器皿，而不用玻璃器皿，因为玻璃器皿易吸附或吸收其他金属离子，在使用过程中缓缓释放。

（三）操作流程及规范

步骤	操作流程	操作指南
准备	见实训三十准备流程 1 ~ 4	
	试剂准备：锌（光谱纯）和纯化水应提前置于实验环境中	应在实验环境放置 1 小时以上
	打开换气排风设备；打开稳压电源；原子吸收分光光度计开机，自检，预热	
预处理	水样：采集好 500ml 水样加入 5.00ml 优级硝酸，用 0.45μm 滤膜过滤，置烧杯中备用	
配制锌标准溶液	锌贮备液：称取 0.1000g 金属锌（AR）于 5ml 硝酸中，待全溶后用去离子水定容至 100.00ml	注意浓酸，在通风橱中操作。此时锌的含量为 1mg/ml。容量瓶的规范操作
	锌标准溶液：精密吸取 1ml 锌贮备液定容至 100ml	锌的含量为 10μg/ml。容量瓶、吸量管的规范操作
标准系列溶液配制	在 5 只 100ml 容量瓶中分别移入 25.00ml 水样，依次加入锌标准液 0.00、1.00、2.00、4.00、8.00ml，用蒸馏水稀释至标线。标号 1 ~ 5	容量瓶、吸量管的规范操作
仪器参数设定并测定 A	（1）选择 Zn 元素灯及测量参数 （2）点火：选择"燃烧器参数"输入燃气流量为 1500 以上；燃烧器高度设置为 6。打开空压机，乙炔，单击点火按键，烧头预热 5 ~ 10 分钟 （3）火焰点燃后，把进样吸管放入蒸馏水中 5 分钟后，单击"能量"，选择"自动平衡"调整能量到 100% （4）每一个溶液测量吸光度前，注意吸入蒸馏水进行"校零"，冲洗几秒钟数据稳定后再测下一个样品	原子吸收仪测定锌的最佳工作条件：波长（213.9nm），灯电流（3mA），狭缝宽度（0.4nm），燃烧器高度（6mm），乙炔流量（1.0L），空气流量（6.5L） 在测量中一定要注意观察测量信号曲线，直到曲线平稳后再按测量键"开始"，自动读数 3 次完成后再把进样吸管放入蒸馏水中。 测量顺序应从低浓度到高浓度进行，以减小测量误差
曲线绘制	以锌含量为横坐标，吸光度为纵坐标，绘制标准曲线	查找方法见图 22 - 4。其他要求参考实训三十一流程 8
含量测定	从标准曲线上查出样品溶液中锌的浓度，并计算锌样品的含量	

续表

步骤	操作流程	操作指南
结束	测定完毕，吸喷蒸馏水 5 分钟，清洗燃烧器；关闭乙炔，再关闭空压机；按下放水阀，排除空压机内水分；退出工作软件，关闭主机电源，关闭电脑，填写仪器使用记录	一定要先关闭乙炔，等到计算机提示"火焰异常熄灭，请检查乙炔流量"；再关闭空压机
	见实训三十结束流程 14~15	

（四）原始记录与数据处理

室温：　　　　湿度：　　　　　　　年　月　日

天平型号及编号：　　　　　　　　仪器型号及编号：

1. 锌储备液和标准溶液的配制记录

锌称量质量（m）	定容体积（ml）	锌储备液浓度（mg/ml）	移液体积（ml）	定容体积（ml）	锌标准液浓度（μg/ml）

2. 水中微量锌的含量测定记录

容量瓶	标 1	标 2	标 3	标 4	标 5
量取锌标准溶液体积（ml）					
定容体积（ml）					
标准系列溶液中锌的浓度 c（μg/ml）	0.000				
吸光度 A					

3. 数据处理

（1）计算标准系列溶液中对照品锌的浓度

$c_2 =$　　　　　　　　　　　　　　　　$c_3 =$

$c_4 =$　　　　　　　　　　　　　　　　$c_5 =$

（2）$A-c$ 曲线绘制（另附图）

线性回归方程：　　　　　　　　　　$R=c_样 =$

（五）检验结果

$c_{Zn} =$

五、课后作业

1. 简述加入 50% 硝酸的目的。
2. 简述空心阴极灯的工作原理。

六、实训评价

测评项目	准备	电子天平使用	定量分析量器使用	标准溶液配制	原始记录规范	标准曲线绘制	R	报告完整性	清场
分值	10 分	10 分	10 分	10 分	10 分	10 分	15 分	10 分	10 分
自评									

七、实训体会与反思

项目二十三　荧光光谱法

一、基本原理

物质的分子吸收紫外光或可见光而受激发后，由电子基态能级跃迁至不稳定的激发态能级，会通过各种方式失去能量，返回基态。若分子首先通过碰撞和系统内转换等方式失去部分能量，下降至电子第一激发态的最低振动能级，然后再发射一定波长的光而返回电子基态的各振动能级，这时发射的光称为荧光，此过程称为荧光发射。显然，荧光的能量小于激发光能量，荧光波长则长于激发光。

通过记录某一物质溶液在不同波长激发光照射时的发射光强度，可得到该物质的荧光激发光谱，可确定最大激发光波长；使激发光的波长和强度保持不变，记录荧光物质溶液发射光的波长种类及其强度，就得到了该物质的荧光发射光谱，可得到最大发射光波长，如图23-1所示。不同结构的化合物产生不同的荧光激发光谱和荧光发射光谱，据此可对物质进行定性分析。当激发光强度、波长、所用溶剂和温度等条件固定时，物质在一定浓度范围内，其发射光强度与溶液中该物质的浓度成正比关系，可以用于该物质的含量测定。此类方法称为荧光分光光度法（MFS）。

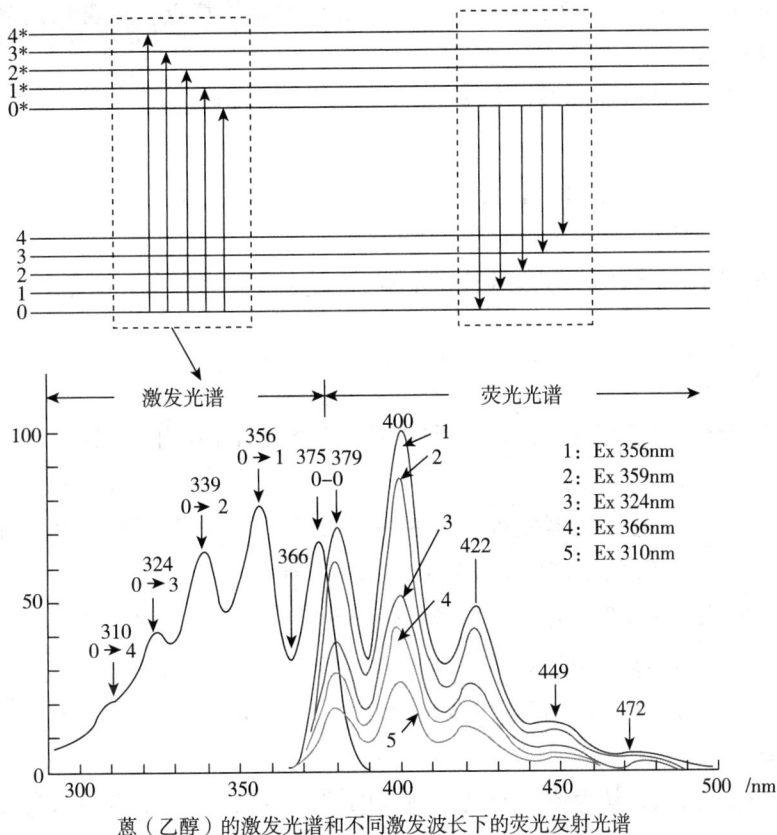

蒽（乙醇）的激发光谱和不同激发波长下的荧光发射光谱

图23-1　荧光的产生与激发光谱和发射光谱

荧光分光光度法的灵敏度一般较紫外 - 可见分光光度法高，但浓度太高的溶液会发生"自熄灭"现象，而且在液面附近溶液会吸收激发光，使发射光强度下降，导致发射光强度与浓度不成正比，故荧光分光光度法应在低浓度溶液中进行。

二、仪器结构

（一）荧光分光光度计

荧光分光光度计又称为荧光分光光度仪，主要由激发光源、激发单色器、发射单色器、样品池、检测器、记录仪等部件构成。从光源发出的光经激发单色器色散后得到的激发单色光，照射到盛有荧光物质的样品池上，使其产生荧光。荧光将向四面八方发射。为了消除透射光和散射光的干扰，通常在与激发光呈 90°方向上测量，其结构如图 23 - 2 所示。

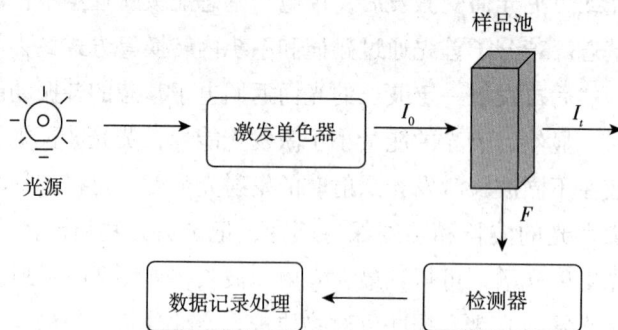

图 23 - 2　荧光分光光度计结构示意图

1. 激发光源　应具有强度大、稳定性好、适用波长范围宽等特点，最常用的光源是氙灯（200 ~ 700nm），高压汞灯和激光光源。

2. 样品池　荧光分析用的样品池四面均为光面，常用石英材料制成，具有低荧光、不吸收紫外线的特点。

3. 单色器　是荧光分光光度计的色散元件，有两个单色器，激发单色器和发射单色器。激发单色器用于选择激发波长，发射波长用于分离荧光发射波长。

4. 检测器　用于检测荧光信号，要求检测器有较高的灵敏度，一般采用光电倍增管，并与激发光成 90°配置。

（二）操作过程

以岛津 RF - 6000 荧光分光光度计为例，说明荧光分光光度计的操作过程。

1. 开机

（1）开启仪器主机电源。按下仪器主机左侧面板下方的黑色按钮（POWER）。同时，观察主机正面面板右侧的 Xe LAMP 和 RUN 指示灯依次亮起来，都显示绿色。

（2）双击启动 LabSolutions RF 工作站。单击［荧光测定］标签的［光谱］。启动通用分析程序的光谱。主机自行初始化，扫描界面自动进入。

（3）单击［连接］，与仪器建立通讯连接后，［测定］等按钮转为绿灯等有效显示。

2. 设置测定参数

（1）单击主工具栏的按钮，切换成"光谱"窗口的"测定模式"。单击参数视图的［设置］。显示［光谱方法］窗口。

（2）在［测定］标签设置测定条件（参数）。

（3）在［仪器］标签设置仪器条件（参数）。设置激发光和发射光的狭缝，选择灵敏度为"High"。

（4）保存测定参数：在［光谱方法］窗口单击［保存］。输入文件名后单击［保存］。保存文件后，确定已设置的测定参数。

（5）关闭［设置］窗口后，文件名显示于光谱测定工具栏。

3. 光谱测定

（1）确认快门已关闭（ ![打开] ），单击光谱测定工具栏的［自动调零］。

（2）将样品放置于样品室，关上门。

（3）单击光谱测定工具栏的［测定］。显示［新建数据集］窗口。

（4）输入注释后单击［确定］。

（5）开始测定，实时绘制已获取的数据。

4. 关机

（1）单击测定工具栏的［断开］。断开与仪器的通讯后，仪器状态显示"OFF"。

（2）单击［文件］菜单的［退出］。关闭分析程序窗口。如存在未保存的数据文件，将显示信息确认是否要保存。

（3）单击 LabSolutions RF 工作站右上角的［×］。关闭 LabSolutions RF 工作站。

（4）关闭仪器的主开关，关闭 windows，关闭显示器电源。

实训三十六　维生素 B_2 的含量测定（标准曲线法）

一、学习目标

知识目标	能力目标	思政及岗位素养目标
1. 掌握荧光分光光度法的基本原理 2. 掌握荧光分光光度法定量分析的基本方法 3. 熟悉仪器的维修和保养的理论知识 4. 了解荧光分光光度法定量分析在生活中的应用	1. 能操作荧光分光光度计 2. 能规范配制溶液 3. 能规范记录数据和绘制标准曲线图 4. 能解决仪器出现的问题及仪器维修和保养	1. 培养科学严谨的工作态度，培养良好的实验素养，爱护仪器，做好试剂的回收，敬畏自然 2. 培养独立思考问题和解决问题的能力，以及在实践中培养创新精神

二、关键概念

1. 激发光谱　固定发射光的波长，改变激发光的波长，记录荧光强度随激发波长变化的光谱。

2. 发射光谱　固定激发光的波长，记录不同发射波长处荧光强度变化的光谱。

3. 荧光量子效率　又称荧光量子产额。单位时间（秒）内，发射二次辐射荧光的光子数与吸收激发光初级辐射光子数之比值。

4. 标准对照法　通常荧光分光光度法是在一定条件下，测定对照品溶液荧光强度与其浓度的线性关系。当线性关系良好时，可在每次测定前，用一定浓度的对照品溶液校正仪器的灵敏度；然后在相同的条件下，分别读取对照品溶液及其试剂空白的荧光强度与供试品溶液及其试剂空白的荧光强度，用下式计算供试品浓度。

$$c_x = \frac{R_x - R_{xb}}{R_r - R_{rb}} \times c_r$$

式中，c_x 为供试品溶液的浓度；c_r 为对照品溶液的浓度；R_x 为供试品溶液的荧光强度；R_{xb} 为供试品溶液试剂空白的荧光强度；R_r 为对照品溶液的荧光强度；R_{rb} 为对照品溶液试剂空白的荧光强度。

因荧光分光光度法中的浓度与荧光强度的线性范围较窄，故 $(R_x - R_{xb})/(R_r - R_{rb})$ 应控制在 $0.5 \sim 2$ 为宜，若超过，应在调节溶液浓度后再进行测定。

5. 标准曲线法 在一定的仪器条件下，溶液的荧光强度（F）与浓度成正比例关系，可按实训三十一操作，配成一系列不同浓度的标准溶液，以荧光强度为纵坐标，标准溶液浓度为横坐标，作 $F-c$ 标准曲线。然后在同样的仪器条件下，测定试样溶液的荧光强度，从标准曲线上查出它们的浓度。

三、基础知识

维生素 B_2（即核黄素）在 $430 \sim 440nm$ 蓝色光照射下发射绿色荧光，荧光峰值波长为 $535nm$。对于维生素 B_2 稀溶液，荧光强度 F 与其浓度有以下关系。

$$F = 2.303\Phi' KcLI_0$$

式中，Φ' 为荧光量子效率；K 为荧光分子的摩尔吸光系数；L 为液层厚度；c 为荧光物质的浓度。当条件一定时，Φ'、K、L 为常数值，合并为 K'，公式如下。

$$F = K'c$$

利用标准曲线法即可测定维生素 B_2 的含量。

维生素 B_2 在碱性溶液中经光线照射会发生分解而转化为光黄素，光黄素的荧光比核黄素的荧光强得多，故测维生素 B_2 的荧光时溶液要控制在酸性范围内。

四、实训练习

（一）实训条件

1. 仪器与器材 岛津 RF-6000 型荧光光度计（附样品池一对）、容量瓶（1000ml）、吸量管。

2. 试剂和试药 $10.0\mu g/ml$ 维生素 B_2 标准液溶液、医用维生素 B_2 片。

（二）安全及注意事项

1. 温度对溶液的荧光强度有很大的影响，一般荧光物质的溶液的荧光强度随温度的降低而增强，测定时应控制温度一致。增大黏度或降低温度只有在荧光效率明显小于 1 的条件下，才可以成为提高荧光强度的有效手段。

2. 荧光测定所用的溶剂达到分析纯等级即可，但要防止污染。

3. 样品池为石英制品，四面均为光面，拿取时捏住样品池棱；要保持光学窗面的透明度，防止被硬物划痕；液池使用后要立即弃去样品溶液，先后用自来水、弱碱洗涤剂、纯水清洗；严重污染的液池可用体积分数为 50% 稀硝酸浸泡。

4. 荧光分析的溶剂不得在塑料容器内保存，因为有机填充剂和增塑剂有可能被溶剂溶解，导致空白值升高。

5. 为了避免光解作用的影响，应在测定时尽量缩短受激发光照射的时间。待测液的荧光分析适宜低浓度下测定，会产生荧光猝灭现象。

6. 溶剂不纯会带入较大误差，应先做空白检查，必要时，应用玻璃磨口蒸馏器蒸馏后再用。

7. 溶液中的悬浮物对光有散射作用，必要时，应用垂熔玻璃滤器滤过或用离心法除去。

8. 所用的玻璃仪器与测定池等也必须保持高度洁净。

9. 测定时需注意溶液的 pH 和试剂的纯度等对荧光强度的影响。

10. 溶液中的溶氧有降低荧光作用，必要时可在测定前通入惰性气体除氧。

（三）操作流程及规范

步骤	操作流程	操作指南
准备	见实训三十准备流程 1~4	
	试剂准备：维生素 B_2 和无氧纯化水应提前置于实验环境中	应在实验环境放置 1 小时以上
	岛津 RF-6000 型荧光分光度计开机，联机自检，预热	先开启整机电源开关，再打开灯源开关。关机时先关灯源开关
制备标准系列溶液	取 5 个 50ml 量瓶，分别加入 1.00、2.00、3.00、4.00 及 5.00ml 维生素 B_2 标准溶液，用纯化水稀释至刻度，摇匀。标号 1~5	吸量管、容量瓶的规范操作
制备样品溶液	精密称取医用维生素 B_2 片剂一片，研磨成细粉，用 1% 醋酸溶液溶解后转入 1L 量瓶中，用 1% 醋酸稀释至刻度，摇匀，过滤。取 3.0ml 续滤液于 50ml 容量瓶中，用纯化水定容，摇匀即得，标号 6	维生素 B_2 片研磨成细粉，直接完全转入容量瓶，加溶液至容量瓶 1/3 体积，平端振摇，加速片粉崩解，定容；溶液会因为片剂中的辅料而略显浑浊
确定检测波长	用纯化水作空白调零。用 3 号标准溶液，设置发射波长，扫描激发波长，得激发光谱图，确定最大激发波长；再确定最大激发波长扫描发射波长，得荧光发射光谱图，确定最大发射波长	样品池的基本操作同比色皿，四面光面不可磨花，均需用擦镜纸擦净 样品池需用待检液润洗 3 次 预防摔坏样品池
测定荧光强度	设置最大发射波长和最大激发波长，然后分别测量标准系列溶液和样品溶液的荧光强度	标准系列溶液必须按浓度从低到高的顺序测量
绘制曲线	以维生素 B_2 标准溶液荧光强度为纵坐标，浓度为横坐标，绘制标准曲线	其他要求参考实训三十一流程 8
含量测定	从标准曲线上查出样品溶液中维生素 B_2 的浓度，并计算维生素 B_2 片的含量	
结束	清洗样品池。关闭灯源开关，再关整机开关。填写仪器使用记录	样品池洗净，倒立于滤纸上晾干，及时装入样品池盒
	见实训三十结束流程 14~15	

（四）原始记录与数据处理

室温： 湿度： 年 月 日

天平型号及编号： 仪器型号及编号：

1. 维生素 B_2 的含量测定记录

最大激发波长 λ_{ex}：_____ nm；最大发射波长 λ_{em}：_____ nm

容量瓶	标 1	标 2	标 3	标 4	标 5	6# 样品
量取维生素 B_2 标准溶液体积 /ml						
维生素 B_2 浓度 c/（μg/ml）						
荧光强度 F						

2. 数据处理 计算标准系列维生素 B_2 的浓度。

$c_1 =$ $c_2 =$

$c_3 =$ $c_4 =$

$c_5 =$

3. $F-c$ 标准曲线绘制（另附图）

线性回归方程： $R=$ $c_6=$

（五）检验结果

$c_{VB2}=$

五、课后作业

1. 如何确定最大激发波长和最大发射波长？
2. 在荧光光度分析中，荧光的检测为何与入射光方向呈 $90°$ 角度？

六、实训评价

测评项目	准备	电子天平使用	定量量器使用	样品池皿使用	仪器使用	原始记录规范	标准曲线绘制	R	报告完整性	清场
分值 自评	10分	5分	10分	10分	10分	10分	10分	15分	10分	10分

七、实训体会与反思

（冯媛娇）

项目二十四　气相色谱法 🄴视频6

一、基本原理

气相色谱法（GC）是一种应用广泛的分离分析手段，它是以惰性气体（如 N_2）作为流动相的柱色谱法，将样品汽化后经色谱柱分离，然后进行检测分析的方法。气相色谱法特别适合可汽化、对热稳定的有机化合物和气态样品。

由于物质在气相中传递速度快，可选用的固定液种类多，检测器的选择性好，灵敏度高，因此气相色谱法具有分离效能高、高灵敏度、选择性高、简单、快速、应用广泛等特点，完成一个分析周期一般只需要几秒至几十分钟，使用高灵敏度的检测器可以检测出 10^{-13} 的物质。广泛应用于石油化工、医药卫生、环境科学、有机合成、生物工程等领域。原料药和制剂的含量测定、杂质检查、中草药成分分析、药物的纯化、制备。

气相色谱法可利用组分的保留时间来定性；对完全未知或无法获得基准物质的组分的定性分析就十分困难，与质谱仪联用能大大增强定性分析能力。

二、基本结构

气相色谱仪一般由五部分组成，载气系统、进样系统、分离系统、检测系统、记录系统。载气系统包括气源、气体净化、气体流速控制装置。进样系统包括进样器、气化室和控温装置，以保证试样汽化。分离系统包括色谱柱和柱温箱，是色谱仪的心脏部分。检测系统包括检测器、控温装置。记录系统包括放大器、记录仪或数据处理装置（图24-1）。

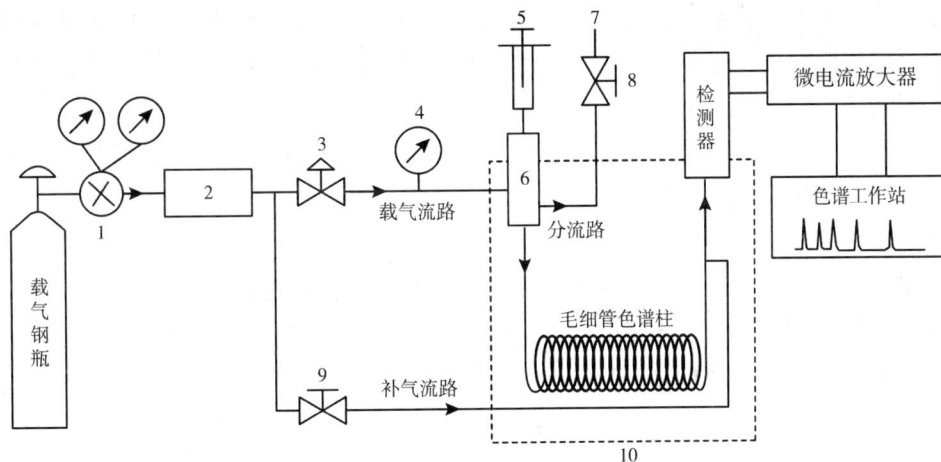

图24-1　气相色谱仪结构示意图

1. 减压阀；2. 气体净化器；3. 稳压阀；4. 压力表；5. 进样器；6. 汽化室；
7. 分流气路出口；8. 分流调节阀；9. 尾吹气调节阀；10. 柱温箱

三、基本操作程序

1. 开启载气，反时针方向开启载气钢瓶阀门，减压阀上高压压力表指示出高压钢瓶内贮气压力。

2. 调节气压，顺时针方向旋转减压调节螺杆，使低压压力表指示到要求的压力数。调节载气流量为实验所需的流量。注意检查是否漏气，保证气密性良好。

3. 开启主机电源总开关，主机自检，柱室内鼓风马达运转。

4. 色谱室升温，根据实验要求设定柱箱的初始温度及升温程序。

5. 气化升温，根据实验要求设定进样器汽化室温度并进行升温。

6. 选择检测器。

7. 打开记录器的电流开关或打开与气相色谱仪连接的电脑，并运行气相色谱仪工作软件，待软件与仪器连接成功后，即可进行实验。在气相色谱仪工作软件里分别设定载气流量、检测器温度、进样口的温度，柱箱的初始温度及升温程序。

8. 查看仪器基线是否平稳，待基线平直后，即可进行测试。

9. 实验完毕后，先关闭检测器电源，再停止加热，待色谱柱、进样口的温度降至40℃以下时，依次关闭色谱仪电源开关，计算机电源，最后关闭载气减压阀及总阀。

10. 登记仪器使用情况，做好实验室的整理和清洁工作，并检查好安全后，方可离开实验室。

四、使用要求

（一）使用要求

1. 环境温度　15~35℃。

2. 相对湿度　低于85%。

3. 仪器应安装在无影响电子器件的放大器和记录器的磁场、没有腐蚀气体，并无振动的场所。

4. 在氢气源2m内不得有明火存在或发火的可能性。

（二）热导检测器的操作步骤

1. 操作条件的选择

（1）常选择氢气或氦气作载气，因它们与组分的热导率差别较大，检测器的灵敏度越高，但氢气不安全，氦气价格较贵。氮气与多数有机物的热导率相差较小，灵敏度较低，而且会出倒峰。

（2）增加桥电流可以提高灵敏度，但桥电流过大，会引起噪声增大及热敏元件受损。所以，在灵敏度满足的前提下，应尽量采取低桥路电流。特别是不通载气时不能加桥电流，以防热敏元件烧断。

（3）热导检测器为浓度型检测器，在进样量一定时，峰面积与载气流速成反比，因此用峰面积定量时，需保持流速恒定。

2. 操作步骤　开机前使仪器各部件处于"非工作状态"，气路密封应良好。

（1）打开载气钢瓶并调节减压阀或打开气体发生器开关。注意：钢瓶的气压应比柱前压力表的读数高 0.5kg/cm^2，否则载气流量将不稳定。

（2）旋转主机的"载气稳压阀"　通过转子流量计控制载气流量，观察柱前表压，使达到所要求的流量。

（3）打开主机电源开关　整机指示灯亮，鼓风马达运转，此时全机系统已经通电。按下"复位"键，进行参数设置。注意，设定任何参数前，必须按"复位"键，让仪器进入编辑状态，设置完成后，按"状态"键，退出编辑状态，进入工作状态。

（4）设置汽化室温度　按"汽化温度"键，屏幕显示汽化室温度当前设定值，并可输入修改值，输入新的汽化室温度后，按"输入"键确认。仪器自动进入检测器设置界面。

（5）若检测器 B 为热导检测器，按"检测器 B"键，屏幕显示检测器 B 温度设定值，并可输入修改值，输入新值后，按"确认"键确认。待检测器温度升至设定值，仪器将继续设置热丝参数，输入热丝温度后，按"输入"键确认。屏幕显示 OK，检测器设置完成。

（6）设置柱温　在编辑状态下，按"柱箱温度"键，屏幕显示柱箱温度设定值并可进行修改，输入适用温度值，按"输入"键确认。若需用程序升温，按上述方法设置初始温度，然后在编辑状态下，按"程序升温"键，按以下方法设置：①先设置第一阶程序升温的终温，按"输入"键确认；②设置第一阶段程序升温速率值，输入设置值后，按"输入"键确认；③接着根据显示屏上提示输入初始温度保持时间，按"输入"键确认；④输入第一阶段程序升温终止温度保持时间，按"输入"键确认，完成第一阶段参数设定。第二阶段程序升温方法同上述步骤①~③。若只需使用一阶程序升温，当第一阶段参数设定完成后，第二阶段不设定。

（7）所有参数设置完成后，按"状态"键，退出编辑状态，仪器进入工作状态。

（8）待基线稳定后进样　①液样：进样前先用乙醇或甲醇洗针，反复洗几次。手不拿针头和有样品的部位。由主机上进样器用微量注射器进样，通常多吸 $1 \sim 2 \mu l$ 样品，把注射器针尖朝上，针管中，气泡上走到顶部后，再推动针杆排除气泡。针头插入后，须瞬间推入，同时启动软件记录保留时间和检测信号，进样量以小于 $2 \mu l$ 为宜。②气样：可用六通阀进样器，也可采用顶空进样，也可用医用 $1 \sim 5 \text{ml}$ 注射器进样。

（9）由所得的色谱图定性、定量分析。

（10）关机　①设置热丝温度为 $0 ℃$；②设置汽化室、柱温和检测器温度为 $50 ℃$；③待柱温降至 $50 ℃$ 以下，关闭色谱电源开关，关闭计算机；④关闭载气钢瓶总阀或发生器开关。

（三）氢焰离子化检测器的操作步骤

1. 操作条件的选择

（1）氢焰检测器使用气体流量的比例直接影响仪器的灵敏度和稳定性。氢焰检测器中氮气为载气，氢气为燃气,空气为助燃气,三种气体流量的比例要适当,通常比例约为1:1.5:10。

(2)极化电压大小对电流有影响,一般极化电压为100~300V。

(3)质量型检测器的峰高取决于单位时间内进入检测器中组分的质量。当进样量一定时,峰高与载气流速成正比。因此,如用峰高定量,需保持载气流速恒定;如用峰面积定量,则与载气流速无关。

2. 操作步骤

(1)调节载气流速及温度,同热导检测器的操作步骤中(1)~(2)。

(2)调节毛细管分流、尾吹流量(填充柱不需要此步骤)。

(3)打开主机电源开关 整机指示灯亮,鼓风马达运转,此时全机系统已经通电。按下"复位"键,进行参数设置。注意,设定任何参数前,必须按"复位"键,让仪器进入编辑状态,设置完成后,按"状态"键,退出编辑状态,进入工作状态。

(4)设置气化室温度,同热导检测器的操作步骤中(4)。

(5)设置检测器温度 若检测器A为氢火焰离子化检测器,按"检测器A"键,屏幕显示检测器A温度设定值,并可输入修改值,输入新值后,按"确认"键确认。屏幕显示检测器B的设置界面,按"状态"键退出,检测器设置完成。

(6)设置柱温,同热导检测器的操作步骤中(6)。

(7)待检测器温度升至100℃以上,打开氢气钢瓶和空气钢瓶并调节减压阀,推荐流量:氢气30ml/min(10ml/20秒),空气流量300ml/min(30ml/6秒),待氢气和空气流量稳定。

(8)点火 在软件操作界面,用鼠标点击"点火"按钮,听到噗的响声。用一光亮金属或玻璃片表面靠近点火器罩小孔来检验,有冷凝水说明火焰点着了。若未点着,可适当加大氢气气流后再点火,火焰点着之后,再将氢气流量慢慢调回设定值。

(9)进样 当基线稳定后,进样。液体样品测量时用微量注射器从主机上进样器处进样,针头插过隔垫进入后,须瞬间推入,同时启动软件记录保留时间和检测信号。进样量以小于$2\mu l$为宜。气体样品可用六通阀进样器,也可用医用1~5ml注射器进样。根据色谱图进行定性、定量分析。

(10)关闭仪器 测量完成后,关闭氢气和空气钢瓶总阀,设置汽化室、柱温和检测器温度为40℃。待柱温降至近40℃以下,关闭色谱电源开关,最后,关闭氮气钢瓶总阀。

（牛晓东）

实训三十七 常用气相色谱仪性能参数的测定

一、学习目标

知识目标	能力目标	思政及岗位素养目标
1. 掌握气相色谱仪基本构造和操作规程 2. 掌握气相色谱法基本原理 3. 熟悉常用气相色谱仪性能参数的测定	1. 能说明气相色谱仪基本结构及功能 2. 能使用气相色谱仪 3. 能规范测定参数 4. 能解决实践过程中遇到的问题	1. 培养严谨的逻辑思维方式,保持工作的条理性 2. 严格遵守操作规则和相关规定

二、关键概念

1. 保留值 从进样到色谱柱后出现待测组分信号极大值所需的时间为保留时间(t_R),从进样到产生待测组分信号极大值所需要的流动相体积为保留体积（V_R）。

2. 峰高（h）和峰面积（A）　峰高是指色谱峰最高点至基线的垂直距离。峰面积（A）是指组分的流出曲线与基线所包围的面积。峰高或峰面积的大小和每个组分在被测试样中的含量相关，因此色谱峰的峰高或峰面积是色谱法进行定量分析的主要依据。

3. 灵敏度　用于评价色谱系统检测微量物质的能力，通常以信噪比（S/N）来表示。通过测定一系列不同浓度的供试品或对照品溶液来测定信噪比。定量测定时，信噪比应不小于 10；定性测定时，信噪比应不小于 3。系统适用性试验中可以设置灵敏度测试溶液来评价色谱系统的检测能力。

4. 理论塔板数（n）　用于评价色谱柱的分离效能。由于不同物质在同一色谱柱上的色谱行为不同，采用理论板数作为衡量色谱柱效能的指标时，应指明测定物质，一般为待测物质或内标物质的理论板数。

5. 分离度（R）　又称分辨率，是指两相邻组分色谱峰的保留时间之差与两组分色谱峰峰宽之和的一半的比值。无论是鉴别还是定量测定，均要求待测峰、内标物质色谱峰或特定的杂质对照色谱峰及其他色谱峰之间有较好的分离度。除另有规定外，定量分析要求待测物质色谱峰与相邻色谱峰之间的分离度应大于 1.5。

6. 拖尾因子（T）　为了保证色谱分离效果和测量精度，常用拖尾因子用以衡量色谱峰的对称性，用 T 表示，除另有规定外应在 0.95~1.05。

7. 重复性　用于评价色谱系统连续进样时响应值的重复性能。采用外标法时，通常取各品种项下的对照品溶液，连续进样 5 次，除另有规定外，其峰面积测量值的相对标准偏差应不大于 2.0%；采用内标法时，通常配制相当于 80%、100% 和 120% 的对照品溶液，加入规定量的内标溶液，配成 3 种不同浓度的溶液，分别至少进样 2 次，计算平均校正因子，其相对标准偏差应不大于 2.0%。

三、基础知识

气相色谱分析是使混合物中各组分在两相间进行分配，其中一相是不动的（固定相），另一相（流动相）携带混合物流过此固定相，与固定相发生作用，在同一推动力下，不同组分在固定相中滞留的时间不同，依次从固定相中流出。

为保证样品的分离分析效果达到规定要求，实验前必须对该气相色谱仪的相关参数进行测量，判断是否满足定性和定量分析要求，《中国药典》称此为系统适用性试验。色谱系统的适用性试验通常包括理论板数、分离度、灵敏度、拖尾因子和重复性等五个参数。按各品种正文项下要求对色谱系统进行适用性试验，即用规定的对照品溶液或系统适用性试验溶液在规定的色谱系统进行试验，必要时，可对色谱系统进行适当调整，以符合要求。

四、实训练习

（一）实训条件

1. 仪器与器材　气相色谱仪、毛细管色谱柱、氢焰检测器、氮气、微量注射器等。

2. 试剂和试药　苯（分析纯）、环己烷（分析纯）、纯化水等。

（二）安全及注意事项

1. 仪器应在规定的环境条件下工作。

2. 开机之前一定要检查气路密封是否良好。稳压阀、针形阀的调节缓慢进行。

3. 任意一种检测器，启动仪器前应先通上载气。

4. 使用氢焰检测器时，应先使检测室、恒温槽升温，并在温度稳定后才能点火。此外，在使用氢焰时，热导池电源应处在关闭位置。

5. 色谱室及汽化室升温时不宜太快，否则将因加热电压太高而烧坏加热器。

6. 色谱室温度不得超过柱内载体所涂固定液的最高使用温度。

7. 色谱室和汽化室的实际温度应为毫伏表上所示温度加上室温。色谱室的精确温度可从仪器左边侧面的测温孔用水银温度计直接测得。

8. 仪器的预热，稳定时间约为 4 小时，能适应 24 小时连续工作条件。仪器每次使用应详细登记。

9. 注射速度要快，注射速度慢时会使样品的汽化过程变长，导致样品进入色谱柱的初始谱带变宽。注射样品所用时间及注射器在汽化室中停留的时间越短越好，且每次注射的过程越重现越好。

10. 仪器内严禁吸烟或进行任何无关明火操作。仪器室内应配备灭火器分析人员应能正确操作使用。

（三）操作流程及规范

步骤	操作流程	操作指南
准备	见实训三十准备流程之 1~4	温度为 10℃~35℃、环境相对湿度应小于 80%。实验室内保持良好通风情况
	试剂准备：样品溶剂等选择色谱纯级别	防止试剂药品或操作环境污染
	选择色谱柱，连接气路，检查载气等气源压力	
	打开气源：打开氮气（载气）、氢气（燃气）和空气（助燃气）气源，调节气体输出压力和流量至实验要求	氮气（载气）输出压力约 0.6Mp，载气流速为 1ml/min 氢气（燃气）输出压力约 0.4Mp 空气（助燃气）输出压力约 0.4Mp
仪器参数设置	打开色谱仪电源，自检束后设置仪器初始温度	汽化室温度 150℃、柱温箱初始温度 80℃ 和检测器温度 200℃
	检测器点火	用玻璃片或金属片在检测器废气口检查是否有水蒸气产生，判断点火是否成功
	打开电脑上气相色谱工作站软件，连接色谱仪。并设定分析参数	待出现蜂鸣提示音说明连接成功。设定柱温箱升温程序：80℃ 保持 2 分钟，以 10℃/分钟升温至 200℃，200℃，保持 5 分钟。进样口分流比为 30:1
测定样品	基线稳定后，采用 10μl 进样器，分别进样纯苯（1 次）、纯环己烷（1 次）以及两者混合液（按 0.8:1.0、1.0:1.0、1.2:1.0 分别混合，各测 1 次） 开启数据分析软件，调出记录查阅保留时间、峰面积、分离度、理论塔板数、拖尾因子、信噪比等色谱参数 t_R 或 Δt_R 的 RSD 应不大于 1.0%、相对校正因子的 RSD 应不大于 2.0%	注射方法：取样后，一手持注射器，并用食指放在针芯的末端（防止汽化室的高气压将针芯吹出），另一只手保护针尖（防止插入隔垫时弯曲），先小心地将注射针头穿过隔垫，随即以最快的速度将注射器插到底，与此同时迅速将样品注射入汽化室（注意不要使针芯弯曲），然后快速拔除注射器
结束	分析结束后，将柱温箱温度设定调至室温，开始降温。降至 40℃ 以下后，关闭气相色谱仪，氮气（载气）、氢气（燃气）和空气（助燃气）气源	仪器温度尚高时，不可提前关闭气源
	见实训三十结束流程之 14~15	

（四）原始记录与数据处理

室温：　　　　湿度：　　　　　　年　月　日

色谱仪型号及编号：

检测器		检测器温度	
色谱柱		柱温箱温度	
流速		进样器温度	
进样量/分流比		死时间 t_M	

续表

保留时间 t_R	纯苯			纯环己烷	
峰面积 A	纯苯			纯环己烷	
理论塔板数 n	纯苯			纯环己烷	
拖尾因子 T	纯苯			纯环己烷	
信噪比 S/N	纯苯			纯环己烷	
混合液数据	1（0.8∶1.0）	2（1.0∶1.0）	3（1.2∶1.0）	平均值	RSD%
t_M				——	——
t_R（苯）					
t_R（环己烷）					
Δt_R（苯与环己烷）					
R（苯与环己烷）				——	——
$A_苯$					
$A_{环己烷}$				——	——
$f=\dfrac{A_苯\times V_{环己烷}}{A_{环己烷}\times V_苯}$					

数据处理：

$$f_1=\frac{A_苯\times V_{环己烷}}{A_{环己烷}\times V_苯}= \qquad\qquad f_2=$$

$$f_3= \qquad\qquad \bar{f}=$$

（五）检验结果

附测定气相色谱图及检验报告。

（六）结论及判定

□仪器符合要求，可使用　　□仪器不符合要求，不可使用

五、课后作业

1. 什么是分离度，分离度的合适范围是多少？
2. 如何确认火焰离子化检测器点火成功？

六、实训评价

测评项目	准备	溶液的配制	气相色谱仪使用	色谱工作站软件的使用	原始记录的规范性	计算	报告完整性	清场
分值	10 分	10 分	20 分	10 分	10 分	20 分	10 分	10 分
自评								

七、实训体会与反思

实训三十八 医用酒精中乙醇含量测定（内标法）

一、学习目标

知识目标	能力目标	思政及岗位素养目标
1. 掌握气相色谱仪基本构造和操作规程 2. 掌握气相色谱法内标法的基本原理 3. 熟悉气相色谱法测定医用酒精中乙醇的含量	1. 能说明气相色谱仪基本结构及功能 2. 能使用气相色谱仪 3. 能用内标法测定含量 4. 能解决实践过程中遇到的问题	1. 培养严谨的逻辑思维方式，保持工作的条理性 2. 严格遵守检测要求

二、关键概念

1. 基线　在一定条件下，仅有流动相通过检测系统时所产生的信号曲线。稳定的基线应为一条与横坐标平行的直线。基线反映了仪器的噪声随时间变化的情况。

2. 色谱峰　当试样组分进入检测仪器时，仪器响应值偏离基线，信号强度随检测器中试样组分浓度而改变，直至组分离开检测器，所绘出的曲线称为色谱峰。

3. 内标法　按规定，精密称（量）取对照品和内标物质，分别配成溶液，各精密量取适量，混合配成校正因子测定用的对照溶液。取一定量进样，记录色谱图。测量对照品和内标物质的峰面积或峰高，计算校正因子f。再配制含有内标物质的供试品溶液，进样，记录色谱图，测量供试品中待测成分和内标物质的峰面积，以峰面积计算含量。采用内标法，可避免因供试品前处理及进样体积误差对测定结果的影响。

三、基础知识

乙醇具有挥发性，可采用气相色谱法中的内标法测定其含量，具有较高的灵敏度与特异性。内标法即准确称取或量取一定量的试样，并准确加入一定量的内标物质，混匀后进样，根据所取量与相应峰面积之间的关系求出待测组分的含量。

$$\omega = f \times \frac{A_x \times m_s'}{A_s' \times m} \times 100\%$$

式中，f为校正因子；A_x为供试品溶液中对照品的峰面积（或峰高）；A_s'为供试品溶液中内标物质的峰面积（或峰高）；m_s'为供试品溶液配制时所取内标物质的质量或体积；m为供试品溶液配制时所取样品溶液的质量或体积。

内标法不易受实验条件的影响，测定结果准确，尤其适用于手工进样时。

四、实训练习

（一）实训条件

1. 仪器与器材　GC-1100气相色谱仪、键合交联聚乙二醇为固定液的毛细管色谱柱、氢焰离子化检测器（FID）、氮气钢瓶、氢气钢瓶、微量注射器（20μl）、温度计（0～60℃或0～100℃）、容量瓶、吸量管。

2. 试剂和试药 无水乙醇（色谱纯或分析纯）对照品、正丙醇（色谱纯或分析纯）对照品、75%医用酒精、纯化水。

（二）安全及注意事项

见实训三十七。

（三）操作流程及规范

步骤	操作流程	操作指南
准备	见实训三十七准备流程 1～4	
对照品溶液配制	精密量取恒温至 20℃ 的无水乙醇 4、5、6ml 分置 100ml 量瓶中，各精密加入恒温至 20℃ 的正丙醇（内标物质）5ml，用水稀释至刻度，摇匀。分别精密量取溶液 1ml，定容至 100ml，得 3 份对照液	吸量管、容量瓶的规范使用。必要时可进一步稀释
供试品溶液配制	精密量取恒温至 20℃ 的供试品适量（相当于乙醇约 5ml），置 100ml 量瓶中，精密加入恒温至 20℃ 的正丙醇 5ml，用水稀释至刻度，摇匀。精密量取该溶液 1ml，定容至 100ml，得供试品液	吸量管、容量瓶的规范使用。必要时可进一步稀释 酒精中乙醇含量约为 75%，若要取出样品中有乙醇约 5ml，计算可知需精密量取 6.8ml 样品
参数设置	见实训三十七参数设置流程 5～7	顶空瓶蒸发室 85℃，进样口温度 200℃、柱温箱初始温度 40℃ 和检测器温度 220℃。设定柱温箱升温程序：起始温度为 40℃，维持 2 分钟，以每分钟 3℃ 的速率升温至 65℃，再以每分钟 25℃ 的速率升温至 200℃，维持 10 分钟
测定	精密量取 3ml 对照品溶液，置 10ml 顶空进样瓶中，密封，分别用 10μl 进样器顶空进样，分流比为 1：1，测定峰面积	
	精密量取 3ml 供试品溶液，操作方法同流程 5	
计算	按内标法以样品中乙醇和内标物峰面积计算含量	注意有效数字和数字修约
结束	见实训三十七结束流程 9～10	

（四）原始记录与数据处理

室温：　　　　　湿度：　　　　　　年　月　日

色谱仪型号及编号：

样品名称		检测波长	
检测器		检测器温度	
色谱柱		柱温箱温度	
流速		进样器温度	
进样量/分流比		载气	
死时间 t_M		柱效（n）	

称配过程：

对照品溶液：精密量取恒温至_____℃的无水乙醇①_____ml、②_____ml、③_____ml，分置①_____ml；②_____ml；③_____ml 量瓶中，各精密加入恒温至_____℃的正丙醇（内标物质）_____ml，用水稀释至刻度，摇匀。分别精密量取溶液_____ml，定容至①_____ml、②_____ml、③_____ml，得 3 份对照液。

供试品溶液：精密量取恒温至_____℃的供试品_____ml，置_____ml 量瓶中，精密加入恒温至_____℃的正丙醇_____ml，用水稀释至刻度，摇匀。精密量取该溶液_____ml，定容至_____ml，得供试品液。

序号	标准溶液								供试液
	A_r	A_s	f	T_r	T_s	n（以苯计）	R	A_x	
1								A'_s	
2								T_x	
3								T_s	
平均值 $\bar{f}$					——			R	
RSD					——			$\omega\%$	

数据处理

$$f_1 = \frac{A_s \times V_r}{A_r \times V_s} = \qquad\qquad f_2 =$$

$$f_3 = \qquad\qquad \bar{f} =$$

$$\omega = f \times \frac{A_x \times m'_s}{A'_s \times m} \times 100\%$$

（五）检验结果

附测定气相色谱图及检验报告。

$n_{苯} =$ ，RSD = ，$T_R =$ ，$R =$ ，设备□通过　□没通过系统适用性试验。

$n =$ $\qquad\qquad\qquad$ $\omega =$ $\qquad\qquad\qquad$ $R\bar{d} =$

五、课后作业

1. 测定医用酒精中乙醇含量过程中内标物是什么？内标物选择标准有哪些？

2. 采用内标法相对于外标法有什么优点？

3. 内标法与外标法有什么不同？

六、实训评价

测评项目	准备	溶液的配制	气相色谱仪使用	色谱工作站软件的使用	原始记录的规范性	计算	报告完整性	清场
分值	10分	10分	20分	10分	10分	20分	10分	10分
自评								

七、实训体会与反思

（李丽仙）

项目二十五　高效液相色谱法 ▣视频7

一、基本原理

高效液相色谱法（HPLC）是以液体为流动相，采用高压输液泵、高效的固定相及高灵敏度检测器进行复杂样品分离分析的色谱方法。高效液相色谱法具有分离效能高、分析速度快、检出限低、流动相选择范围宽、色谱柱可重复使用、流出组分易收集、操作自动化和应用范围广等优点。高效液相色谱法作为一种重要的分离分析手段，已广泛应用于各种药物及其制剂的分析测定，尤其在生物样品、中药等复杂体系的成分分离分析中发挥着极其重要的作用。

二、基本结构

高效液相色谱仪主要由高压输液系统、进样系统、色谱分离系统、检测系统、数据记录和处理系统等五部分组成（图 25-1）。

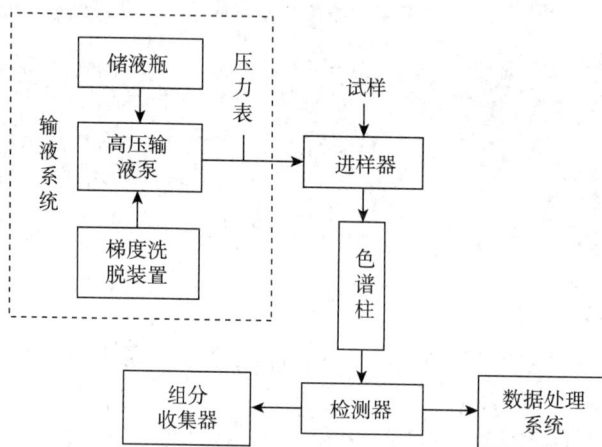

图 25-1　高效液相色谱仪的结构示意图

三、主要性能指标

与气相色谱法相似，高效液相色谱参数包括定性参数、定量参数、柱效参数和分离参数等，如理论板数、分离度、灵敏度、拖尾因子和重复性等五个参数，见实训三十七关键概念。《中国药典》规定液相色谱法的系统适用性试验（SST）中固定相种类、流动相组成、检测器类型不得改变，其余可适当改变，以达到色谱系统适用性试验要求。其他性能见下。

1. 流量精度　仪器流量的重复性。以流量的相对标准偏差表示。

2. 噪声　由于各种未知的偶然因素所引起的基线起伏。噪声的大小以基线带宽来衡量，通常以毫伏或安培为单位来度量。

3. 漂移　指基线朝一定方向缓慢变化。通常用单位时间内基线的水平变化来表示。

4. 检测限　所产生的信号大小等于噪声三倍时，即信噪比为 3/1 时，每毫升流动相中所含该组分的量，也称为敏感度。

5. 定性与定量重复性

（1）定性重复性　即在同一实验条件下，组分保留时间的重复性。通常以被分离组分的保留时间 t_R 或保留时间之差 Δt_R 的相对标准偏差来表示，RSD≤1% 认为合格。

（2）定量重复性　即在同一实验条件下，色谱峰面积（或峰高）的重复性。通常以被分离组分的峰面积比的相对标准偏差来表示，RSD≤2% 认为合格。

四、基本操作程序

1. 仪器准备　接通电源，依次开启高压泵、柱温箱、自动进样器、检测器和系统控制器，待泵和检测器自检结束后，打开电脑，进入色谱工作站。

2. 泵的操作及色谱柱的平衡 该项操作目的是排除更换流动相时进入过滤器的气体；尽快置换原有流动相。

（1）流动相排气泡 用流动相冲洗过滤器，再把过滤器浸入流动相中，打开泵的排液阀，设置高流速后启动泵（某些仪器先启动泵，再按冲洗键）进行充泵排气，直到管线内无气泡为止，关泵或将流速调至分析数值，关闭排液阀。

（2）平衡色谱柱 设定泵流速，以分析流速对色谱柱进行平衡，同时观察压力，压力应稳定，用干燥滤纸片的边缘检查柱管各连接处，应无渗漏。色谱柱平衡时间一般需约 30 分钟，一般以基线平稳为宜。如为梯度洗脱则设置梯度程序，用初始比例的流动相对色谱柱进行平衡。

3. 检测器、进样及仪器清洗操作

（1）开启检测器电源开关，选择检测波长。

（2）进行检测器回零操作，待基线稳定，系统已到达平衡状态，方可进样。

（3）进样操作（六通阀进样器）将进样器手柄转置于载样（load）位置，用供试液清洗注射器，再抽取适量注入。如用定量环定量进样，则注射器进样量应不少于环容量的 5 倍，用微量注射器定容进样时，进样量不大于 50% 环容积。把注射器的平头针直插至进样器的底部。样品溶液注入后，注射器不应马上取下。手柄转至进样（inject）位置，定量管内的供试液即进入色谱柱。转动手柄时不能太慢。

（4）色谱数据的记录及处理进样的同时启动数据处理系统，开始采集和处理色谱信息，待最后一峰出完后，继续走一段基线，确认再无组分流出，方能结束记录。根据第一张预试色谱图，调整记录时间。

（5）清洗和关机分析结束，先关检测器，再用经过滤和脱气的适当溶剂清洗色谱系统，正相柱一般用正己烷；反相柱一般用甲醇，如使用过含酸，碱或盐的流动相，依次用 10%、50%、90% 甲醇水溶液冲洗，各种溶剂一般冲洗 20～30 倍柱体积，特殊情况延长。冲洗结束，逐渐降低流速至零，关泵。进样器用甲醇清洗。

4. 关闭电源，填写使用记录本，内容包括日期、样品、色谱柱、流动相、柱压、使用时间、仪器状态等。

五、使用要求

（一）工作环境

（1）检定室应清洁无尘，无易燃、易爆和腐蚀性气体，排风良好。

（2）室温在 15～30℃，测定过程中温度变化不超过 3℃，室内湿度在 20%～85% RH 范围内。

（3）仪器应平稳地放在工作台上，周围无强烈机械振动和电磁干扰源，仪器接地良好。

（4）电源电压为（220±22）V，频率为（50±0.5）Hz。

（二）输液泵使用注意事项

1. 防止固体微粒进入泵体。因为尘埃或者其他任何微粒都会磨损柱塞、密封环、缸体和单向阀，因此应预先除去流动相中的固体微粒。常用的方法是过滤，可采用微孔滤膜（0.45μm）过滤。

2. 流动相不应含有腐蚀性物质。含有缓冲溶液的流动相不应保留在泵内，如果保留在泵内，由于蒸发或泄露，甚至只是静置，都有可能析出盐的微细晶体，这些晶体将和上述固体微粒一样损坏密封环和柱塞等。因此，必须将泵充分清洗（将盐去掉，用同比例的纯水和有机相清洗），再换成适合于色谱柱保存和有利于泵维护的溶剂（对于反相键合硅胶固定相，常用甲醇）。

3. 试剂用水为电阻率≥18MΩ·cm（25℃）。

4. 泵工作时要防止溶剂瓶内的流动相被用完。否则空泵运转磨损柱塞、缸体或密封环，最终产生漏液。

5. 输液泵的工作压力不要超过规定的最高压力，否则会使高压密闭环变形，产生漏液。

6. 流动相应先脱气，以免在泵内产生气泡，影响流量的稳定性，如果有大量气泡，泵就无法正常工作。常用超声脱气，有在线脱气装置的仪器能自动脱气。

（三）色谱柱使用注意事项

1. 避免压力和温度的急剧变化及机械振动，温度的突然变化或者色谱柱从高处掉下来都会影响柱内的填充状况；柱压的突然降低或升高也会冲动柱内填料，因此在调节流速时应该缓缓进行，用六通阀进样时阀转动不能过缓。

2. 反冲会迅速降低柱效，只有指明该柱反冲时，才可以反冲以除去留在柱内的杂质。

3. 使用适当的流动相（尤其是 pH 要适当），以免固定相被破坏。

4. 避免将基质复杂的试样尤其是生物试样直接注入柱内。需要对试样进行预处理或者在进样器和色谱柱之间连接一个保护柱。保护柱一般是填有与色谱柱相似固定相的短柱。

5. 保存色谱柱时应将柱内充满适宜的溶剂如反相色谱柱常用甲醇。柱头要拧紧，防止溶剂挥发。禁止将缓冲溶液留在柱内静置过夜或更长时间。

（管 潇）

实训三十九　高效液相色谱仪性能检查及色谱柱参数的测定

一、学习目标

知识目标	能力目标	思政及岗位素养目标
1. 掌握高效液相色谱仪仪器性能和色谱柱参数评价的基本方法 2. 熟悉高效液相色谱仪性能和色谱柱参数的查阅方法	1. 能测定高效液相色谱仪性能检查和色谱柱参数 2. 能规范记录相关数据，并计算结果 3. 能规范使用和维护高效液相色谱仪	1. 化学分析与仪器分析准确性和精确性要求的关联与差异，不可机械照搬概念 2. 达到高级检验员岗位关于高效液相色谱仪的使用和管理维护要求

二、关键概念

1. HPLC 系统性能检查　可以包括多个测试，比如流动相流速、基线稳定性、柱温箱温度稳定性、检测器检测限（LOD）、峰面积重现性、保留时间重现性和柱参数测定等。通过性能检查可以确定 HPLC 系统所有硬件都能良好地工作在一起。

2. 色谱柱参数　主要包括几何参数和色谱参数。几何参数是指色谱柱的柱长、柱内径和填料颗粒大小等。几何参数由柱子的生产厂商提供。色谱参数主要包括柱效、容量因子、对称因子、拖尾因子、分离度等。

三、基础知识

高效液相色谱仪性能检查测定流量精度、基线稳定性、仪器检测限（LOD）、仪器重复性，各参数应符合表 25 - 1 的规定。

表 25 - 1　高效液相色谱仪仪器性能指标和色谱柱参数的要求

流量精度	0.5ml/min	≤3%
	1.0ml/min	≤2%
	2.0ml/min	≤2%
基线噪声	$\leqslant 5 \times 10^{-4}$ AU	
基线漂移	$\leqslant 5 \times 10^{-3}$ AU/30min	
重复性（RSD）	定性重复性	≤1.0%
	定量重复性	≤2.0%
R	≥1.5	
T	以峰面积定量时，至少应满足 $T < 2$，或参见相关品种项下的规定	

1. 流量精度测定　待仪器流速和压力稳定后，分别以 0.5、1.0 和 2.0ml/min 的流速把流动相（100% 甲醇）收集在 10ml 的容量瓶里。准确记录收集 10ml 流动相所需的时间，换算成流速（ml/min），重复 3 次。记录数据，计算 RSD 值。

2. 基线稳定性（基线噪声和基线漂移）测定　色谱条件：C_{18} 色谱柱，以 100% 甲醇为流动相，流速 1.0ml/min，波长 254nm，开机预热。待仪器流速和压力稳定后，记录基线 30 分钟。测定基线带宽为噪声，以检测器自身的物理量（如 mV）为单位。30 分钟内噪声带中心的起始位置与结尾位置之差为漂移（以 mV/30min 表示）。

3. 重复性和柱参数测定　色谱条件：C_{18} 色谱柱，以甲醇 - 水（80 : 20）为流动相，流速 0.8ml/min，波长 254nm，开机预热。待仪器流速和压力稳定后，以苯（1μg/μl）- 萘（0.05μg/μl）的乙醇溶液为标准溶液，进样量 20μl，重复 6 次进样，记录色谱图。记录原始数据。以萘计算各参数，用 Δt_R 相对标准偏差（RSD,%）计算定性重复性，用 $A_{苯}/A_{萘}$ 相对标准偏差（RSD,%）计算定量重复性。

四、实训练习

（一）实训条件

1. 仪器与器材　10ml 容量瓶、高效液相色谱仪（配紫外检测器）、C_{18} 柱、微量注射器、超声仪、秒表。

2. 试剂与试药　苯（1μg/μl）- 萘（0.05μg/μl）的乙醇溶液、甲醇（色谱级）、重蒸馏水。

（二）安全及注意事项

1. 平衡色谱柱　每次改变流动相之后，都需要用等于色谱柱体积 10 倍或更多的新流动相冲洗色谱柱，才能开始进样。只要在实验过程中流动相或者色谱柱有任何变化，都要确保色谱柱被重新平衡。色谱柱的平衡状态可以通过重复进样来检查，如果在连续进样的样品色谱图中看不到任何变化，就可以认为柱子已经达到平衡。

2. 流动相过滤　如果流动相里只使用 HPLC 级别的液体（如 HPLC 级别的有机试剂和水），则不需要在使用之前操作额外过滤程序；如果是在流动相里加入任何固体的试剂（比如磷酸盐），使用之前则需要过滤流动相。

3. 流动相在上机之前都应经过脱气处理（如超声）。

4. 确保流动相中只使用 HPLC 级别的试剂。

5. 高效液相色谱属于高通量的精密仪器，需要良好、持续的维护以保证仪器正常的工作状态。

（1）储液瓶　储液瓶的入口在线滤头必须定期清洗。应避免使用实验室内的聚合膜制品（比如 Para film）来覆盖储液瓶，因为一些流动相可能会溶解膜里面的成分导致污染整个 HPLC 系统。

（2）泵　每次启动泵的时候，检查是否有漏液（液滴或者白色缓冲液残留物）。如果流动相中有缓冲溶液，在关闭 HPLC 系统之前应用 10% 甲醇的水溶液或 5% 乙腈的水溶液来冲走所有缓冲溶液（1~2 小时）。

（3）废液瓶　检查废液瓶确保有足够的容量。把废液瓶放在一个安全容器（如碟或盆）里，可以避免流动相过满外溢。

（4）微量注射器　每次使用结束后，需用溶解样品的溶液进行清洗，再用甲醇清洗保存。

（5）色谱柱　缓冲液或水必须每天新制并更换，以免滋生微生物而堵塞色谱柱。使用缓冲盐之后，应该先用 10 倍或以上柱体积的 10%、50%、100% 甲醇的水溶液或 5%、50%、100% 乙腈的水溶液依次冲洗色谱柱，并让柱子保存在 100% 甲醇或 100% 乙腈当中。

（三）操作流程及规范

步骤	操作流程	操作指南
准备	见实训三十准备流程 1~4	操作有机溶剂过程中应佩戴手套，同时启用实验室通风系统，做好防护
	检查废液瓶	确保有足够的容量用于试验操作，以防溢出
	配制流动相纯甲醇、甲醇 – 水（80：20）各 500ml	确保配制流动相的有机溶剂为 HPLC 级别，水新制。用 0.45μm 微孔滤膜过滤，超声脱气
	高相液相色谱仪开机，紫外检测器开机，自检，预热。流动相纯甲醇换入色谱仪储液瓶，拧松排空阀，排空，再以 1ml/min 运行。检查管路	排空阀拧松即可。排空结束，停泵，略拧紧排空阀 观察系统管线接头处是否有漏液（液滴或白色缓冲液残余）
流量精度测定	流动相为 100% 甲醇，设置流速 0.5ml/min、波长 254nm，待仪器流速和压力稳定	按基础知识 "1. 流量精度测定" 操作
	准确记录收集流动相进 10ml 的容量瓶里所需的时间，重复 3 次	
	将流动相出口管线插入 10ml 容量瓶收集流动相，立即启动秒表记录时间。收集满 10ml，停止计时。重复测量 3 次	1. 容量瓶应干燥 2. 正确观察容量瓶中液面与刻度线的位置
	重复流程之 5~6 操作 1.0ml/min 和 2.0ml/min 的流量测定试验	
基线稳定性测定	设置色谱条件，待仪器流速和压力稳定后记录基线 30 分钟	按基础知识 "2. 基线稳定性测定" 中色谱条件设置 HPLC 系统
	测量基线带宽，记录为噪声值；测量噪声带中心的起点位置与结尾位置	
重复性和柱参数测定	更换流动相，排空。以甲醇 – 水（80：20）为流动相，流速 0.8ml/min，波长 254nm，开机预热。待仪器流速和压力稳定	每次使用新的流动相，都需要用等于色谱柱体积 10 倍或以上的流动相平衡色谱柱。按基础知识 "3. 重复性和柱参数测定" 中色谱条件设置 HPLC 系统
	进样前用样品溶液润洗微量注射器和进样器 3 次。标准溶液连续进样 6 次，采集色谱图和数据	1. 样品溶液用 0.45μm 微孔滤膜过滤 2. 注入样品时，进样器手柄应在 "载样 Load" 位 3. 尤其关注第一针进样。若第一针的色谱图与后几针有明显差异，可以舍弃，重新进样
计算判定	根据所记录的原始数据和公式，计算各参数。按表 25 – 1 进行判定	
结束	用相当于 10 倍柱体积或以上的流动相继续冲洗 HPLC 系统，至基线和压力稳定；换入甲醇流动相，用相当于 10 倍柱体积或以上的甲醇继续冲洗 HPLC 系统，至基线和压力稳定	1. 对于 250mm×4.5mm 的柱子，10 倍柱体积约为 40ml 2. 色谱柱应当保留在甲醇或乙腈等非质子化的溶剂当中
	清洗微量注射器、进样器	每次使用结束后，需用溶解样品的溶液进行清洗，再用甲醇清洗保存
	见实训三十结束流程 14~15	

（四）原始记录与数据处理

室温：　　　　湿度：　　　　　　　　年　月　日

色谱仪型号及编号：

检测器：　　　　　　　　色谱柱规格：

1. 流量精度数据记录表

指示流量	0.5ml/min		1.0ml/min		2.0ml/min	
试验次数	t/10ml	ml/min	t/10ml	ml/min	t/10ml	ml/min
1						
2						
3						
平均值						
RSD						

2. 基线稳定性参数记录

噪声		mV	漂移起点		mV	漂移终点		mV	漂移		mV/30min

3. 仪器性能及柱参数记录表

	1	2	3	4	5	6	平均值	RSD%
t_R（苯）								
t_R（萘）								
Δt_R								
$A_{苯}$							——	——
$A_{萘}$							——	——
$A_{苯}/A_{萘}$								
n（以萘计）							——	——
T（以萘计）							——	——
R							——	——

（五）结果判定

流量精度	0.5ml		合格□	不合格□
	1.0ml		合格□	不合格□
	2.0ml		合格□	不合格□
噪声	_____ mV		合格□	不合格□
漂移	_____ mV/30min		合格□	不合格□
定性重复性	合格□	不合格□		
定量重复性	合格□	不合格□		
n				
R	合格□	不合格□		
T	合格□	不合格□		

五、课后作业

1. 理论板数的意义是什么？其主要影响因素是什么？

2. 为什么用保留时间之差即 Δt_R 测定重复性，用峰面积比值 $A_{苯}/A_{萘}$ 测定定量重复性，而不单独用某一种组分的 t_R 和 A 来测定？

3. 如定性或定量重复性不合格，试分析其原因。

六、实训评价

测评项目	准备	流动相的配制	仪器操作规范性	仪器维护	原始记录规范性	计算	报告完整性	清场
分值	10分	10分	20分	15分	10分	15分	10分	10分
自评								

七、实训体会与反思

✔️ **实训四十** 甲硝唑氯化钠注射液中甲硝唑含量的测定（外标法）

一、实训目标

知识目标	能力目标	思政及岗位素养目标
1. 掌握外标法测定甲硝唑氯化钠注射液中甲硝唑含量的基本原理和方法 2. 熟悉外标法测定甲硝唑含量的计算方法	1. 能配制流动相、供试品溶液和对照品溶液 2. 能规范操作外标法 3. 能正确维护高效液相色谱仪	1. 深刻领会药品分析操作的规范性、严谨性 2. 达到高级检验员岗位关于高效液相色谱仪使用、管理和维护要求

二、关键概念

外标法 按照规定，精密配制对照品和供试品溶液，进样，记录色谱图，测量对照品溶液和供试品溶液中被测组分的峰面积（或峰高），以峰面积计算样品含量的方法。由于微量注射器不易精确控制进样量，当采用外标法测定时，以手动进样器定量环或自动进样器进样为宜。

三、基础知识

《中国药典》规定采用 HPLC 外标法对甲硝唑的含量进行测定。即分别配制与甲硝唑对照品中被测组分含量接近的供试品溶液，并在相同条件下，分别注入高效液相色谱仪进行分析。色谱条件：C_{18} 色谱柱，以甲醇 – 水（20∶80）为流动相，流速 1.0ml/min，波长 320nm，进样量 20μl。理论板数按甲硝唑峰计算应不低于 2000。按外标法计算供试品溶液中被测组分的浓度。

$$\omega = \frac{c_{对照} A_{供试品} D}{A_{对照} V_{供试品}} \times 100\%$$

式中，ω 为甲硝唑氯化钠注射液中甲硝唑的百分含量（%）；$V_{供试品}$ 为供试品溶液取样量（ml）；D 为供试品稀释倍数；$c_{对照}$ 取两个对照溶液浓度结果的平均值（mg/ml）；$A_{供试品}$ 为供试品峰面积；$A_{对照}$ 取两个对照溶液峰面积结果的平均值。

四、实训练习

（一）实训条件

1. 仪器与器材　高效液相色谱仪（配紫外检测器）、C_{18} 柱、超声仪、万分天平、容量瓶、微量注射器、针式微孔滤膜过滤器、吸量管、容量瓶。

2. 试剂和试药　甲硝唑氯化钠注射液（100ml：甲硝唑 0.5g 和氯化钠 0.9g）、甲醇（色谱纯）、重蒸馏水。

（二）安全及注意事项

同实训三十九。

（三）操作流程及规范

步骤	操作流程	操作指南
准备	见实训三十九准备流程 1~4。按甲醇 – 水（20：80）的体积比制备流动相 500ml	流动相应用 HPLC 级别有机溶液和新制水来配制。采用量筒或量杯配制。用 0.45μm 微孔滤膜过滤，超声脱气
	换入流动相，排空。按流速 1.0ml/min，波长 320nm，设置色谱条件参数。运行，平衡色谱柱，等待基线和压力稳定	每次使用新的流动相，都需要用等于色谱柱体积 10 倍或以上的流动相平衡色谱柱
配液	取甲硝唑对照品约 25mg，精密称定，置 100ml 量瓶中，加流动相溶解并定量稀释至刻度，摇匀，作为对照品溶液。平行配制 2 份，标号①和②	十万分之一天平的规范操作。用 0.45μm 微孔滤膜过滤，取用续滤液
	精密量取本品适量（约相当于甲硝唑 25mg），置 100ml 容量瓶中，加流动相并定量稀释至刻度，摇匀，作为供试品溶液。平行配制 2 份，标号①和②	吸量管、容量瓶的规范操作。用 0.45μm 针式微孔滤膜过滤器，取用续滤液 根据样品规格计算，应取样品 5.0ml
系统适用性实验	用①对照品溶液连续进样 5 次，调取对照品色谱数据，记录系统适用性实验相关参数 n、R、T，用峰面积计算重复性	见实训三十七关键概念 若第一针的色谱图与后几针有明显差异，可以舍弃，重新进样
测量	进样前用对照品溶液和供试品溶液润洗微量注射器和进样器 1 次。进样 20μl，测量，采集色谱图和数据	注入时，进样器手柄应在"载样 Load"位
计算	计算甲硝唑的含量	两个平行样的 $\overline{Rd}$ 应≤2.0%
结束	见实训三十九结束流程 14~16	

（四）原始记录与数据处理

室温：　　　　湿度：　　　　　　　年　　月　　日

天平型号及编号：　　　　　色谱仪器型号及编号：

样品名称			
色谱柱		检测波长（nm）	
流动相		流速（ml/min）	

称配过程
对照品溶液：分别取甲硝唑对照品①_____ mg 和②_____ mg，精密称定，置①_____ ml 和②_____ ml 量瓶中，加流动相溶解并定量稀释至刻度，摇匀，作为对照品溶液。
供试品溶液：精密量取本品_____ ml，置①_____ ml 和②_____ ml 量瓶中，用流动相定量溶解并稀释至刻度，摇匀，作为供试品溶液。

系统适用性试验	A_1	A_2	A_3	A_4	A_5
	$\overline{A}$	RSD	n	R	T

续表

序号	峰面积 A	序号	峰面积 A
对照品①		供试品①	
对照品②		供试品②	
对照品平均值			

含量计算	供试品①百分含量（%） $\omega = \dfrac{\bar{c}_{对照}A_{供试品}}{A_{对照}V_{供试品}}D \times 100\% =$	
	供试品②百分含量（%） $\omega = \dfrac{\bar{c}_{对照}A_{供试品}}{A_{对照}V_{供试品}}D \times 100\% =$	
	供试品含量平均值 $\bar{\omega}$（%）=	
	$R\bar{d}$	

数据处理

$c_{对照①} =$ $c_{对照②} =$

$\bar{c}_{对照} =$

（五）检验结果

$n =$ ，RSD =   ，$T =$ ，$R =$ ，设备□通过   □没通过系统适用性试验。

$n =$ $\omega =$ $R\bar{d} =$

五、课后作业

1. 外标法和内标法比有何优缺点？

2. 如何根据样品性质、检测器、色谱柱、流动相等选择色谱条件？

六、实训评价

测评项目	准备	试液使用和配制规范性	仪器参数设置	进样操作	仪器清洗	原始记录	计算正确性	报告完整性	清场
分值 自评	10分	10分	20分	10分	15分	10分	15分	10分	10分

七、实训体会与反思

（胡宇莉）

实训四十一 维生素 K_1 注射液中维生素 K_1 的含量测定（外标法）

一、学习目标

知识目标	能力目标	思政及岗位素养目标
1. 掌握外标法测定维生素 K_1 注射液中维生素 K_1 含量的基本原理和方法 2. 熟悉外标法测定维生素 K_1 含量的计算方法	1. 能配制流动相、供试品溶液和对照品溶液 2. 能规范操作外标法 3. 能正确维护高效液相色谱仪	1. 深刻领会药品分析操作的规范性、严谨性 2. 达到高级检验员岗位关于高效液相色谱仪使用、管理和维护要求

二、关键概念

见实训四十。

三、基础知识

维生素 K_1 注射液是含维生素 K_1 的灭菌水分散液。《中国药典》规定采用高效液相色谱法进行含量测定。其色谱条件：ODS 柱；流动相：无水乙醇 – 水（90∶10）；检测波长：254nm。理论板数按维生素 K_1 峰计算不低于 3000，维生素 K_1 峰与相邻杂质间的分离度应符合要求。具体方法分别配制维生素 K_1 对照品和供试品溶液，相同条件下，分别注入高效液相色谱仪进行分析，根据两者的峰面积之比计算被测组分的浓度。公式如下：

$$\omega = \frac{c_{对照} A_{供试品}}{A_{对照} V_{供试品}} D \times 100\%$$

式中，ω 为维生素 K_1 注射液中维生素 K_1 的百分含量（%）；$V_{供试品}$ 为供试品溶液取样量（ml）；D 为供试品稀释倍数；$c_{对照}$ 取两个对照溶液浓度结果的平均值（mg/ml）；$A_{供试品}$ 为供试品峰面积；$A_{对照}$ 取两个对照溶液峰面积结果的平均值。

四、实训练习

（一）实训条件

1. 仪器与器材 Agilent 1100 高效液相色谱仪、手动进样阀、ODS 柱、紫外检测器、超声仪、真空过滤装置、十万分天平、平头微量注射器、针式微孔滤膜过滤器、容量瓶、吸量管等。

2. 试剂与试药 维生素 K_1 注射液（1ml∶10mg）、无水乙醇（色谱纯）、纯化水。

（二）安全及注意事项

1. 流动相应严格脱气和经滤过（用 $0.45\mu m$ 微孔滤膜或 6 号垂熔漏斗）。

2. 高压运行过程中，应注意观察泵的异常变化，当泵压急剧波动或无泵压时，应停机检查。泵压波动常与气泡有关，因此流动相应先脱气。

（三）操作流程及规范

步骤	操作流程	操作指南
准备	见实训三十九准备流程 1~4。按无水乙醇－水（90：10）的体积比制备流动相 500ml	流动相应用 HPLC 级别有机溶液和新制水来配制。采用量筒或量杯配制。用 0.45μm 微孔滤膜过滤，超声脱气
	换入流动相，排空。按流速 1.0ml/min，波长 254nm，设置色谱条件参数。运行，平衡色谱柱，等待基线和压力稳定	每次使用新的流动相，都需要用等于色谱柱体积 10 倍或以上的流动相平衡色谱柱
配液	对照品溶液配制：取维生素 K_1 对照品约 10mg，精密称定，置 10ml 量瓶中，加无水乙醇适量，强烈振摇使溶解并稀释至刻度，摇匀，精密量取 5ml，置 50ml 量瓶中，用流动相稀释至刻度，摇匀。平行配制 2 份，标号①和②	十万分之一天平的规范操作。用 0.45μm 微孔滤膜过滤
	供试品溶液的制备：精密量取维生素 K_1 注射液 2ml，置 20ml 量瓶中，用流动相稀释至刻度，摇匀，精密量取 5ml，置 50ml 量瓶中，用流动相稀释至刻度，摇匀，作为供试品溶液。平行配制 2 份，标号①和②	吸量管、容量瓶的规范操作。用 0.45μm 微孔滤膜过滤
SST	见实训四十系统适用性试验流程 5	若第一针的色谱图与后几针有明显差异，可以舍弃，重新进样
测量	进样前用对照品溶液和供试品溶液润洗微量注射器和进样器 1 次。进样 20μl，测量，采集色谱图和数据	注入时，进样器手柄应在"载样 Load"位
计算	符合规定后，调取供试品色谱数据，计算维生素 K_1 的含量	两个平行样的 $\overline{Rd}$ 应≤2.0%
结束	见实训三十九结束流程 14~16	

（四）原始记录与数据处理

室温：　　　　湿度：　　　　　　　年　月　日

天平型号及编号：　　　　　　　色谱仪器型号及编号：

样品名称			
色谱柱		检测波长（nm）	
流动相		流速（ml/min）	

配制过程

对照品溶液：分别取维生素 K_1 对照品①_____ mg 和②_____ mg，精密称定，定容至①_____ ml 和②_____ ml 量瓶中；精密量取_____ml，置①_____ml 和②_____ ml 量瓶中，加流动相溶解并定量稀释至刻度，摇匀，作为对照品溶液。

供试品溶液：精密量取本品_____ ml，置①_____ ml 和②_____ ml 容量瓶中；精密量取_____ml，置①_____ml 和②_____ml 量瓶中，用流动相定量溶解并稀释至刻度，摇匀，作为供试品溶液。

系统适用性实验	A_1	A_2	A_3	A_4	A_5
	$\overline{A}$	RSD	n	R	T

序号	峰面积 A	序号	峰面积 A
对照品①		供试品①	
对照品②		供试品②	
对照品平均值			

含量计算	供试品①百分含量（%） $\omega = \dfrac{\overline{c}_{对照} A_{供试品}}{A_{对照} V_{供试品}} D \times 100\% =$
	供试品②百分含量（%） $\omega = \dfrac{\overline{c}_{对照} A_{供试品}}{A_{对照} V_{供试品}} D \times 100\% =$
	供试品含量平均值 $\overline{\omega}$（%）=
	$\overline{Rd}$

数据处理

$c_{对照①}$ = 　　　　　　　　　　　　　$c_{对照②}$ =

$\overline{c}_{对照}$ =

（五）检验结果

n = 　　　　，RSD = 　　　，T = 　　　，R = 　　　，设备□通过　□没通过系统适用性试验。

n = 　　　　　　　ω = 　　　　　　　　　$\overline{Rd}$ =

五、课后作业

1. 若将本实验中流动相更换为无水乙醇，请问维生素 K_1 的保留值如何变化？

2. 在什么情况下采用外标法？外标法定量时，进样是否要求十分准确？

六、实训评价

测评项目	准备	试液使用和配制规范性	仪器参数设置	进样操作	仪器清洗	原始记录	计算正确性	报告完整性	清场
分值	10 分	10 分	20 分	10 分	15 分	10 分	15 分	10 分	10 分
自评									

七、实训体会与反思

实训四十二　**复方丹参片中丹参酮ⅡA的分离与含量测定**

一、学习目标

知识目标	能力目标	思政及岗位素养目标
1. 掌握高效液相色谱法在中成药有效成分分离与分析中的应用 2. 掌握外标法的实践步骤和计算方法	1. 能规范操作高效液相色谱仪 2. 能运用高效液相色谱法分离与分析中成药有效成分 3. 能熟练运用外标法进行含量测定	1. 培养数据如实记录、实事求是的职业素养，树立差之毫厘谬以千里的科学观念，保证产品质量的可靠 2. 培养文化自信和家国情怀

二、关键概念

见实训四十。

三、基础知识

丹参酮ⅡA是复方丹参片的有效成分之一，控制丹参酮ⅡA的含量对确保该制剂疗效有重要意义。

《中国药典》规定采用高效液相色谱法进行含量测定。色谱条件：ODS 柱；流动相为甲醇 – 水（73∶27）；检测波长为 270nm。理论板数按丹参酮ⅡA 峰计算不低于 2000。计算公式如下：

$$丹参酮ⅡA（mg/片）= \frac{c_{对照} \dfrac{A_{供试品}}{A_{对照}} V_{供试品}}{m_s} \times \overline{W}$$

式中，$c_{对照}$ 为对照溶液的浓度（μg/ml）；$A_{供试品}$ 为供试品峰面积；$A_{对照}$ 为对照品峰面积；$V_{供试品}$ 为样品稀释体积（25ml）；$\overline{W}$ 为样品平均片重；m_s 为供试品粉末重（约 1g）。

四、实训练习

（一）实训条件

1. 仪器与器材　Agilent 1100 高效液相色谱仪、手动进样阀、ODS 柱、紫外检测器、超声仪、真空过滤装置、十万分天平、平头微量注射器、针式微孔滤膜过滤器、容量瓶、吸量管等。

2. 试剂和试药　丹参酮ⅡA 对照品、复方丹参片、甲醇（色谱纯）、甲醇（分析纯）、纯化水。

（二）安全及注意事项

见实训四十。

（三）操作流程及规范

步骤	操作流程	操作指南
准备	见实训三十九准备流程 1~4。按甲醇 – 水（73∶27）的体积比制备流动相 500ml	流动相应用 HPLC 级别有机溶液和新制水来配制。采用量筒或量杯配制。用 0.45μm 微孔滤膜过滤，超声脱气
	换入流动相，排空。按流速 1.0ml/min，波长 254nm，设置色谱条件参数。运行，平衡色谱柱，等待基线和压力稳定	每次使用新的流动相，都需要用等于色谱柱体积 10 倍或以上的流动相平衡色谱柱
配液	对照品溶液配制：取丹参酮ⅡA 对照品适量，精密称定，置棕色瓶中，加甲醇溶解并定量稀释制成每 1ml 中含 40μg 的溶液。平行配制 2 份，标号①和②	十万分之一天平的规范操作。用 0.45μm 微孔滤膜过滤，取用续滤液 例，配成浓度为 40μg/ml，若确定取 0.01g 对照品，则应配制成 250ml。为减少甲醇消耗，可多步稀释制成
	供试品溶液的制备：取本品 10 片（糖衣片除去糖衣），精密称定，研细，取约 1g，精密称定，置具塞棕色瓶中，精密加入甲醇 25ml，密塞，称定重量，超声处理 15 分钟，放冷，再称定重量，用甲醇补足减失的重量，摇匀，滤过，取续滤液，置棕色瓶中即得。平行配制 2 份，标号①和②	吸量管、容量瓶的规范操作。用 0.45μm 微孔滤膜过滤 超声要求：功率 250W，频率 33kHz 称量过程要快，避免甲醇的挥发遗失。补足重量时，用洁净胶头滴管添加，不要加到磨口处
SST	见实训四十系统适用性试验流程 5	
测量	进样前用对照品溶液和供试品溶液润洗微量注射器和进样器 1 次。进样 20μl，测量，采集色谱图和数据	注入时，进样器手柄应在"载样 Load"位
计算	符合规定后，调取供试品色谱数据，计算丹参酮ⅡA 的含量	两个平行样的 $\overline{Rd}$ 应 ≤2.0%
结束	见实训三十九结束流程 14~16	

（四）原始记录与数据处理

室温：　　　　　湿度：　　　　　　　年　月　日

天平型号及编号：　　　　　　　色谱仪器型号及编号：

样品名称			
色谱柱		检测波长（nm）	
流动相		流速（ml/min）	
进样量（μl）		理论板数 n	

配制过程

对照品溶液：分别取丹参酮ⅡA对照品①_____ mg 和②_____ mg，精密称定，置①_____ ml 和②_____ ml 量瓶中，加流动相溶解并定量稀释至刻度，摇匀，作为对照品溶液。

供试品溶液：精密量取本品细粉①_____ g 和②_____ g，精密加入甲醇_____ ml，密塞，称定重量为①_____ g 和②_____ g，超声处理_____分钟，放冷，再称定重量，用甲醇补足减失的重量至①_____ g 和②_____ g。

$W_{10片}$ =		g		$\overline{W}$ =			g
系统适用性实验	A_1		A_2		A_3	A_4	A_5
	$\overline{A}$		RSD		n	R	T

序号	峰面积 A	序号	峰面积 A
对照品①		供试品①	
对照品②		供试品②	
对照品平均值			

含量计算	供试品①含量 丹参酮ⅡA（mg/片）= $\dfrac{\overline{c}_{对照}\dfrac{A_{供试品}}{A_{对照}}V_{供试品}}{m_{s}} \times \overline{W}$
	供试品②含量 丹参酮ⅡA（mg/片）= $\dfrac{\overline{c}_{对照}\dfrac{A_{供试品}}{A_{对照}}V_{供试品}}{m_{s}} \times \overline{W}$
	供试品含量平均值（mg/片）=
	$\overline{Rd}$

数据处理

$c_{对照①}$ = $c_{对照②}$ =

$\overline{c}_{对照}$ =

（五）检验结果

n =   , RSD =   , T =   , R =   ，设备□通过 □没通过系统适用性试验。

n =   丹参酮ⅡA（mg/片）平均值 = $\overline{Rd}$ =

（六）结果判定

复方丹参片的规格为丹参酮ⅡA不得少于□0.20 □0.60 mg/片。复方丹参片中丹参酮ⅡA的含量□符合 □不符合 要求。

五、课后作业

1. 能不能采用内标法测定丹参片中丹参酮ⅡA的含量？
2. 若丹参酮ⅡA与相邻组分的分离度达不到定量分析的要求，应采取哪些方法？

六、实训评价

测评项目	准备	试液使用和配制规范性	仪器参数设置	进样操作	仪器清洗	原始记录	计算正确性	报告完整性	清场
分值	10分	10分	20分	10分	15分	10分	15分	10分	10分
自评									

七、实训体会与反思

实训四十三 离子色谱法测定样品中 F^-、Cl^-、SO_4^{2-} 和 NO_3^- 含量

一、学习目标

知识目标	能力目标	思政及岗位素养目标
1. 掌握离子色谱的定性和定量分析方法 2. 熟悉离子色谱仪的组成及基本操作技术 3. 熟悉阴离子含量测定方法	1. 能识别离子色谱仪各部件 2. 能规范使用离子色谱仪进行常见阴离子的含量测定	培养辩证思维和深入思考的能力，在方法的选择与实验的设计上，只有观察分析目标，把握好"度"，才能更好地完成实验

二、关键概念

1. 离子交换色谱　离子色谱可以分为三种类型：离子交换色谱、离子排斥色谱、离子对色谱。高效离子交换色谱目前多以离子交换键合相为固定相。离子交换键合相也是以薄壳型或全多孔微粒型硅胶为载体，表面经化学反应键合上各种离子交换基团。和离子交换树脂一样，离子交换键合相也可分为阳离子交换键合相（活性基团—SO_3H）和阴离子交换键合相（活性基团—NR_3Cl）。离子交换键合相较稳定，机械强度高，化学稳定性和热稳定性好，柱效高，交换容量大，在高效液相色谱中应用较多。其特点是柱效高、交换平衡快、机械强度高，缺点是不耐酸碱，只宜在 pH 2~8 使用。

2. 标准曲线法　见实训三十一。

三、基础知识

本实验采用阴离子交换树脂为分离柱，离子交换树脂上分布有固定的带电荷的基团和能离解的离子。当水样随碳酸钠和碳酸氢钠淋洗液通过阴离子分离柱时，由于 F^-、Cl^-、SO_4^{2-} 和 NO_3^- 四种离子对阴离子树脂的亲和力不同而分开。一般来说，离子价数越高，保留时间越长；离子半径越大，保留时间越长；离子极化度越大，保留时间越长。故出峰顺序依次为 F^-、Cl^-、NO_3^- 和 SO_4^{2-}。见《水质　无机阴离子（F^-、Cl^-、NO_2^-、Br^-、NO_3^-、PO_4^{3-}、SO_3^{2-}、SO_4^{2-}）的测定　离子色谱法》（HJ 84—2016）。

被分离的阴离子在流经强酸性阳离子树脂（抑制柱）时被转换为高电导的酸，淋洗液则被转化为弱电导的水（清除背景电导）。利用被测样品的电导对浓度的线性关系，配制一系列已知浓度的标准溶液，分别做出各离子的标准曲线，然后通过检测待检样品中各离子的电导响应值从而推算出其浓度。

四、实训练习

（一）实训条件

1. 仪器与器材　ICS-900 离子色谱仪，732 型强酸 Metrosep A SUPP 5100 阴离子分离柱，电导检测

器，超声仪，真空过滤装置，1ml、10ml 注射器各一支，0.20μm、0.45μm 水相微孔过滤膜，容量瓶，吸量管等。

2. 试剂和试药 F⁻、Cl⁻、NO₃⁻ 和 SO₄²⁻ 标准贮备液（浓度为 1000mg/L，优级纯试药，使用前应于 105℃±5℃干燥恒重后称量配制而成）、自来水样、超纯水。

（二）安全及注意事项

1. 注意抑制器的影响 如果抑制器长时间不使用，其微膜很容易出现脱水破裂，导致抑制器出现漏液，抑制能力下降，从而使背景电导出现升高现象，进而导致峰面积和峰高变化，从而影响监测结果。可以采用浓度比较相近的标准物质来对曲线进行校准，进而提高监测结果的准确性。

2. 注意监测结果的准确性 色谱柱的分析会随着使用时间的改变而发生变化，会对峰面积和峰高产生影响，进而影响监测结果的准确性。因此在监测的过程中就要加强维护好色谱柱，可以通过定期使用高浓度的淋洗液来对色谱柱进行冲洗，提高色谱柱的有效性。

3. 注意仪器的维护

（1）样品一定要去除固体微粒后才能进样，如样品比较脏可以先用滤纸粗滤后再过 0.45μm 的滤膜过滤，一定要得到澄清液后才经滤头进样，对有颜色的肮脏样品或生物样本要用作前处理后才可进样。

（2）分析柱上有箭头表示洗脱液流进和流出的方向，不可以接反。

（3）安装分析柱时，为避免气泡产生请按下述顺序安装：拧开分析柱进口接头螺丝，装好配制的洗脱液，排气泡后动 IC 泵，待有溶液从管接头流出后，把分析柱进口接头螺丝拧紧，待有溶液从分析柱出口流出时，不要急于拧上出口接头螺丝，让溶液冲洗分析柱 5 分钟左右，然后再接上分机析柱出口接头螺丝。

（4）硅质键合离子交换剂以硅胶为载体，缺点是不耐酸碱，只宜在 pH 2~8 使用。

（三）操作流程及规范

步骤	操作流程	操作指南
准备	见实训三十准备流程 1~4	见项目二十五 五、工作环境
淋洗液的配制	分别称取 31.8g 的 Na₂CO₃ 和 21.00g 的 NaHCO₃ 溶解于超纯水中，定容至 500ml，制得淋洗贮备液	试剂用水需要到达 18.2MΩ。吸量管、万分天平和容量瓶的规范使用
	取 10ml 的淋洗贮备液置于 1000ml 的容量瓶中稀释定容，滤过，脱气得淋洗液	用 0.45μm 微孔滤膜过滤，超声脱气 10~20 分钟。淋洗液的 pH 范围应为 2~8
标准系列溶液的制备	混合贮备液的制备：分别精密取 10ml 氟标准贮备液、20.0ml 氯离子标准贮备液、10.0ml 硝酸根标准贮备液、20.0ml 硫酸根标准贮备液于 100ml 容量瓶中，用水稀释定容至标线，混匀	吸量管、容量瓶的规范操作 配制成含有 10mg/L 的 F⁻、200mg/L 的 Cl⁻、100mg/L 的 NO₃⁻ 和 200mg/L 的 SO₄²⁻ 的混合贮备液
	分别准确移取 0.00、1.00、2.00、5.00、10.0、20.0ml 混合液分别置于 6 个 100ml 容量瓶中，再往每个容量瓶加入 1ml 淋洗贮备液，然后用超纯水定量稀释，即得标准系列溶液。浓度见表 25-2	标准系列溶液配置完成后，用 0.45μm 微孔滤膜滤过 制备混合液时一定要加入 1ml 的淋洗贮备液。是为了避免负峰的出现
仪器操作前准备	依次打开计算机、平流泵、主机电源开关，打开软件，等 power 灯不再闪烁后，即可使用 设置仪器参数：淋洗流量为 1.0ml/min；抑制型电导检测器，连续自循环再生抑制器；数据采集时间为 10 分钟，设置完后扫基线	将电流调至最小处，通超纯水 15 分钟左右至电导示数稳定，关平流泵，将超纯水换成淋洗使用液。开平流泵后按下电流键然后调电流到最大处，至电导示数稳定（约 15 分钟）按调零键并旋转基线调节电导示数为零
进样	进样前用标准系列溶液和自来水水样润洗微量注射器和进样器 1 次。按其浓度由低到高的顺序依次进样，测量，采集色谱图，记录数据	1. 自来水应经 0.45μm 微孔滤膜滤过 2. 注入样品时，进样器手柄应在"载样 Load"位 3. 若第一针的色谱图与后几针有明显差异，可以舍弃，重新进样

续表

步骤	操作流程	操作指南
绘图	绘制标准曲线 $A-c$。将数据导入 Excel 等相关软件，计算线性回归方程和线性相关系数	相关系数应≥0.995，否则应调整后重做
计算	依据线性回归方程计算自来水水样中各离子浓度	
结束	用超纯水冲洗系统约15分钟，待基线稳定。依次关闭主机、平流泵和计算机电源，做好使用登记。用去离子水清洗微量注射器、进样器	实验结束，停泵，将淋洗使用液换成去离子水，排空，开泵后将电流调至最小处，用超纯水冲洗约15分钟
	见实训三十结束流程 14~15	

表 25-2　标准系列溶液中各离子浓度（mg/L）

编号	1	2	3	4	5	6
氟离子	0.00	0.10	0.20	0.50	1.00	2.00
氯离子	0.00	2.00	4.00	10.00	20.00	40.00
硝酸根离子	0.00	1.00	2.00	5.00	10.00	20.00
硫酸根离子	0.00	2.00	4.00	10.00	20.00	40.00

（四）原始记录与数据处理

室温：　　　　　湿度：　　　　　　年　月　日

天平型号及编号：　　　　　　　仪器型号及编号：

样品名称			
色谱柱		检测电流	
流动相		流速（ml/min）	

称配过程

淋洗液：分别称取＿＿＿＿g 的 Na_2CO_3 和＿＿＿＿g 的 $NaHCO_3$ 溶解于超纯水中，定容至＿＿＿＿ml 得贮备液。取＿＿＿＿ml 的淋洗贮备液定容至＿＿＿＿ml 得淋洗液。

混合液：分别精密量取＿＿＿＿ml 氟标准贮备液、＿＿＿＿ml 氯离子标准贮备液、＿＿＿＿ml 硝酸根标准贮备液、＿＿＿＿ml 硫酸根标准贮备液于＿＿＿＿ml 容量瓶中，用水稀释定容至标线，混匀。

标准系列溶液：分别精密量取 0.00、＿＿＿＿、＿＿＿＿、＿＿＿＿、＿＿＿＿、＿＿＿＿ml 混合液分别置于 ①＿＿＿＿、②＿＿＿＿、③＿＿＿、④＿＿＿＿、⑤＿＿＿＿、⑥＿＿＿＿ml 等 6 个容量瓶中，再往每个容量瓶加入 1ml 淋洗贮备液，最后用超纯水定量稀释。

编号	标准系列溶液和自来水水样中各离子浓度（mg/L）和峰面积							
	F^-		Cl^-		NO_3^-		SO_4^{2-}	
	浓度	峰面积	浓度	峰面积	浓度	峰面积	浓度	峰面积
标1								
标2								
标3								
标4								
标5								
标6								
样								

数据处理：

氟离子线性回归方程：　　　　　　　　$R=$ 　　　　　$c_F=$

氯离子线性回归方程：　　　　　　　　$R=$ 　　　　　$c_{Cl}=$

硝酸根离子线性回归方程： $R = $ $c_{NO_3} = $

硫酸根离子线性回归方程： $R = $ $c_{SO_4} = $

（五）检验结果

自来水中所含离子种类和浓度（mg/L）（选填，有则画钩）。

□氟离子	□氯离子	□硝酸根离子	□硫酸根离子

五、课后作业

1. 比较离子色谱法和键合相色谱法的异同点。
2. 测定阴离子的方法有哪些？试比较它们各自的特点。
3. 简述抑制器的作用。

六、实训评价

测评项目	准备	流动相的配制	标准系列溶液的制备	仪器操作	原始记录规范	线性回归方程	R	报告完整性	清场
分值 自评	10 分	10 分	10 分	15 分	15 分	5 分	15 分	10 分	10 分

七、实训体会与反思

（管　潇）

书网融合……

视频 1　　视频 2　　视频 3　　视频 4

视频 5　　视频 6　　视频 7

附录 全国职业院校技能大赛高职组 "工业分析检验"竞赛规程

一、竞赛内容

竞赛考核设理论、化学分析、仪器分析三个竞赛单元。竞赛的时长分别为：理论100分钟；化学分析210分钟；仪器分析210分钟。

1. 理论试题 以全国职业院校技能大赛理论试题库（书）为依据。

2. 化学分析题目 $KMnO_4$标准滴定溶液的标定和双氧水中过氧化氢含量的测定。

3. 仪器分析题目 采用紫外 – 可见分光光度法测定未知物浓度。

二、化学分析操作考题

（一）高锰酸钾标准滴定溶液的标定

1. 操作步骤 用减量法准确称取2.0g于105～110℃烘至恒重的基准草酸钠（不得用去皮的方法，否则称量为零分）于100ml小烧杯中，用50ml硫酸溶液（1+9）溶解，定量转移至250ml容量瓶中，用水稀释至刻度，摇匀。

用移液管准确量取25.00ml上述溶液放入250ml锥形瓶中，加75ml硫酸溶液（1+9），用配制好的高锰酸钾滴定，近终点时加热至65℃，继续滴定到溶液呈粉红色保持30秒。

平行测定4次，同时做空白试验。

2. 计算公式

$$c\left(\frac{1}{5}KMnO_4\right) = \frac{m(Na_2C_2O_4) \times \dfrac{25.00}{250.0} \times 1000}{\left[V(KMnO_4) - V_0\right] \times M\left(\frac{1}{2}Na_2C_2O_4\right)}$$

式中，$c\left(\frac{1}{5}KMnO_4\right)$为$\frac{1}{5}KMnO_4$标准滴定溶液的浓度，mol/L；$V(KMnO_4)$为滴定时消耗$KMnO_4$标准滴定溶液的体积，ml；$V_0$为空白试验滴定时消耗$KMnO_4$标准滴定溶液的体积，ml；$m(Na_2C_2O_4)$为基准物$Na_2C_2O_4$的质量，g；$M\left(\frac{1}{2}Na_2C_2O_4\right)$为$\frac{1}{2}Na_2C_2O_4$摩尔质量，67.00g/mol。

（二）过氧化氢含量的测定

1. 操作步骤 用减量法准确称取xg过氧化氢试样，精确至0.0002g，置于已加有100ml硫酸溶液（1+15）的锥形瓶中，用$KMnO_4$标准滴定溶液$\left[c\left(\frac{1}{5}KMnO_4\right) = 0.1mol/L\right]$滴定至溶液呈浅粉色，保持30秒不褪即为终点。

平行测定3份，同时做空白试验。

2. 计算公式

$$\omega(H_2O_2) = \frac{c\left(\frac{1}{5}KMnO_4\right) \times \left[V(KMnO_4) - V_0\right] \times 10^{-3} \times M\left(\frac{1}{2}H_2O_2\right)}{m(样品)} \times 100$$

式中，$\omega(H_2O_2)$ 为过氧化氢的质量分数，%；$c\left(\dfrac{1}{5}KMnO_4\right)$ 为 $\dfrac{1}{5}KMnO_4$ 标准滴定溶液的浓度，mol/L；V(KMnO_4) 为滴定时消耗 $KMnO_4$ 标准滴定溶液的体积，ml；V_0 为空白试验滴定时消耗 $KMnO_4$ 标准滴定溶液的体积，ml；m（样品）为 H_2O_2 试样的质量，g；$M\left(\dfrac{1}{2}H_2O_2\right)$ 为 $\dfrac{1}{2}H_2O_2$ 的摩尔质量，17.01g/mol。

注：（1）所有原始数据必须请裁判复查确认后才有效，否则考核成绩为零分。

（2）所有容量瓶稀释至刻度后必须请裁判复查确认后才可进行摇匀。

（3）记录原始数据时，不允许在报告单上计算，待所有的操作完毕后才允许计算。

（4）滴定消耗溶液体积若 >50ml，以 50ml 计算。

三、仪器分析方案

紫外－可见分光光度法测定未知物

（一）仪器

紫外－可见分光光度计，配 1cm 石英比色皿 2 个；容量瓶，100ml 15 个；吸量管，10ml 5 支；烧杯，100ml 5 个；

（二）试剂

1. 标准溶液　任选四种标准试剂溶液（水杨酸、1,10－菲啰啉、磺基水杨酸、苯甲酸、维生素 C、山梨酸、硝酸盐氮、糖精钠）

2. 未知液　四种标准溶液中的任何一种。

（三）操作步骤

1. 吸收池配套性检查　石英吸收池在 220nm 装蒸馏水，以一个吸收池为参比，调节 τ 为 100%，测定其余吸收池的透射比，其偏差应小于 0.5%，可配成一套使用，记录其余比色皿的吸光度值作为校正值。

2. 未知物的定性分析　将未知液配制成约为一定浓度的溶液。以蒸馏水为参比，于波长 200～350nm 范围内测定溶液吸光度，并作吸收曲线。根据吸收曲线的形状与标准图谱对照确定未知物，并从曲线上确定最大吸收波长作为定量测定时的测量波长。190～210nm 处的波长不能选择为最大吸收波长。

3. 标准工作曲线绘制　分别准确移取一定体积的标准溶液于所选用的 100ml 容量瓶中，以蒸馏水稀释至刻线，摇匀（绘制标准曲线必须是七个点，七个点分布要合理）。根据未知液吸收曲线上最大吸收波长，以蒸馏水为参比，测定吸光度。然后以浓度为横坐标，以相应的吸光度为纵坐标绘制标准工作曲线。

4. 未知物的定量分析　确定未知液的稀释倍数，并配制待测溶液于所选用的 100ml 容量瓶中，以蒸馏水稀释至刻线，摇匀。根据未知液吸收曲线上最大吸收波长，以蒸馏水为参比，测定吸光度。根据待测溶液的吸光度，确定未知样品的浓度。未知样品平行测定 3 份。

（四）结果处理

根据未知样品溶液的稀释倍数，求出未知物的含量。计算公式：

$$C_0 = C_x \times D$$

式中，C_0 为原始未知溶液浓度，μg/ml；C_x 为查出的未知溶液浓度，μg/ml；D 为未知溶液的稀释倍数。

四、竞赛规则

1. 化学分析技能操作和仪器分析技能操作的竞赛时间各为 210 分钟，竞赛过程中，选手休息、饮食或如厕时间均计算在竞赛时间内。

2. 竞赛过程中，参赛选手须严格遵守操作规程，保证设备及人身安全，并接受裁判员的监督和警示；确因设备故障导致选手中断竞赛，由竞赛裁判长视具体情况作出补时或延时的决定；确因设备终止竞赛，由竞赛裁判长决定选手重做。

3. 在竞赛过程中，参赛选手由于操作失误导致设备不能正常工作，或造成安全事故不能进行竞赛的，将被终止比赛。

4. 在竞赛过程中，各参赛选手限定在自己的工作区域内完成竞赛任务。

5. 若参赛选手欲提前结束比赛，应向裁判员举手示意，比赛终止时间由裁判员记录，参赛队结束竞赛后不得再进行任何操作。

6. 裁判员根据参赛选手在现场操作的情况给出现场成绩，阅卷裁判员根据选手的分析结果准确度和精密度给出成绩。

7. 竞赛结束后，参赛选手须完成现场清理并将设备恢复到初始状态，经裁判员确认后方可离开赛场。

五、技术规范

竞赛项目依据下列行业、职业技术标准：《化学试剂 二水合5-磺基水杨酸（5-磺基水杨酸）》（GB/T 10705—2008）、《化学试剂 1,10-菲啰啉》（HG/T 4018—2008）、《食品安全国家标准 食品中苯甲酸、山梨酸和糖精钠的测定》（GB 5009.28—2016）、《邻羟基苯甲酸（水杨酸）》（HG/T 3398—2003）、《工作基准试剂 苯甲酸》（GB 12597—2008）、《化学试剂 标准滴定溶液的制备》（GB/T 601—2016）、《化学试剂 试验方法中所用制剂及制品的制备》（GB/T 603—2023）、《工业过氧化氢》（GB/T 1616—2014）。

六、评分标准

1. 化学分析评分细则

化学分析评分细则表

序号	作业项目	考核内容	配分	操作要求	扣分说明
1	基准物的称量 （7.5分）	称量操作	1	1. 检查天平水平	每错一项扣0.5分，扣完为止
				2. 清扫天平	
				3. 敲样动作正确	
		基准物称量范围	6	1. 在规定量±（5%~10%）	每错一个扣1分，扣完为止
				2. 称量范围最多不超过±10%	每错一个扣2分，扣完为止
		结束工作	0.5	1. 复原天平	每错一项扣0.5分，扣完为止
				2. 放回凳子	
2	试液配制 （3.5分）	容量瓶洗涤	0.5	洗涤干净	洗涤不干净，扣0.5分
		容量瓶试漏	0.5	正确试漏	不试漏，扣0.5分
		定量转移	0.5	转移动作规范	转移动作不规范扣0.5分
		平摇	0.5	三分之二处水平摇动	错1次，扣0.5分
		定容	1	准确稀释至刻线	定容不准确，每个扣0.5，扣完为止
		摇匀	0.5	摇匀动作正确	动作不规范扣0.5分

序号	作业项目	考核内容	配分	操作要求	扣分说明
3	移取溶液 （4.5分）	移液管洗涤	0.5	洗涤干净	洗涤不干净，扣0.5分
		移液管润洗	1	润洗方法正确	从容量瓶或原瓶中直接移取溶液扣1分
		吸溶液	1	1. 不吸空 2. 不重吸	每错一次扣1分，扣完为止
		调刻线	1	1. 调刻线前擦干外壁 2. 调节液面操作熟练	每错一项扣0.5分，扣完为止
		放溶液	1	1. 移液管竖直 2. 移液管尖靠壁 3. 放液后停留约15秒	每错一项扣0.5分，扣完为止
4	滴定操作 （3.5分）	滴定管的洗涤	0.5	洗涤干净	洗涤不干净，扣0.5分
		滴定管的试漏	0.5	正确试漏	不试漏，扣0.5分
		滴定管的润洗	0.5	润洗方法正确	润洗方法不正确扣0.5分
		滴定操作	2	1. 滴定速度适当 2. 终点控制熟练	每错一项扣1分，扣完为止
5	滴定终点 （4分）	浅粉色	4	终点判断正确	每错一个扣1分，扣完为止
6	空白试验 （1分）	空白试验测定规范	1	按照规范要求完成空白试验	测定不规范扣1分，扣完为止
7	读数 （2分）	读数	2	读数正确	以读数差在0.02ml为正确，每错一个扣1分，扣完为止
8	原始数据记录 （2分）	原始数据记录	2	1. 原始数据记录不用其他纸张记录 2. 原始数据及时记录 3. 正确进行滴定管体积校正（现场裁判应核对校正体积校正值）	每错一个扣1分，扣完为止
9	文明操作结束工作（1分）	物品摆放 仪器洗涤 "三废"处理	1	1. 仪器摆放整齐 2. 废纸/废液不乱扔乱倒 3. 结束后清洗仪器	每错一项扣0.5分，扣完为止
10	重大失误 （本项最多扣10分）			基准物的称量	称量失败，每重称一次倒扣2分
				试液配制	溶液配制失误，重新配制的，每次倒扣5分
				滴定操作	重新滴定，每次倒扣5分
				篡改（如伪造、凑数据等）测量数据的，总分以零分计	
11	总时间（0分）	210分钟	0	按时收卷，不得延时	
	特别说明			打坏仪器照价赔偿	
12	数据记录及处理（5分）	记录	1	1. 规范改正数据 2. 不缺项	每错一个扣0.5分，扣完为止
		计算	3	计算过程及结果正确（由于第一次错误影响到其他不再扣分）	每错一个扣0.5分，扣完为止
		有效数字保留	1	有效数字位数保留正确或修约正确	每错一个扣0.5分，扣完为止

序号	作业项目	考核内容	配分	操作要求	扣分说明
13	标定结果 (35 分)	精密度	20	相对极差 ≤0.10%	扣 0 分
				0.10% < 相对极差 ≤0.20%	扣 4 分
				0.20% < 相对极差 ≤0.30%	扣 8 分
				0.30% < 相对极差 ≤0.40%	扣 12 分
				0.40% < 相对极差 ≤0.50%	扣 16 分
				相对极差 >0.50%	扣 20 分
		准确度	15	│相对误差│≤0.10%	扣 0 分
				0.10% < │相对误差│≤0.20%	扣 3 分
				0.20% < │相对误差│≤0.30%	扣 6 分
				0.30% < │相对误差│≤0.40%	扣 9 分
				0.40% < │相对误差│≤0.50%	扣 12 分
				│相对误差│>0.50%	扣 15 分
14	测定结果 (30 分)	精密度	15	相对极差 ≤0.10%	扣 0 分
				0.10% < 相对极差 ≤0.20%	扣 3 分
				0.20% < 相对极差 ≤0.30%	扣 6 分
				0.30% < 相对极差 ≤0.40%	扣 9 分
				0.40% < 相对极差 ≤0.50%	扣 12 分
				相对极差 >0.50%	扣 15 分
		准确度	15	│相对误差│≤0.10%	扣 0 分
				0.10% < │相对误差│≤0.20%	扣 3 分
				0.20% < │相对误差│≤0.30%	扣 6 分
				0.30% < │相对误差│≤0.40%	扣 9 分
				0.40% < │相对误差│≤0.50%	扣 12 分
				│相对误差│>0.50%	扣 15 分

2. 仪器分析评分细则

序号	作业项目	考核内容	配分	考核记录	扣分说明
1	仪器的准备 (2 分)	玻璃仪器的洗涤	1	洗净 未洗净	未洗净，扣 1 分，最多扣 1 分
		检查仪器	1	进行 未进行	未进行，扣 1 分，最多扣 1 分
2	溶液的制备 (5 分)	吸量管润洗	1	进行 未进行	吸量管未润洗或用量明显较多扣 1 分
		容量瓶试漏	1	进行 未进行	未进行，扣 1 分，最多扣 1 分
		容量瓶稀释至刻度	3	准确 不准确	溶液稀释体积不准确，且未重新配制，扣 1 分/个，最多扣 3 分

序号	作业项目	考核内容	配分	考核记录	扣分说明
3	比色皿的使用（3分）	比色皿操作	1	正确	手触及比色皿透光面扣0.5分，测定时，溶液过少或过多，扣0.5分（2/3~4/5）
				不正确	
		比色皿配套性检验	1	进行	未进行，扣1分，最多扣1分
				未进行	
		测定后，比色皿洗净，控干保存	1	进行	比色皿未清洗或未倒空，扣1分，最多扣1分
				未进行	
4	仪器的使用（3分）	参比溶液的正确使用	1	正确	参比溶液选择错误，扣1分，最多扣1分
				不正确	
		测量数据保存和打印	2	进行	不保存每次扣1分，最多扣2分
				未进行	
5	原始数据记录（5分）	原始记录	2	完整、规范	原始数据不及时记录每次扣0.5分；项目不齐全、空项扣0.5分/项；最多扣2分，更改数值经裁判员认可，擅自转抄、誊写、涂改、拼凑数据取消比赛资格
				欠完整、不规范	
		是否使用法定计量单位	1	是	没有使用法定计量单位，扣1分，最多扣1分
				否	
		报告（完整、明确、清晰）	2	规范	不规范，扣2分，最多扣2分；无报告、虚假报告者取消比赛资格
				不规范	
6	文明操作结束工作（2分）	关闭电源、填写仪器使用记录	1	进行	未进行，每一项扣0.5分，最多扣1分
				未进行	
		台面整理、废物和废液处理	1	进行	未进行，每一项扣0.5分，最多扣1分
				未进行	
7	重大失误	玻璃仪器	0	损坏	每次倒扣2分
		紫外–可见分光光度计	0	损坏	每次倒扣20分并赔偿相关损失
		试液重配制	0		试液每重配制一次倒扣3分，开始吸光度测量后不允许重配制溶液
		重新测定	0		由于仪器本身的原因造成数据丢失，重新测定不扣分。其他情况每重新测定一次倒扣3分
8	总时间（0分）	210分钟完成	0		比赛不延时，到规定时间终止比赛
9	定性测定（9分）	扫描波长范围选择	1	正确	未在规定的范围内扣1分，最多扣1分
				不正确	
		光谱比对方法及结果	3	正确	结果不正确扣3分，最多扣3分
				不正确	
		光谱扫描、绘制吸收曲线	5	正确	吸收曲线一个不正确扣1分，最多扣5分
				不正确	
10	定量测定（37分）	测量波长的选择	1	正确	最大波长选择不正确扣1分，最多扣1分
				不正确	
		正确配制标准系列溶液（7个点）	3	正确	标准系列溶液个数不足7个，扣3分
				不正确	
		七个点分布要合理	3	合理	不合理，扣3分
				不合理	

续表

序号	作业项目	考核内容	配分	考核记录		扣分说明
10	定量测定 (37分)	标准系列溶液的吸光度	3	正确		大部分的吸光度在 0.2～0.8（≥4 个点），否则扣 3 分
				不正确		
		未知溶液的稀释方法	4	正确		不正确，扣 4 分
				不正确		
		试液吸光度处于工作曲线范围内	3	正确		吸光度超出工作曲线范围，扣 3 分，不允许重做
				不正确		
		工作曲线线性	20	1 档		相关系数≥0.999995
				2 档		0.999995＞相关系数≥0.99999
				3 档		0.99999＞相关系数≥0.99995
				4 档		0.99995＞相关系数≥0.9999
				5 档		0.9999＞相关系数≥0.9995
				6 档		相关系数＜0.9995
11	测定结果 (34分)	图上标注项目齐全	1	全		每缺 1 项，扣 0.5 分，最多扣 1 分；在图上标注选手相关信息的，取消比赛资格
				不全		
		计算公式正确	1	正确		公式不正确扣 1 分，最多扣 1 分
				不正确		
		计算正确	1	正确		计算不正确扣 1 分，最多扣 1 分
				不正确		
		有效数字	1	正确		有效数字保留不正确扣 1 分，最多扣 1 分
				不正确		
		精密度	10	1 档		A 值相差为 0.001
				2 档		A 值相差 = 0.002
				3 档		A 值相差 = 0.003
				4 档		A 值相差 = 0.004
				5 档		A 值相差 = 0.005
				6 档		A 值相差＞0.005
		准确度	20	1 档		$|RE|$ ≤0.5%
				2 档		0.5%＜$|RE|$≤1%
				3 档		1%＜$|RE|$≤1.5%
				4 档		1.5%＜$|RE|$≤2%
				5 档		$|RE|$＞2%

七、安全操作

1. 参赛人员必须按规定穿戴好劳动防护服装。

2. 参赛选手在比赛过程中，要注意安全用电，不要用湿手、湿物接触电源，比赛结束后应关闭电源。

3. 要熟悉掌握实验中的注意事项和化学试剂特性，严禁进行具有安全风险的操作。

4. 比赛期间，若突遇停电、停水等突发状况，应及时通知裁判，冷静处置。

5. 严禁在比赛场地内饮食或把餐具带进比赛场地，更不能把比赛用器皿当作餐具。

6. 比赛过程中，参赛人员未经批准，不得进入赛场以外的区域，不准翻阅与比赛无关的资料，不准操作、使用与比赛无关的设备、仪器和试剂。